Armeniaca

“十三五”国家重点图书出版规划项目
“中国果树地方品种图志”丛书

# 中国杏
# 地方品种图志

曹尚银　曹秋芬　孟玉平　等 著

中国林业出版社

"十三五"国家重点图书出版规划项目
"中国果树地方品种图志"丛书

Armeniaca

# 中国杏地方品种图志

**图书在版编目（CIP）数据**

中国杏地方品种图志 / 曹尚银等著. —北京 : 中国林业出版社, 2017.12
(中国果树地方品种图志丛书)

ISBN 978-7-5038-9397-1

Ⅰ. ①中… Ⅱ. ①曹… Ⅲ. ①杏—品种志—中国—图集
Ⅳ. ①S662.202.92-64

中国版本图书馆CIP数据核字(2017)第302734号

**责任编辑：** 何增明　张　华　孙　瑶
**出版发行：** 中国林业出版社（100009 北京市西城区刘海胡同7号）
**电　　话：** 010-83143517
**印　　刷：** 固安县京平诚乾印刷有限公司
**版　　次：** 2018年1月第1版
**印　　次：** 2018年1月第1次印刷
**开　　本：** 889mm × 1194mm 1/16
**印　　张：** 23.5
**字　　数：** 730千字
**定　　价：** 368.00元

# 《中国杏地方品种图志》

# 著者名单


**主著者：** 曹尚银　曹秋芬　孟玉平

**副主著者：** 董艳辉　侯丽媛　肖　蓉　房经贵　李好先　李天忠　尹燕雷

**著　者**（以姓氏笔画为序）

于　杰　于丽艳　于海忠　马小川　马和平　马学文　马贯羊　马彩云　王　企　王文战
王圣元　王亚芝　王亦学　王春梅　王胜男　王振亮　王斯好　牛　娟　尹燕雷　邓　舒
卢明艳　卢晓鹏　兰彦平　曲　艺　曲雪艳　朱　博　朱　壹　刘　丽　刘　恋　刘　猛
刘少华　刘贝贝　刘伟婷　刘国成　刘佳棽　刘春生　刘科鹏　刘雪林　次仁朗杰　汤佳乐
孙　乾　孙其宝　孙海龙　纪迎琳　严　萧　李　锋　李天忠　李永清　李好先　李红莲
李泽航　李帮明　李章云　李馨玥　杨选文　肖　蓉　吴　寒　吴传宝　邹梁峰　宋宏伟
张　懿　张久红　张子木　张文标　张伟兰　张全军　张冰冰　张利超　张青林　张建华
张春芬　张俊畅　张艳波　张晓慧　张富红　张靖国　张静茹　陈　璐　陈利娜　陈英照
陈佳琪　陈楚佳　范宏伟　罗正荣　罗东红　罗昌国　岳鹏涛　周　威　周厚成　郎彬彬
房经贵　孟玉平　赵弟广　赵艳莉　赵晨辉　郝　理　郝兆祥　胡清波　钟　敏　侯丽媛
俞飞飞　姜志强　姜春芽　骆　翔　秦　栋　秦英石　袁　晖　袁平丽　袁红霞　聂　琼
聂园军　夏小丛　夏鹏云　倪　勇　徐小彪　徐世彦　徐雅秀　高　洁　郭　磊　郭会芳
郭俊英　郭俊杰　唐超兰　涂贵庆　陶俊杰　黄　清　黄春辉　黄晓娇　曹　达　曹尚银
曹秋芬　康林峰　梁　建　梁英海　葛翠莲　董文轩　董艳辉　敬　丹　韩伟亚　谢　敏
谢恩忠　谢深喜　廖　娇　廖光联　谭冬梅　熊　江　潘　斌　薛　辉　薛华柏　薛茂盛
霍俊伟

# 总序一

Foreword One

果树是世界农产品三大支柱产业之一，其种质资源是进行新品种培育和基础理论研究的重要源头。果树的地方品种（农家品种）是在特定地区经过长期栽培和自然选择形成的，对所在地区的气候和生产条件具有较强的适应性，常存在特殊优异的性状基因，是果树种质资源的重要组成部分。

我国是世界上最为重要的果树起源中心之一，世界各国广泛栽培的梨、桃、核桃、枣、柿、猕猴桃、杏、板栗等落叶果树树种多源于我国。长期以来，人们习惯选择优异资源栽植于房前屋后，并世代相传，驯化产生了大量适应性强、类型丰富的地方特色品种。虽然我国果树育种专家利用不同地理环境和气候形成的地方品种种质资源，已改良培育了许多果树栽培品种，但迄今为止尚有大量地方品种资源包括部分农家珍稀果树资源未予充分利用。由于种种原因，许多珍贵的果树资源正在消失之中。

发达国家不但调查和收集本国原产果树树种的地方品种，还进入其他国家收集资源，如美国系统收集了乌兹别克斯坦的葡萄地方品种和野生资源。近年来，一些欠发达国家也已开始重视地方品种的调查和收集工作。如伊朗收集了872份石榴地方品种，土耳其收集了225份无花果、386份杏、123份扁桃、278份榛子和966份核桃地方品种。因此，调查、收集、保存和利用我国果树地方品种和种质资源对推动我国果树产业的发展有十分重要的战略意义。

中国农业科学院郑州果树研究所长期从事果树种质资源调查、收集和保存工作。在国家科技部科技基础性工作专项重点项目“我国优势产区落叶果树农家品种资源调查与收集”支持下，该所联合全国多家科研单位、大专院校的百余名科技人员，利用现代化的调查手段系统调查、收集、整理和保护了我国主要落叶果树地方品种资源（梨、核桃、桃、石榴、枣、山楂、柿、樱桃、杏、葡萄、苹果、猕猴桃、李、板栗），并建立了档案、数据库和信息共享服务体系。这项工作摸清了我国果树地方品种的家底，为全国性的果树地方品种鉴定评价、优良基因挖掘和种质创新利用奠定了坚实的基础。

正是基于这些长期系统研究所取得的创新性成果，郑州果树研究所组织撰写了“中国果树地方品种图志” 丛书。全书内容丰富、系统性强、信息量大，调查数据翔实可靠。它的出版为我国果树科研工作者提供了一部高水平的专业性工具书，对推动我国果树遗传学研究和新品种选育等科技创新工作有非常重要的价值。

中国农业科学院副院长<br>
中国工程院院士　吴孔明

2017年11月21日

# 总序二

Foreword Two

中国是世界果树的原生中心，不仅是果树资源大国，同时也是果品生产大国，果树资源种类、果品的生产总量、栽培面积均居世界首位。中国对世界果树生产发展和品种改良做出了巨大贡献，但中国原生资源流失严重，未发挥果树资源丰富的优势与发展潜力，大宗果树的主栽品种多为国外品种，难以形成自主创新产品，国际竞争力差。中国已有4000多年的果树栽培历史，是果树起源最早、种类最多的国家之一，拥有占世界总量3/5的果树种质资源，世界上许多著名的栽培种，如白梨、花红、海棠果、桃、李、杏、梅、中国樱桃、山楂、板栗、枣、柿子、银杏、香榧、猕猴桃、荔枝、龙眼、枇杷、杨梅等树种原产于中国。原产中国的果树，经过长期的栽培选择，已形成了生态类型众多的地方品种，对当地自然或栽培环境具有较好的适应性。一般多为较混杂的群体，如发芽期、芽叶色泽和叶形均有多种变异，是系统育种的原始材料，不乏优良基因型，其中不少在生产中发挥着重要作用，主导当地的果树产业，为当地经济和农民收入做出了巨大贡献。

我国有些果树长期以来在生产上还应用的品种基本都是各地的地方品种（农家品种），虽然开始通过杂交育种选育果树新品种，但由于起步晚，加上果树童期和育种周期特别长，造成目前我国生产上应用的果树栽培品种不少仍是从农家品种改良而来，通过人工杂交获得的品种仅占一部分。而且，无论国内还是国外，现有杂交品种都是由少数几个祖先亲本繁衍下来的，遗传背景狭窄，继续在这个基因型稀少的池子中捞取到可资改良现有品种的优良基因资源，其可能性越来越小，这样的育种瓶颈也直接导致现有品种改良潜力低下。随着现代育种工作的深入，以及市场对果品表现出更为多样化的需求和对果实品质提出更高的要求，育种工作者越来越感觉到可利用的基因资源越来越少，品种创新需要挖掘更多更新的基因资源。野生资源由于果实经济性状普遍较差，很难在短期内对改良现有品种有大的作为；而农家品种则因其相对优异的果实性状和较好的适应性与抗逆性，成为可在短期内改良现有品种的宝贵资源。为此，我们还急需进一步加大力度重视果树农家品种的调查、收集、评价、分子鉴定、利用和种质创新。

“中国果树地方品种图志”丛书中的种质资源的收集与整理，是由中国农业科学院郑州果树研究所牵头，全国22个研究所和大学、100多个科技人员同时参与，首次对我国果树地方品种进行较全面、系统调查研究和总结，工作量大，内容翔实。该丛书的很多调查图片和品种性状资料来之不易，许多优异、濒危的果树地方品种资源多处于偏远的山区村庄，交通不便，需跋山涉水、历经艰难险阻才得以调查收集，多为首次发表，十分珍贵。全书图文并茂，科学性和可读性强。我相信，此书的出版必将对我国果树地方品种的研究和开发利用发挥重要作用。

中国工程院院士 束怀瑞

2017年10月25日

# 总前言

General Introduction

果树地方品种（农家品种）具有相对优异的果实性状和较好的适应性与抗逆性，是可在短期内改良现有品种的宝贵资源。“中国果树地方品种图志”丛书是在国家科技部科技基础性工作专项重点项目“我国优势产区落叶果树农家品种资源调查与收集”（项目编号：2012FY110100）的基础上凝练而成。该项目针对我国多年来对果树地方品种重视不够，致使果树地方品种的家底不清，甚至有的濒临灭绝，有的已经灭绝的严峻状况，由中国农业科学院郑州果树研究所牵头，联合全国多家具有丰富的果树种质资源收集保存和研究利用经验的科研单位和大专院校，对我国主要落叶果树地方品种（梨、核桃、桃、石榴、枣、山楂、柿、樱桃、杏、葡萄、苹果、猕猴桃、李、板栗）资源进行调查、收集、整理和保护，摸清主要落叶果树地方品种家底，建立档案、数据库和地方品种资源实物和信息共享服务体系，为地方品种资源保护、优良基因挖掘和利用奠定基础，为果树科研、生产和创新发展提供服务。

## 一、我国果树地方品种资源调查收集的重要性

我国地域辽阔，果树栽培历史悠久，是世界上最大的栽培果树植物起源中心之一，素有“园林之母”的美誉，原产果树种质资源十分丰富，世界各国广泛栽培的如梨、桃、核桃、枣、柿、猕猴桃、杏、板栗等落叶果树树种都起源于我国。此外，我国从世界各地引种果树的工作也早已开始。如葡萄和石榴的栽培种引入中国已有2000年以上历史。原产我国的果树资源在长期的人工选择和自然选择下形成了种类纷繁的、与特定地区生态环境条件相适应的生态类型和地方品种；而引入我国的果树材料通过长期的栽培选择和自然驯化选择，同样形成了许多适应我国自然条件的生态类型或地方品种。

我国果树地方品种资源种类繁多，不乏优良基因型，其中不少在生产中还在发挥着重要作用。比如‘京白梨’‘莱阳梨’‘金川雪梨’；‘无锡水蜜’‘肥城桃’‘深州蜜桃’‘上海水蜜’；‘木纳格葡萄’；‘沾化冬枣’‘临猗梨枣’‘泗洪大枣’‘灵宝大枣’；‘仰韶杏’‘邹平水杏’‘德州大果杏’‘兰州大接杏’‘郯城杏梅’；‘天目蜜李’‘绥棱红’；‘崂山大樱桃’‘滕县大红樱桃’‘太和大紫樱桃’‘南京东塘樱桃’；山东的‘镜面柿’‘四烘柿’，陕西的‘牛心柿’‘磨盘柿’，河南的‘八月黄柿’，广西的‘恭城水柿’；河南的‘河阴石榴’等许多地方品种在当地一直是主栽优势品种，其中的许多品种生产已经成为当地的主导农业产业，为发展当地经济和提高农民收入做出了巨大贡献。

还有一些地方果树品种向外迅速扩展，有的甚至逐步演变成全国性的品种，在原产地之外表现良好。比如河南的‘新郑灰枣’、山西的‘骏枣’和河北的‘赞皇大枣’引入新疆后，结果性能、果实口感、品质、产量等表现均优于其在原产地的表现。尤其是出产于新疆的‘灰枣’和‘骏枣’，以其绝佳的口感和品质，在短短5～6年的时间内就风靡全国市场，其在新疆的种植面积也迅速发展逾3.11万$hm^2$，成为当地名副其实的“摇钱树”。分布范围更广的当属‘砀山酥梨’，以

其出色的鲜食品质、广泛的栽培适应性，从安徽砀山的地方性品种几十年时间迅速发展成为在全国梨生产量和面积中达到1/3的全国性品种。

果树地方品种演变至今有着悠久的历史，在漫长的演进过程中经历过各种恶劣的生态环境和毁灭性病虫害的选择压力，能生存下来并获得发展，决定了它们至少在其自然分布区具有良好的适应性和较为全面的抗性。绝大多数地方品种在当地栽培面积很小，其中大部分仅是散落农家院中和门前屋后，甚至不为人知，但这里面同样不乏可资推广的优良基因型；那些综合性状不够好、不具备直接推广和应用价值的地方品种，往往也潜藏着这样或那样的优异基因可供发掘利用。

自20世纪中叶开始，国内外果树生产开始推行良种化、规模化种植，大规模品种改良初期果树产业的产量和质量确实有了很大程度的提高；但时间一长，单一主栽品种下生物遗传多样性丧失，长期劣变积累的负面影响便显现出来。大面积推广的栽培品种因当地的气候条件发生变化或者出现新的病害受到毁灭性打击的情况在世界范围内并不鲜见，往往都是野生资源或地方品种扮演救火英雄的角色。

20世纪美国进行的美洲栗抗栗疫病育种的例子就是证明。栗疫病由东方传入欧美，1904年首次见于纽约动物园，结果几乎毁掉美国、加拿大全部的美洲栗，在其他一些国家也造成毁灭性的影响。对栗疫病敏感的还有欧洲栗、星毛栎和活栎。美国康涅狄格州农业试验站从1907年开始研究栗疫病，这个农业试验站用对栗疫病具有抗性的中国板栗和日本栗作为亲本与美洲栗杂交，从杂交后代中选出优良单株，然后再与中国板栗和日本栗回交。并将改良栗树移植进野生栗树林，使其与具有基因多样性的栗树自然种群融合，产生更高的抗病性，最终使美洲栗产业死而复生。

我国核桃育种的例子也很能说明问题。新疆核桃大多是实生地方品种，以其丰产性强、结果早、果个大、壳薄、味香、品质优良的特点享誉国内外，引入内地后，黑斑病、炭疽病、枝枯病等病害发生严重，而当地的华北核桃种群则很少染病，因此人们认识到华北核桃种群是我国核桃抗性育种的宝贵基因资源。通过杂交，华北核桃与新疆核桃的后代在发病程度上有所减轻，部分植株表现出了较强的抗性。此外，我国从铁核桃和普通核桃的种间杂种中选育出的核桃新品种，综合了铁核桃和普通核桃的优点，既耐寒冷霜冻，又弥补了普通核桃在南方高温多湿环境下易衰老、多病虫害的缺陷。

‘火把梨’是云南的地方品种，广泛分布于云南各地，呈零散栽培状态，果皮色泽鲜红艳丽，外观漂亮，成熟时云南多地农贸市场均有挑担零售，亦有加工成果脯。中国农业科学院郑州果树研究所1989年开始选用日本栽培良种‘幸水梨’与‘火把梨’杂交，育成了品质优良的‘满天红’‘美人酥’和‘红酥脆’三个红色梨新品种，在全国推广发展很快，取得了巨大的社会、经济效益，掀起了国内红色梨产业发展新潮，获得了国际林产品金奖、全国农牧渔业丰收奖二等奖和中国农业科学院科技成果一等奖。

富士系苹果引入中国，很快在各苹果主产区形成了面积和产量优势。但在辽宁仅限于年平均气温10℃，1月平均气温-10℃线以南地区栽培。辽宁中北部地区扩展到中国北方几省区尽管日照充足、昼夜温差大、光热资源丰富，但1月平均气温低，富士苹果易出现生理性冻害造成抽条，无法栽培。沈阳农业大学利用抗寒性强、大果、肉质酸酥、耐贮运的地方品种‘东光’与‘富士’进行杂交，杂交实生苗自然露地越冬，以经受冻害淘汰，顺利选育出了适合寒地栽培的苹果品种‘寒富’。‘寒富’苹果1999年被国家科技部列入全国农业重点开发推广项目，到目前为止已经在内蒙古南部、吉林珲春、黑龙江宁安、河北张家口、甘肃张掖、新疆玛纳斯和西藏林芝等地广泛栽培。

地方品种虽然重要，但目前许多果树地方品种的处境却并不让人乐观！我们在上马优良新品种和外引品种的同时，没有处理好当地地方品种的种质保存问题，许多地方品种因为不适应商业化的要求生存空间被挤占。如20世纪80年代巨峰系葡萄品种和21世纪初'红地球'葡萄的大面积推广，造成我国葡萄地方品种的数量和栽培面积都在迅速下降，甚至部分地方品种在生产上的消失。20世纪80年代我国新疆地区大约分布有80个地方品种或品系，而到了21世纪只有不到30个地方品种还能在生产上见到，有超过一半的地方品种在生产上消失，同样在山西省清徐县曾广泛分布的古老品种'瓶儿'，现在也只能在个别品种园中见到。

加上目前中国正处于经济快速发展时期，城镇化进程加快，因为城镇发展占地、修路、环境恶化等原因，许多果树地方品种正在飞速流失，亟待保护。以山西省的情况为例：山西有山楂地方品种'泽州红''绛县粉口''大果山楂''安泽红果'等10余个，近年来逐年减少；有板栗地方品种10余个，已经灭绝或濒临灭绝；有柿子地方品种近70个，目前60%已灭绝；有桃地方品种30余个，目前90%已经灭绝；有杏地方品种70余个，目前60%已灭绝，其余濒临灭绝；有核桃地方品种60余个，目前有的已灭绝，有的濒临灭绝，有的品种名称混乱；有2个石榴地方品种，其中1个濒临灭绝！

又如，甘肃省果树资源流失非常严重。据2008年初步调查，发现5个树种的103个地方果树珍稀品种资源濒临流失，研究人员采集有限枝条，以高接方式进行了抢救性保护；7个树种的70个地方果树品种已经灭绝，其中梨48个、桃6个、李4个、核桃3个、杏3个、苹果4个、苹果砧木2个，占原《甘肃果树志》记录品种数的4.0%。对照《甘肃果树志》（1995年），未发现或已流失的70个品种资源主要分布在以下区域：河西走廊灌溉果树区未发现或已灭绝的种质资源6个（梨品种2个、苹果品种4个）；陇西南冷凉阴湿果树区未发现或灭绝资源10个（梨资源7个、核桃资源3个）；陇南山地果树区未发现或流失资源20个（梨资源14个、桃资源4个、李资源2个）；陇东黄土高原果树区未发现或流失资源25个（梨品种16个、苹果砧木2个、杏品种3个、桃品种2个、李品种2个）；陇中黄土高原丘陵果树区未发现或已流失的资源9个，均为梨资源。

随着果树栽培良种化、商品化发展，虽然对提高果品生产效益发挥了重要作用，但地方品种流失也日趋严重，主要表现在以下几个方面：

1. 城镇化进程的加快，随着传统特色产业地位的丧失，地方品种逐渐减少

近年来，随着城镇化进程的加快，以前的郊区已经变成了城市，以前的果园已经难寻踪迹，使很多地方果树品种随着现代城市的建设而丢失，或正面临丢失。例如，甘肃省兰州市安宁区曾经是我国桃的优势产区，但随着城镇化的建设和发展，桃树栽培面积不到20世纪80年代的1/5，在桃园大面积减少的同时，地方品种也大幅度流失。兰州'软儿梨'也是一个古老的品种，但由于城镇化进程的加快，许多百年以上的大树被砍伐，也面临品种流失的威胁。

2. 果树良种化、商品化发展，加快了地方品种的流失

随着果树栽培良种化、商品化发展，提高了果品生产的经济效益和果农发展果树的积极性，但对地方品种的保护和延续造成了极大的伤害，导致了一些地方品种逐渐流失。一方面是新建果园的统一规划设计，把一部分自然分布的地方品种淘汰了；另一方面，由于新品种具有相对较好的外观品质，以前农户房前屋后栽植的地方品种，逐渐被新品种替代，使很多地方品种面临灭绝流失的威胁。

3. 国家对果树地方品种的保护宣传力度和配套措施不够

依靠广大农民群众是保护地方品种种质资源的基础。由于国家对地方品种种质资源的重要性和保护意义宣传力度不够，农民对地方品种保护的认知不到位，导致很多地方品种在生产和生活中不经意地流失了。同时，地方相关行政和业务部门，对地方品种的保护、监管、标示力度不够，没有体现出地方品种资源的法律地位，导致很多地方品种濒临灭绝和正在灭绝。

发达国家对各类生物遗传资源（包括果树）的收集、研究和利用工作极为重视。发达国家在对本国生物遗传资源大力保护的同时，还不断从发展中国家大肆收集、掠夺生物遗传资源。美国和前苏联都曾进行过系统地国外考察，广泛收集外国的植物种质资源。我国是世界上生物遗传资源最丰

富的国家之一，也是发达国家获取生物遗传资源的重要地区，其中最为典型的案例当属我国大豆资源（美国农业部的编号为PI407305）流失海外，被孟山都公司研究利用，并申请专利的事件。果树上我国的猕猴桃资源流失到新西兰后被成功开发利用，至今仍然有大量的国外公司组织或个人到我国的猕猴桃原产地大肆收集猕猴桃地方品种资源和野生资源。甚至连绝大多数外国人现在都还不甚了解的我国特色果树——枣的资源也已经通过非正常途径大量流失到了国外！若不及时进行系统的调查摸底和保护，那种“种中国豆，侵美国权”的荒诞悲剧极有可能在果树上重演！

综上所述，我国果树地方品种是具有许多优异性状的资源宝库，目前正以我们无法想象的速度消失或流失；应该立即投入更多的力量，进行资源调查、收集和保护，把我们自己的家底摸清楚，真正发挥我国果树种质资源大国的优势。那些可能由于建设或因环境条件恶化而在野外生存受到威胁的果树地方品种，不能在需要抢救时才引起注意，而应该及早予以调查、收集、保存。要对我国落叶果树地方品种进行调查、收集和保存，有多种策略和方法，最直接、最有效的办法就是对优势产区进行重点调查和收集。

## 二、调查收集的方式、方法

按照各树种资源调查、收集、保存工作的现状，重点调查资源工作基础薄弱的树种（石榴、樱桃、核桃、板栗、山楂、柿），对已经具有较好资源工作基础和成果的树种（梨、桃、苹果、葡萄）做补充调查。根据各树种的起源地、自然分布区和历史栽培区确定优势产区进行调查，各树种重点调查区域见本书附录一。各省（自治区、直辖市）主要调查树种见本书附录二。

通过收集网络信息、查阅文献资料等途径，从文字信息上掌握我国主要落叶果树优势产区的地域分布，确定今后科学调查的区域和范围，做好前期的案头准备工作。

实地走访主要落叶果树种植地区，科学调查主要落叶果树的优势产区区域分布、历史演变、栽培面积、地方品种的种类和数量、产业利用状况和生存现状等情况，最终形成一套系统的相关科学调查分析报告。

对我国优势产区落叶果树地方品种资源分布区域进行原生境实地调查和GPS定位等，评价原生境生存现状，调查相关植物学性状、生态适应性、栽培性能和果实品质等主要农艺性状（文字、特征数据和图片），对优良地方品种资源进行初步评价、收集和保存。

对叶、枝、花、果等性状按各种资源调查表格进行记载，并制作浸渍或腊叶标本。根据需要对果实进行果品成分的分析。

加强对主要生态区具有丰产、优质、抗逆等主要性状资源的收集保存。注重地方品种优良变异株系的收集保存。

主要针对恶劣环境条件下的地方品种，注重对工矿区、城乡结合部、旧城区等地濒危和可能灭绝地方品种资源的收集保存。

收集的地方品种先集中到资源圃进行初步观察和评估，鉴别“同名异物”和“同物异名”现象。着重对同一地方品种的不同类型（可能为同一遗传型的环境表型）进行观察，并用有关仪器进行简化基因组扫描分析，若确定为同一遗传型则合并保存。对不同的遗传型则建立其分子身份鉴别标记信息。

已有国家资源圃的树种，收集到的地方品种入相应树种国家种质资源圃保存，同时在郑州、随州地区建立国家主要落叶果树地方品种资源圃，用于集中收集、保存和评价有关落叶果树地方品种资源，以确保收集到的果树地方品种资源得到有效的保护。郑州和随州地处我国中部地区，中原之腹地，南北交汇处，既无北方之严寒，又无南方之酷热。因此，非常适宜我国南北各地主要落叶果树树种种质资源的生长发育，有利于品种资源的收集、保存和评价。

利用中国农业科学院郑州果树研究所优势产区落叶果树树种资源圃保存的主要落叶果树树种

地方品种资源和实地科学调查收集的数据，建立我国主要落叶果树优良地方品种资源的基本信息数据库，包括地理信息、主要特征数据及图片，特别是要加强图像信息的采集量，以区别于传统的单纯文字描述，对性状描述更加形象、客观和准确。

对我国优势产区落叶果树优良地方品种资源进行一次全面系统梳理和总结，摸清家底。根据前期积累的数据和建立的数据库（http://www.ganguo.net.cn），开发我国主要落叶果树优良地方品种资源的GIS信息管理系统。并将相关数据上传国家农作物种质资源平台（http://www.cgris.net），实现果树地方品种资源信息的网络共享。

工作路线见本书附录三。工作流程见本书附录四。要按规范填写调查表。调查表包括：农家品种摸底调查表、农家品种申报表、农家品种资源野外调查简表、各类树种农家品种调查表、农家品种数据采集电子表、农家品种调查表文字信息采集填写规范。农家品种标本、照片采集按规范填写“农家品种资源标本采集要求”表格和“农家品种资源调查照片采集要求”表格。调查材料提交也须遵照规范。编号采用唯一性流水线号，即：子专题（片区）负责人姓全拼+名拼音首字母+采集者姓名拼音首字母+流水号数字。

本次参加调查收集研究有22个单位，分布在我国西南、华南、华东、华中、华北、西北、东北地区，每个单位除参加过全国性资源考察外，他们都熟悉当地的人文地理、自然资源，都对当地的主要落叶果树资源了解比较多，对我们开展主要落叶果树地方品种调查非常有利，而且可以高效、准确地完成项目任务。其中包括2个农业部直属单位、4个教育部直属大学（含2所985高校）、10个省属研究所和大学，100多名科技人员参加调查，科研基础和实力雄厚，参加单位大多从事地方品种相关的调查、利用和研究工作，对本项目的实施相当熟悉。还有的团队为了获得石榴最原始的地方品种材料，尽管当地有关专业部门说，近期雨季不能到有石榴地方品种的地区调查，路险江深，有生命危险，可他们还是冒着生命危险，勇闯交通困难的西藏东南部三江流域少人区调查，获得了可贵的地方品种资源。

通过5年多的辛勤调查、收集、保存和评价利用工作，在承担单位前期工作的基础上，截至2017年，共收集到核桃、石榴、猕猴桃、枣、柿子、梨、桃、苹果、葡萄、樱桃、李、杏、板栗、山楂等14个树种共1700余份地方品种。并积极将这些地方品种资源应用于新品种选育工作，获得了一批在市场上能叫得响的品种，如利用河南当地的地方品种‘小火罐柿’选育的极丰产优质小果型柿品种‘中农红灯笼柿’，以其丰产、优质、形似红灯笼、口感极佳的特色，迅速获得消费者的认可，并获得河南省科技厅科技进步奖一等奖和河南省人民政府科技进步奖二等奖。

“中国果树地方品种图志”丛书被列为“十三五”国家重点出版物规划项目。成书过程中，在中国农业科学院郑州果树研究所、湖南农业大学等22个单位和中国林业出版社的共同努力和大力支持下，先后于2017年5月在河南郑州、2017年10月25日至11月5日在湖南长沙、11月17～19日在河南郑州召开了丛书组稿会、统稿会和定稿会，对书稿内容进行了充分把关和进一步提升。在上述国家科技部基础性工作专项重点项目启动和执行过程中，还得到了该项目专家组束怀瑞院士（组长）、刘凤之研究员（副组长）、戴洪义教授、于泽源教授、冯建灿教授、滕元文教授、卢春生研究员、刘崇怀研究员、毛永民教授的指导和帮助，在此一并表示感谢！

曹尚银

2017年11月17日于河南郑州

# 前言

Preface

《中国杏地方品种图志》是“中国果树地方品种图志丛书”中的一册，由中国农业科学院郑州果树研究所牵头，中国农业大学、山西省农业科学院生物技术研究中心、山东省果树研究所和南京农业大学共同主持，由开封市农林科学研究院、河南省国有济源市黄楝树林场、河南省信阳农林学院、石河子大学、新疆农业科学院吐鲁番农业科学院研究所、陕西省果树良种苗木繁育中心、北京市农林科学院综合发展研究所、吉林省农业科学院果树研究所、沈阳农业大学园艺学院等单位参加，组织全国数十位专家合作编写而成。

自2012年5月启动科技基础性工作专项重点项目“我国优势产区落叶果树农家品种资源调查与收集”以来，以主持单位中国农业科学院郑州果树研究所为首，中国农业大学和山西省农业科学院生物技术研究中心作为子课题主持单位，在全国范围内开展了杏地方品种资源的广泛调查和重点收集工作，特别是在杏的传统栽培区域，如河南省的济源市、信阳市和辉县市，新疆维吾尔自治区伊犁哈萨克自治州和吐鲁番市，山西省的阳高县和永济市等地，开展了长期的、多次的地方品种收集和植物学性状调查和样本、数据的采集，经过5年多的努力工作，终于取得了一大批特异的、濒临消失的杏树种质资源。作为项目任务的一部分，要求完成我国优势产区杏落叶果树栽培的地域分布、产业和生存现状调查，每树种发表相关科学调查研究报告，撰写成一本考察著作。

2016年1月开始，启动了《中国杏地方品种图志》的撰写工作，组织有关人员，起草撰写大纲，整理、收集品种资源调查资料和补充图片等前期准备工作，并开始着手撰写部分章节内容。2016年7月继续整理收集各片区调查数据和照片，撰写《中国杏地方品种图志》的初稿，经整理后目前共收录杏地方品种153份。2017年6月，中国农业科学院郑州果树研究所联合中国林业出版社，会同中国农业大学、山西省农业科学院生物技术研究中心、山东省果树研究所和南京农业大学在河南省郑州市召开了“中国果树地方品种图志丛书”第一次撰写工作会议，来自全国各地的20余位专家、学者参加会议，研究、讨论、确定了《中国杏地方品种图志》撰写大纲，明确了撰写格式、撰写任务、撰写时间和具体分工。最后，由曹尚银同志根据书稿情况，邀请有关专家审定并最终定稿。

《中国杏地方品种图志》是首次对中国杏地方品种种质资源进行比较全面、系统调查研究的阶段性总结，为研究杏的区域分布、品种类别及特异资源的开发利用提供了较完整的资料，将对促进我国杏产业发展和科学研究产生重要的作用。本书的写作内容重点放在杏地方品种种质资源上，也就是品种资源的调查地点、生境信息、植物学信息和品种评价的描述。总体工作思路如下：①在果树生长季节，每年进行四次野外调查，分别采集杏的叶片、花、果实等数据和照片，以及在当地实际的物候期数据；②将全国分为东部、西部、南部、北部、中部5个片区，每个片区配备一个调查组，每组至少15人，分3个小队进行调查；③各调查组查阅有关资料、走访当地有关部门，确定调查的县、乡、村、农户，进行调查；④组建专家组（14人），对各片区提出的疑难地区进行针对性调查。

本书总论主要阐述杏地方品种收集的重要性，区域分布特点，产业发展现状，调查方法，调查成果和种质资源的鉴定分析；各论是对收集的地方品种的具体信息进行描述，包括调查人、提供人、调查地点、经纬度信息、生境信息、植物学信息和品种评价，并配置相应品种的生境、单株、花、果实、叶片的照片。本书所配照片在总论中都一一标出拍摄人姓名，各论里照片都是各片区调查人拍照，由于人数较多，就不一一列出。开展工作时采用了分片区调查的方式，各片区所辖的范围如下：东部片区辖山东、上海、浙江、安徽、福建、江西等省（自治区、直辖市），南部片区辖江苏、广东、广西、重庆、贵州、云南、四川等省（自治区、直辖市），西部片区辖山西、陕西、甘肃、青海、宁夏、新疆等省（自治区、直辖市），北部片区辖河北、北京、辽宁、吉林、黑龙江、内蒙古等省（自治区、直辖市），中部片区辖河南、湖北、湖南、西藏等省（自治区、直辖市）。本书收录的杏地方品种（类型）的形态特征及经济性状，可为生产利用提供参考，对杏地方品种保护、产业发展以及科学研究具有深远影响。

中国工程院院士、山东农业大学束怀瑞教授对本书撰写工作给予热情关怀和悉心指导；中国农业科学院郑州果树研究所、中国林业出版社等单位给予多方促进和大力支持；国家科技基础性工作专项重点项目“我国优势产区落叶果树农家品种资源调查与收集”、国家出版基金给予了支持。在此一并表示深深的感谢。

由于著者水平和掌握资料有限，本书有遗漏和不足之处敬请读者及专家给予指正，以便日后补充修订。

著者

2017年11月

# 目录

Contents

中国杏地方品种图志
总论

# 第一节 杏资源的起源与分类

## 一 杏的起源

图1 杏花（孟玉平 供图）

图3 杏果实（孟玉平 供图）

图4 新疆野生杏林（曹秋芬 供图）

杏为蔷薇科（Rosaceae）李亚科（Prunoideae）杏属（*Armeniaca* Mill.）植物（图1～图3）。杏种质资源十分丰富，是起源于亚欧大陆中部、东部的一种古老的温带落叶果树。从杏的起源上讲，有三个地区被认为是世界普通杏的原生起源中心：中国中心（中国的华北地区以及西藏东部、四川西部）、中亚中心（从天山至克什米尔的广大区域）和近东中心（北伊朗、高加索、土耳其和亚美尼亚），近东中心同时也是杏多样性分部的一个次生起源中心。可见，中国普通杏的分布基本上涵盖了前两个中心。

我国是世界栽培杏的原生起源中心之一，拥有丰富的杏种质资源，人们采食杏果的历史可追溯到5000～6000年之遥，有据可查的栽培历史有3500年之久（张加延等，2003）。远在春秋时代已有关于杏树的记载。杏树在古代就与桃、李、栗和枣称为“五果”，可见其栽培之广远。我国考古工作者在湖北江陵发现西汉时期的杏核和杏仁木炭化样品，进一步证实杏树在我国栽培历史的久远。据不完全统计，全世界有杏品种3000个左右，而我国就有杏品种（类型）2000余个（Wang，1998）。从20世纪50年代以后，特别是80年代以来，在国家各级政府的引导下，杏资源开发和利用的势头渐起，开发的方向也日益增多，从杏的鲜果、干果到杏的加工制品都备受广大消费者的喜爱。

从普通杏在全世界范围的传播历史来看，中国拥有的这两个原生中心对杏的西传亦产生过深远的影响。学术界普遍认为欧洲杏是在罗马时代，通过阿拉伯人沿着“丝绸之路”将杏从中亚经伊朗和亚美尼亚，最后带到欧洲的（Watkins，1976；Zohary *et al*., 1993；Layne *et al*., 1996；Faust *et al*., 1998）。不仅如此，我国还有独特的野杏资源，如在四川西部的藏杏和东北长白山地区的辽杏以及大兴安岭地区的西伯利亚杏等。新疆野杏林（图4、图5）是我国野杏资源集中分布地区之一。新疆野杏与栽培杏均属普通杏（图6）一个种。由新疆野苹果、野杏及野核桃等组成的伊犁野果林（图7、图8）是在中亚荒漠地带山地罕见的“海洋性”阔叶林类型，是第三纪暖温带阔叶林的孑遗群落（张新时，1973），其中野杏被认为是全世界栽培杏的原生起源种群，曾对世界栽培杏的驯化起过决定性的作用。林培钧等（1984）在伊犁地区新源县发现了成片的野杏林，野杏资源相当丰富，拥有44个品种和类型，蕴涵的丰富的遗传多样性为熟期育种、耐晚霜及抗病育种提供了非常重要的种质资源。何天明等（2007）对新疆伊犁河谷的新源（图9）、巩留（图10）和大西沟3个野杏（*A. vulgaris* var. *ansu*）（图11～图13）居群81个类型的群体遗传结构研究表明，作为一个野生种群，伊犁天山野杏依然保持着较高的遗传多样性水平，研究结果进一步论证了天山野杏（图14、

图2 杏树（孟玉平 供图）

图15）即为我国栽培杏的直接祖先。

国内外大量史书证明杏于公元前1～2世纪，即西汉时期自我国先传至中亚的波斯（今伊朗），经亚美尼亚传入古希腊，公元1世纪中叶传入罗马，1524年传入英国，1720年之后由一个西班牙基督教牧师将杏传入美国加利福尼亚州，17世纪后叶传入澳大利亚，19世纪后杏才传入非洲、南美和大洋洲。今天杏已遍布世界五大洲，成为世界性果树。其之所以传播广泛，并成为全世界的重要果树，是因为它们不仅果实风味优美，而且果实和果仁又特别适宜加工成多种食品，果壳还是制造优质活性炭的原料，活性炭又是多种工业和卫生与环保行业的重要物质。因此，美、英、俄、日、意等发达国家在18～20世纪初，纷纷来我国大肆收集其种质资源，用以改良品种，提高生产效益，同时储备可持续发展的基因（张加延，2011）。

图5 新疆伊犁野杏林（曹秋芬 供图）

图6 普通杏果实（孟玉平 供图）

图7 新疆伊犁野果林（曹秋芬 供图）

图8 新疆伊犁野果林（曹秋芬 供图）

图9 新疆新源野生杏林（曹秋芬 供图）

图10 新疆巩留杏林大生境（曹秋芬 供图）

图11 新疆伊犁大西沟杏林（曹秋芬 供图）

图13 新疆伊犁大西沟大生境（曹秋芬 供图）

图14 天山野杏树（曹秋芬 供图）

图15 天山野杏树（曹秋芬 供图）

图16 李光杏（曹秋芬 供图）

图12 新疆伊犁大西沟大生境（曹秋芬 供图）

## 二 我国杏资源的分类

目前普遍认为，全世界杏属共有10个种，品种有3000余个，我国品种约有2000余个，种质资源十分丰富，居世界之最（张加延，1999）。按照俞德俊的分类系统，在全世界杏属植物的10个种中，原产我国的有普通杏（*A. vulgaris* Lam.）、西伯利亚杏[*A. sibirica*（L.）Lam.]、辽杏[*A. mandshurica*（Maxim.） Skv.]、藏杏[*A. holosericea* （Batal.） Kost.]、紫杏[*A. dasycarpa* （Ehrh.） Borkh.]、志丹杏（*A. vulgaris* var. *zhidanensis* C. Z. Qiao *et al.*）、梅（*A. mume* Sieb.）、政和杏（*A. zhengheensis* J. Y. Zhang et M. N. Lu）及李梅杏（*A. limeixing* J. Y. Zhang et Z. M. Wang）这9个种，华仁杏（*A. cathayana* D. L. Fu *et al.*）又称大扁杏、大杏扁、杏扁、仁用杏，于2008年发现于河北省涿鹿县，是继杏属这9个种之后，近年发表的一新种（傅大立等，2010）。另有李光杏（图16）（*A. vulgaris* var.

glabra S. X. Sun）、垂枝杏（*A. vulgaris* var. *pandula* Jacg）、陕梅杏（*A. vulgaris* var. *meixionensis* J. Y. Zhang *et al.*）、熊岳大扁杏（*A. vulgaris* var. *xiongyueensis* T. Z Li *et al.*）等13个变种（张加延，1999）。其中普通杏、西伯利亚杏、辽杏和梅3个种内还有许多变种和类型（表1）（张加延等，2003；赵宏勇，2008）。已有的研究表明，普通杏最原始，西伯利亚杏、辽杏、藏杏及梅等种群均由最原始的普通杏进化而来（陈学森等，2001）。

表1 我国杏属种质资源的分类

| 种 | 变种 |
|---|---|
| 普通杏（*A. vulgaris* Lam.） | 普通杏（*A. vulgaris* Lam. var. *vulgaris*） |
| | 野杏（*A. vulgaris* var. *ausu*. Maxim） |
| | 李光杏（*A. vulgaris* var. *glabra* S. X. Sun） |
| | 垂枝杏 [*A. vulgaris* var. *pandula* (Jager) Rend.] |
| | 陕梅杏（*A. vulgaris* var. *meixionensis* J. Y. Zhang *et al.*） |
| | 熊岳大扁杏（*A. vulgaris* var. *xiongyueensis* T. Z. Li *et al.*） |
| | 花叶杏 [*A. vulgaris*. var. *variegate* (West.) Zabel] |
| 西伯利亚杏 [*A. sibirica* (L.) Lam.] | 西伯利亚杏（*A. sibirica* var. *sibirica*.） |
| | 毛杏（*A. sibirica* var. *pubescens* Kost.） |
| | 辽梅杏（*A. sibirica* var. *pleniflora* J. Y. Zhang *et al.*） |
| | 重瓣山杏（*A.s ibirica* var. *multipetala*. G. S. Liu *et al.*） |
| 辽杏 [*A. mandshurica* (Maxim) Skv.] | 辽杏（*A.mandshurica* var. *mandshurica*] |
| | 光叶辽杏 [*A. mandshurica* (Maxim) Skv. var. *plabra*] |
| 藏杏 [*A. holosericea* (Batal.) Kost.] | |
| 志丹杏 [*A. zhidanensis* C. Z. Qiao] | |
| 紫杏 [*A. dasycarpa* (Ehrh.) Borkh.] | |
| 梅（*A. mume* Sieb.） | |
| 政和杏（*A. zhengheensis* J. Y.et M. N. Lu） | |
| 李梅杏（*A. limeixing* J. Y. Zhang et Z. M. Wang） | |
| 华仁杏（*A. cathayana* D. L. Fu *et al.*） | |

## 三 我国杏种质资源分种检索表

1. 花多单生，萼片与萼筒紫红色或红褐色，开花后萼片反折。
  2. 1年生枝条灰褐或红褐色；核表面平滑或粗糙，无孔穴。
    3. 果实表面有短茸毛，无果粉(为普通杏的变种李光杏果皮无茸毛亦无果粉)。
      4. 叶片圆形至卵圆形，叶缘具细小圆钝单锯齿；几无果柄。
        5. 叶片背面绿色，光滑或具疏毛；叶基圆形或心形。
          6. 1年生枝条光滑无毛（嫩枝有毛）；叶片和叶柄幼时具短柔毛，成熟叶片及叶柄毛较稀疏……1. 藏杏*A. holosericea* (Batal.) Kost.
            7. 乔木；叶尖急尖至短渐尖；果实大而多汁，肉质松软，味酸甜，芳香，成熟时不沿缝合线开裂，核棱稍钝，核基对称……2. 普通杏 *A. vulgaris* Lam.
            7. 灌木或小乔木；叶尖长渐尖至长尾尖；果实小而干燥，果肉薄，味苦涩，成熟时沿缝合线开裂；核棱锐利，核基不对称……3. 西伯利亚杏 *A. sibirica* (L.) Lam.
          6. 1年生枝条、叶柄和叶脉上具灰白色茸毛；嫩叶背面脉上有毛，成熟叶片无茸毛……4. 志丹杏 *A. zhidanensis* Qiao C. Z.
        5. 叶片背面银白色，厚被白色茸毛；叶片长椭圆形，叶缘锯齿细微，叶基截形，核棱圆钝，不具龙骨状侧棱……5. 政和杏 *A. zhengheensis* Zhang J. Y. et M. N. Lu
      4. 叶缘具不整齐细长尖锐重锯齿；果柄长7~10mm；1年生枝条黄褐色，老树主干皮层木栓质……6. 辽杏 *A. mandshurica* (Maxim.) Skv.
    3. 花双生，萼片与萼筒黄绿色，果实表面同具疏茸毛和浅薄果粉，果实暗紫红色或黑紫色；核侧棱稍凸，腹棱锐利……7. 紫杏 *A. dasycarpa* (Ehrh.) Borkh.
  2. 1年生枝条绿色，核表面具孔穴，果实味酸……8. 梅 *A. mume* Sieb.
1. 花双生或簇生；萼片与萼筒绿色，开花后不反折；1年生枝条绿色，黄褐色或褐色；叶片披针形，叶缘具重锯齿……9. 李梅杏 *A. limeixing* J. Y. Zhang et Z. M. Wang

## 四 杏各植物种的特征

**1. 普通杏** *A. vulgaris* Lam.

别名：杏（《山海经》）、杏树（《救荒本草》）、杏花（《花镜》）、甜梅（《本草纲目》）、归勒斯（蒙语）。

普通杏有7个变种2000余个品种或类型，是全世界杏属植物的主要栽培种。

(1) 普通杏（原变种）*A.vulgaris* var. *vulgaris* 乔木，高5～9m。树冠圆形、扁圆形或长圆形。树皮灰褐色，纵状裂。多年生枝浅褐色，皮孔大而横生。1年生枝条浅红褐色，有光泽，无毛，稀有毛，有皮孔。

叶片（图17）宽卵形或圆卵形，长5～9cm、宽4～8cm，先端急尖至短渐尖，基部圆形至近心形，叶边有圆锯齿，两面无毛或仅下面脉腋间具柔毛。叶柄长2～3.5cm，无毛或上面有毛，基部常具1～6个蜜腺。

花单生（图18、图19），直径2～3cm，先于叶开放。花梗短，长1～3mm，被短柔毛。萼片卵形至卵状长圆形，先端急尖或圆钝，花开后萼片反折。花瓣5（6～8），圆形至倒卵形，白色或粉红色，少数红色，具短爪。雄蕊20～45枚，稍短于花瓣。子房被短柔毛，花柱稍长或近与雄蕊等长，也有短于雄蕊和退化至花托之内现象，下部具柔毛。

果实球形，少有倒卵形、扁圆形或长椭圆形。直径约2.5cm以上，最大达6cm左右。果皮为白色、黄色至橙黄色，常有红晕或红斑，微被短柔毛，成熟时如遇雨或土壤水分过多，会造成果皮开裂。果肉酸甜、多汁、有香气。离核或粘核，核卵形或椭圆形，两侧扁平，顶端圆钝，基部对称，稀不对称，核表面稍粗糙，核面有纹或平滑，腹棱较圆、钝，背棱较直立，腹面具龙骨状侧棱，种仁味苦或甜。

花期2～4月，果期6～8月，稀10月。2n=2x=16，稀24。

普通杏的果实除可供鲜食外，还可加工成杏脯、杏干、杏罐头、杏酱、杏汁、杏酒等食品和饮料。种仁可生食或加工成杏仁茶、杏仁露、杏仁霜、杏仁粉等饮料或杏仁油，还可做加工食品的配

图17 杏叶（孟玉平 供图）

图18 杏花（孟玉平 供图）

图19 杏花（孟玉平 供图）

图20 山杏（孟玉平 供图）

图21 李光杏（曹秋芬 供图）

料，种仁也可入药。核壳可加工活性炭。

(2) 野杏 *A.vulgaris* var. *ansu.* Maxim. 别名：山杏（图20）（《河北习见树木图说》）、合格仁——归勒斯（蒙语）、日本栽培杏（《中国温带果树分类学》）。

与原变种的区别是，叶片基部楔形或宽楔形，花常2朵，淡红色，果实近球形，红色，离核，核卵球形，表面粗糙或有网纹，腹棱常锐利.

本变种的抗旱与抗寒能力较低，适宜在湿润而温暖的地区栽培，在中国多为野生或半野生状。果实小，可食，可做杏的砧木。

(3) 李光杏 *A.vulgaris* var. *glabra* S. X. Sun 与原变种的区别是果实表面光滑无毛（图21）。

该变种自花结实率强，抗旱性强，含糖量高，适宜加工杏干。

(4) 垂枝杏 *A. vulgaris* var. *pendula*（Jager）Rend. 与原变种区别是枝条下垂，核大而粗糙，核背侧基部突出较大。

本变种易与普通杏、辽杏、西伯利亚杏杂交，是抗寒育种的重要材料。

(5) 花叶杏 *A.vulgaris* var. *variegate* （West.）Zabel 别名斑叶杏，特征是叶片具白斑。

(6) 陕梅杏 *A. vulgaris* var. *meixianensis* J.Y. Zhang *et al.* 别名陕梅、光叶重瓣花杏、重瓣花杏。

与原变种的区别是花冠直径4.5～5cm，花瓣多达70～120枚，雄蕊100余枚，其中约有半数倒卷在子房周围；雌蕊1～7枚，在花瓣露红时即伸出，花柱明显长于花瓣；萼片大，花期迟，很少结实，果实可食，仁甜；树冠直立高大，可在-36℃低温下越冬，室内鉴定枝条木质部组织低温放热范围在-44.0～-33.5℃，其木质部冻害发生在-40.0℃。

本变种在杏属中花朵最大、花瓣最多、开花期最迟，适宜观赏。

(7) 熊岳大扁杏 *A. vulgaris* var. *xiongyueensis* T.

Z Li *et al.* 与原变种区别在于叶柄较短，叶色深绿，叶两面及叶柄上密被褐色茸毛；核面无孔纹，核基圆唇形。

本变种抗盐能力强，在土壤氯化钙含量0.3%时能正常生长，可作为育种试材或砧木。

**2. 西伯利亚杏** *A. sibirica* (L.)Lam.

别名：山杏（《东北木本植物图志》）、蒙古杏（《中国温带果树分类学》）、西伯日——归勤斯（蒙语）。

西伯利亚杏在中国有4个变种和许多类型。

（1）西伯利亚杏（原变种）*A. sibirica* var. *sibirica.* 灌木或小乔木，树高1.5～5m，树冠开张。树皮暗灰色。小枝无毛，极少幼时具疏生短柔毛，灰褐色或淡红褐色。

叶片卵形或近圆形，长5～10cm、宽4～8cm，先端长渐尖至尾尖，基部圆形、截形或心形，叶边缘有细钝锯齿，两面无毛，极少下面腋间具短柔毛。叶柄长2.0～3.5cm，无毛，有或无小蜜腺。

花单生，直径1.5～2.7cm，先于叶开放。花梗长1～2mm。花萼紫红色，稀黄绿色。萼筒钟形，基部微被短柔毛或无毛。萼片长椭圆形，先端尖，花后反折。花瓣近圆形或倒卵形，白色或粉红色。雄蕊与花瓣近等长。子房被短柔毛。

果实扁圆形，直径1.4～2.9cm，黄色或橘红色，有时具红晕，被短柔毛。果肉干燥，肉厚0.4～0.6cm。成熟时沿缝合线开裂，味酸涩，微苦，不可食。离核，核扁球形或扁椭圆形，两侧扁，顶端圆形，基部向一侧偏斜，不对称，表面平滑，腹棱宽而锐利，种仁味苦，稀有甜仁。

花期3～4月，果期6～7月。2n=2x=16。

本变种为纯原生种，有大果（2.2cm×2.1cm×1.7cm）和小果（1.9cm×1.8cm×1.4cm）、苦仁和甜仁，以及不同形状的叶基等类型。抗寒性强，冬季可耐-50℃的低温，抗旱，怕涝。树冠矮小，与杏嫁接亲和力强，是杏的优良砧木资源。杏仁可入药，也可榨油或加工成食品与饮料。是中国传统的出口物资之一。

（2）毛杏 *A. sibirica* var. *pubescens* Kost. 本变种小枝、花梗和叶片下面被稀疏短毛，叶片老化时柔毛逐渐脱落，仅下面脉腋间或沿叶脉具疏毛。有大苦果、小苦果、果实不苦等类型。

（3）辽梅杏 *A. sibirica* var. *pleniflora* J. Y. Zhang *et al.* 辽梅杏与原变种的区别是：叶片正反两面密被茸毛，老叶茸毛不脱落；花重瓣，每花30余瓣，蕾期红色，花期粉红色；雄蕊20～30枚，双子房花达17%～50%，多为一柄双果；果肉干燥，味苦，成熟时沿缝合线开裂。离核，较原变种大，核面粗糙；仁苦。多年生枝干为红褐色，有光泽，酷似山桃（京桃）。

辽梅杏可作为早春观赏新树种，花朵美丽，酷似梅花，可耐-38.4℃的冬季低温，室内鉴定其枝条的低温放热范围在-48.0～-42.5℃，其冻害发生的温度在-45.0℃。根系可耐-18～-12℃低温。可在中国北方栽培。辽梅杏与梅花杂交亲和性好，在杂种后代中，辽梅杏的遗传力强，因此，是抗寒梅花育种的优良种质资源。辽梅杏是西伯利亚杏的野生自然新变种，与杏嫁接亲和力强，易于繁殖。

（4）重瓣山杏 *A. sibirica* var. *multipetala* G. S. Liu *et al.* 与原变种区别在于花朵大，直径3.0～3.5cm；花瓣15～25片，3～5层，内层花瓣较小并常与雄蕊联合；雄蕊0～13枚，子房1～2枚，偶见3枚，常并生；果熟时，沿缝合线开裂。与辽梅杏的区别在于后者叶片两面及叶柄密被短茸毛，雄蕊及花瓣数量明显多于前者。

重瓣山杏与辽梅杏具同样观赏价值。

**3. 辽杏** *A. mandshurica* (Maxim.) Skv.

别名：东北杏（《东北木本植物图志》）。

辽杏有两个变种。

（1）辽杏（原变种）*A. mandshurica* var. *mandshurica* 乔木，高5～15m。老干树皮木栓层发达，深裂，暗灰色，有弹性。嫩枝无毛，淡红色、褐色或黄绿色。

叶片宽卵圆形至宽椭圆形，叶片长5～12cm、宽3～6cm，先端渐尖至尾尖，基部宽楔形至圆形，有时心形，叶边具不整齐的细长尖锐重锯齿，幼叶两面有疏毛，逐渐脱落，老叶仅下面脉腋间具稀疏柔毛。叶柄长1.5～3cm，常有2个蜜腺。

花单生，直径2～3cm，先于叶开放。花梗长7～10mm，无毛或幼时有疏生短柔毛。花萼带红褐色，常无毛。萼筒钟形。萼片长圆形或椭圆状，先端圆钝或急尖，边缘常具不明显细小重锯齿。花瓣宽倒卵形或近圆形，粉红色或白色。雄蕊30余枚，与花瓣等长或稍长。子房密被柔毛。

果实近球形，直径1.5～2.6cm，黄色，阳面有红晕或红点，被短柔毛。果肉多汁或干燥，味酸或稍苦涩，大果类型可食，且有香味。核近球形或宽椭圆形，长13～18mm、宽11～18mm，两侧扁，顶端圆钝或微尖，基部近对称，表面平滑或微具皱纹，腹棱钝，侧棱不发育，具浅纵沟，背棱近圆形。离核。种仁味苦，偶有甜仁。

花期4月下旬，果期7～8月。2n=2x=16。

本种耐寒能力强，可做栽培杏的砧木，是培育抗寒品种的优良原始材料。木材坚实，纹理美观，可制作各种家具。花可供观赏。种仁供药用或食品加工业用。

（2）光叶辽杏 *A. mandshurica*（Maxim）Skv. var. *plabra* 与原变种区别为叶片两面均无毛，有光泽。

**4. 藏杏** *A. holosericea* (Batal.) Kost.

别名：毛叶杏。

乔木，树高4～7m，树姿直立或开张。主干红褐色，皮爆裂。多年生枝有刺。小枝细密，红褐色或淡绿褐色，幼时被短柔毛，老时逐渐脱落，1年生枝条无毛。

叶片卵圆或长椭圆形，叶长3.7～6.0cm、宽2～5cm，先端渐尖或长突尖，基部圆形或浅心形。叶边具细小单锯齿，锯齿上具黑色排水孔。幼叶两面被短柔毛，尤以背面茸毛浓密，叶脉处被有红色细毛，逐渐脱落，老时毛较稀疏。叶柄长1.5～2.0cm，被疏柔毛，常有腺体。

花蕾椭圆形，粉红色，无中孔。花单生，直径2.4～2.6cm，全花微向内扣，先于叶开放。花梗长0.2～0.3cm，密被白色短柔毛。花萼淡绛紫色，多无毛。萼筒钟形至粗筒形。萼片阔椭圆形，顶圆钝。淡绛紫色，被白柔毛，花开后强裂反折。花瓣近圆形，有小爪，瓣间有空隙，淡水红色，近瓣顶端处红色略深。雄蕊约30枚，花丝白色，花药土黄色。雌蕊1枚，花柱、子房及柱头均为淡黄绿色，花柱中下部有长白毛。花无香味。

果实卵球形或椭圆形，两侧稍扁，果顶圆钝或稍尖，直径2～3cm，黄绿色，阳面有红晕，密被短柔毛。果梗长4～7mm。成熟时果肉不开裂，果肉汁少，稍肉质，味酸，微涩。离核，核圆球形、卵状椭圆形或椭圆形，两侧微扁，顶端急尖，基部近对称或稍不对称，表面平滑或微具皱纹，腹棱微钝。种仁苦。

在辽宁熊岳地区4月19～25日开花，7月中旬果实成熟。2n=2x=16。

本种果实较小，鲜食品质不佳，果肉可加工，种仁可入药。抗旱与抗寒性强，可作为杏砧木。在低海拔栽培生长不良，结果很少。

**5. 紫杏** *A. dasycarpa* (Ehrh.) Borkh.

别名：黑杏（《落叶果树种类学》）。

乔木，高5～7m。主干褐色，树皮纵状裂。多年生枝灰褐色或红褐色，光滑。1年生枝条淡红色或黄褐色，光滑。叶片卵形至椭圆状卵形，长4～7cm、宽2.5～5.0cm，先端短渐尖，基部楔形至近圆形，表面微有皱纹。叶缘锯齿密而不整齐，小且钝。叶片上面无毛，暗绿色，下面沿叶脉或脉腋间具柔毛。叶柄细瘦，短小，有或无蜜腺。花单生或双生，稀3生，直径2.3cm，先于叶开放。花萼黄绿色，无毛。萼筒钟形，橘黄色，萼片近圆形或短长圆形，先端圆钝，无茸毛，花开后反折。花瓣宽倒卵形或匙形，5（10）瓣，长0.9cm，宽0.8cm，白色或微具粉红色斑点。雄蕊26～30枚，与花瓣近等长，雄蕊长于雌蕊，花柱及子房无柔毛。花开后具浓芳香。

果实近圆球形或长圆形，直径约3cm，全面着暗紫红色或黑紫色，底色橙黄，具粉霜并有短柔毛。果柄长4～7mm。果肉橘黄色，味甜酸，多汁，纤维粗而多，有香气。粘核或离核。核卵形或椭圆形，顶端圆平或微尖，基部近对称，两侧扁，腹棱圆钝，侧棱稍钝，背棱宽而锐利，基部具纵沟，表面稍粗糙。种仁扁圆形，味苦。

花期4～5月，果期6～8月。2n=2x=16。

本种可能是杏和樱桃李（*Prunus cerasifera* Ehrh.）的自然杂交种，花期比普通杏迟5～7天，抗寒力强，抗旱、抗真菌病害。果实可鲜食或制作果酱及糖水罐头。

**6. 志丹杏** *A. zhidanensis* Qiao C. Z.

乔木，高5～10m。树皮暗褐色，纵裂。当年生枝条绿色或砖红色，密被灰白色柔毛。

叶片圆形或卵形，长2.5～6.5cm、宽2～5.5cm。顶端急尖或短渐尖，基部圆形或近心形，边缘具圆钝锯齿；叶面主脉和侧脉具灰白色短柔毛，嫩叶背面脉上有稀疏的柔毛，脉腋处有毛丛；叶柄遍生灰白色的短柔毛，柄长0.8～2.5cm，基部具1～3个蜜腺。

花双生，直径2～3cm；花梗长2～3cm，具柔毛，花萼杯状，基部外侧有柔毛，萼片卵形或卵状长圆形，先端急尖或圆钝，花后反折；花瓣圆形或倒卵形，白色或带红色，具短爪；雄蕊约50枚；子房被短柔毛。

果实近扁球形，黄色有红晕，被短柔毛，直径1.5～2.0cm，果实成熟时不开裂；核卵形，略扁，直径1.4cm，顶端圆钝或稍尖，基部不对称，表面平滑，腹棱稍圆，背棱龙骨状。

本种与野杏接近，区别在于当年生或1年生枝条上密被短柔毛；叶基圆形或近心形，叶面脉上密被灰白色短柔毛；嫩叶背面脉上有稀疏柔毛；叶柄遍生灰白色短柔毛；果实及种子甚小。

**7. 梅** *A.mume* Sieb.

别名：楳（《说文》）、春梅（江苏南通）、干枝梅（北京）、酸梅、乌梅等。

梅有4个变种。

（1）梅（原变种）*A. mume* var. *mume* 小乔木，稀灌木，树形开张，高4～10m。树皮灰色或绿灰色，粗糙。1年生小枝条多绿色，稀红褐色，向阳面亦有鲜红色或浓赤褐色，光滑无毛。

叶片卵形或椭圆状卵形，长4～10cm、宽2～5cm，先端尾尖，基部宽楔形至圆形，叶缘常具细锐锯齿，叶片灰绿色，幼叶两面被短柔毛，以后逐渐脱落，或仅叶背面脉腋间具短柔毛。叶柄长1.0～1.5cm，幼时有毛，老时脱落，常有蜜腺。

花单生或有时2朵同生于一芽内，直径2～2.5cm，香味浓，先于叶开放。花梗短，长约1～3mm。常无毛。花萼通常红褐色，但也有绿色或紫绿色。萼筒宽钟形，无毛或有时被短柔毛。萼片卵形或近圆形，先端圆钝。花瓣倒卵形，色泽有白、粉红、深红等，也有白中微带绿色或淡黄色者，一般为5瓣，重瓣者多达25～30瓣。雄蕊一般40余枚，多者可达60～70枚，短或稍长于花瓣。子房密被柔毛。花柱短或稍长于雄蕊。雌蕊一般1枚，重瓣花者有2～3枚。

果实近球形，直径2～3cm，最小仅5g，最大25g，黄色或灰绿色，阳面有红晕，被短柔毛，汁少，味酸、粘核。核卵圆形或椭圆形，顶端圆形或有小突尖头，基部渐狭而成楔形，两侧微扁，腹棱稍钝，腹棱和背棱均有纵沟，核面具有蜂窝状孔穴。花期2～4月，果期5～6月或7～8月。$2n=2x=16$，24。

中国人酷爱梅的鲜花，其花除供观赏外，还可提取香精，花、叶片、根和种仁均可入药，果实可食，盐渍或干制，或熏制成乌梅入药，有止咳、止泻、生津、止渴等功效。梅的根抗线虫危害，耐涝，不抗寒，可做为杏、李、桃的砧木。

（2）厚叶梅 *A. mume* var. *pallescens*（Franch.）Yu et Lu. 别名：野梅。叶片较厚，近革质，卵形或卵状椭圆形；果实卵球形；核近球形，基部钝而成圆形。

（3）长梗梅 *A. mume* var. *cernua*（Franch.）Yu et Lu 叶片披针形，先端渐尖；花梗长1.0cm，结果时俯垂。

（4）洪平杏 *A. mume* var. *hongpingensis* Li C. L. 叶片椭圆形或椭圆状卵形，下面密被浅黄褐色长柔毛，果梗长0.7～1.0cm。

**8. 政和杏** *A. hengheensis* Zhang J. Y. et Lu M. N.

别名：红梅杏（闽）。乔木，树高35～40m，树形直立。树皮深褐色，

小块状裂，较光滑。多年生枝灰褐色，皮孔密而横生。1年生枝条红褐色，光滑无毛，有皮孔。嫩枝无茸毛，阳面红褐色，背面绿色。

叶片长椭圆形或宽披针形，长7.5～15cm、宽3.5～4.5cm，先端短渐尖至长尾渐尖，基部平直截形，叶边缘微具不规则的细小单锯齿，齿尖有腺体，上面绿色，脉上有稀疏茸毛，下面浅灰白色，密被浅灰白色长柔毛，几乎看不到叶面，叶背主脉有红、白两种类型。叶柄红色，长1.3～1.5cm，无毛，中上部具2～4（6）个蜜腺。

花单生，直径3cm，先于叶开放。花梗长0.3cm，黄绿色，无柔毛。萼筒钟形，下部绿色，上部淡红色。萼片舌状，紫红色，花后反折。花瓣椭圆形，长1.5cm、宽0.8～0.9cm，蕾期粉红色，开后白色，具短爪，先端圆钝。雄蕊25～30枚，长于花瓣。雌蕊1枚，略短于雄蕊。

果实卵圆形，单果重20g，果皮黄色，阳面有红晕，微被茸毛；果汁多，味甜，无香味，成熟时不沿缝合线开裂。粘核，鲜核重3g，黄褐色，核长椭圆形，两侧扁平，顶端圆钝，基部对称；表面粗糙，有浅网状纹，多茸毛状细纤维。腹棱和背棱均圆钝，几无侧棱，背棱有时两端或全部开裂，腹棱两侧与核面之间，有从核顶至核基的一条深纵沟。

仁椭圆形，饱满，味苦。

2月下旬芽萌动，3月下旬开花，比梅开花迟，7月上中旬果实成熟，11月下旬落叶。分布于福建省政和县外屯乡稠岭山中，海拔780～940m地带。

本种与梅的区别在于：前者树形高大，1年生枝条红褐色；叶片背面全面厚被白色茸毛；果实黄色，味甜；核长椭圆形，核面粗糙，无孔穴；花期迟。与普通杏的区别在于：前者叶片长椭圆形或宽披针形，叶尖长尾尖，叶基截形；叶背厚被白色茸毛；核棱圆钝，不具龙骨状侧棱，核面粗糙，具纵沟。

**9. 李梅杏** *A. limeixing* Zhang J. Y. et Wang Z. M.

别名：酸梅（河南）、杏梅（辽宁、河北、山东）、转子红（陕西）等。

小乔木，树高3～4m，树势弱，开张，主干粗糙，树皮灰褐色，表皮纵裂。多年生枝灰褐色，1年生枝条阳面褐色，背面绿色或红褐色，无茸毛，皮孔扁圆形，较稀。节间长0.5～1.5cm。

叶片长圆披针形或椭圆形，叶长7.2cm、宽4.1cm；叶尖渐尖，叶基楔形；叶片绿色，两面无茸毛；叶缘整齐，具浅钝复锯齿；主脉黄白色，叶柄长1.8～2.1cm，有2～4个蜜腺。

花2～3朵簇生，稀单生，花与叶同时开放或花先叶后，花冠直径1.6～2.4cm；具微香；花白色，5瓣，稀8瓣，花瓣近圆形或椭圆形，长0.96cm，宽0.75cm，顶端内扣，边缘有波状皱折，基部具短爪；雄蕊24～30枚，雌蕊1（2）枚，长于雄蕊，花药淡黄色，自花不结实。子房与花柱基部具短茸毛；萼筒钟形，黄绿色或红褐色，无毛；缘有锯齿，花开后多不反折。花梗长0.2～1.0cm，无毛，稀有毛。

果实近圆形或卵圆形，果实较大，果顶平或微凹，缝合线较深；果面黄白、橘黄或红色，具短茸毛，无果粉；果皮较厚，不易与果肉分离；果肉黄至橘黄色，肉质致密，多汁，酸中有甜，具浓香。粘核，核扁圆形，核尖钝或急尖，核面有浅网状纹，腹棱圆钝，几无侧棱，背棱稍利，核基具浅纵纹。仁苦。果实较耐贮运。

在辽宁熊岳地区，4月中下旬开花（比普通杏花期迟2～3天），7月中旬果实成熟，11月上旬落叶。2n=2x=16，稀24。

分布于辽宁、河北、山东、河南、陕西、吉林、黑龙江和江苏的北部等地区。果实可鲜食，亦可加工优质糖水罐头。代表品种有‘郯城杏梅’‘曲阜杏梅’‘苍山杏梅’‘昌黎杏梅’‘转子红’‘酸梅’等。

本种的树形、树势、1年生枝条的颜色、花芽簇生状、花萼的色泽、花开后萼片不反折等特征，均近似中国李（*Prunus salicina* Lindl.），但其叶与核的形状介于杏和李之间，果面具短茸毛，无果粉，与杏相同。因此，可能是普通杏与中国李的自然杂交种，没有发现野生类型。其形态特征变化较多，有些品种特征近似杏多，有些品种特征近似李多。

# 第二节
## 我国杏地方品种资源的地理分布

我国杏地方品种种质资源在我国广泛分布，从南到北、从东到西几乎都有分布。前人在经过多年实地考察和较为系统的科学鉴定评价基础上，取得了许多重大突破，从资源的分布上看，杏树北至黑龙江省富锦县（北纬47°20'），南至浙江省乐清市（北纬28°10'）和云南省耿马县（北纬23°30'），向北扩展了4个纬度，向南扩展了5~10个纬度，发现了三江平原、长江中下游和云贵川3个杏的分布新区（张加延，2011）。

根据近年来考察和研究结果，我国杏地方品种资源每个种都有其各自的分布区域（石荫坪，2001），其中普通杏这个种的分布最广泛，其他各种的分布相对有限。

（1）普通杏　原产于我国黄河流域，西北和华北各地。在中国的分布最广，从北部黑龙江省的虎林市到南部云南省耿马县，从东部沿海到西部新疆维吾尔自治区的疏附县，即东经74°00'~134°00'、北纬23°00'~48°00'，海拔3800m以下，均有栽培品种和野生、半野生资源。

变种野杏主要分布在我国东部和东南部，以及朝鲜和日本，适合于在温暖多湿的地区生长。

变种李光杏原产于我国新疆和甘肃，多分布于西北干旱地区，喜欢温凉干燥。近年来，华北和东北都有引种，表现生长正常。

变种垂枝杏原产于吉林中部地区，主要用于观赏绿化。

变种陕梅杏原产于西北关中一带和秦岭北麓海拔700m地带，分布于陕西省、甘肃省、四川省、山西省、河北省、北京市、辽宁省和吉林省等地。

变种熊岳大扁杏原产于辽宁省营口市熊岳镇，仅见于熊岳镇。

（2）西伯利亚杏　原产我国东北和内蒙古自治区东南部地区，现分布于东北和华北各地，在内蒙古自治区的东南部，河北省北部，山西省北部，辽宁省西部及大兴安岭南部最为集中。

（3）辽杏　原产于辽宁省和吉林省的东部，为栽培或半栽培资源。主要分布于辽宁省、吉林省和黑龙江省地区，在内蒙古自治区、河北省、山西省等地也有少量分布。多生长在海拔400~1000m处。

（4）藏杏　原产于西藏自治区东南部和四川省西部以及云南省的西北部。现分布于西藏自治区、四川省、云南省、贵州省、陕西省等地。

（5）紫杏　产于中国新疆维吾尔自治区的巩留县和善鄯县等地区，为栽培种，现在新疆维吾尔自治区各地均有栽培。

（6）梅　原产于中国云南省西北、四川省西南和西藏自治区东部一带，现主要分布于长江以南各地，南至台湾和海南岛均有栽培，在西藏自治区的波密县海拔2000~2300m处生长较多。

（7）志丹杏　分布于陕西省志丹县太平山区。

（8）李梅杏　分布于河北省、天津市、北京市、山西省、陕西省、河南省、山东省、辽宁省、吉林省和黑龙江省等地，以河北省阜城县栽培较多。

（9）政和杏　分布于福建省政和县稠岭一带海拔240~340m处。

# 第三节
# 我国杏地方品种资源的优势栽培区

杏属植物在中国分布极为广泛，但在中国的热带地区，即台湾省、海南省、云南省西双版纳傣族自治州、福建省的中部和南部、广东省、广西壮族自治区的大部分地区，仅有梅这个种，而未见杏属其他植物物种。在西藏海拔3800m以上地区，也没有发现杏属资源。除以上地区外，在中国大部分地区都分布着杏属资源。长期以来，根据各地的自然条件，生产规模，品种资源和利用的差异，自然形成了5个各有特色的地理分布区域（张加延等，2003）。

## 一 华北温带杏产区

主要包括河北省、河南省、山东省、山西省、陕西省、北京市、天津市、甘肃省兰州市以东地区、辽宁省沈阳市以南地区，以及安徽省和江苏省的北部地区，即东经104°00' ~ 125°00'、北纬32°00' ~ 42°00'的地区。这是中国杏的主要产区，在此区鲜食杏苦杏仁的产量大，杏的地方品种资源极为丰富。

本主产区为温带气候区域，生态条件为四季分明，夏热多雨，冬寒晴燥，春多风沙，秋季短促。年平均气温8 ~ 16℃，1月平均气温-10 ~ 0℃，7月平均气温为22 ~ 27℃，≥10℃的年积温3000 ~ 4000℃，持续150 ~ 200天，年日照2400 ~ 2800小时，无霜期150 ~ 230天，年降水量500 ~ 1000mm，雨季为7 ~ 8月。本区地势西高东低，土壤为黄色或褐色土，沿海和黄河及海河故道为轻盐碱土，pH最高达8.5。

本区杏属资源有普通杏、西伯利亚杏、志丹杏、李梅杏和梅这5个植物种。其变种有普通杏、李光杏、辽梅杏、陕梅杏、熊岳大扁杏、重瓣山杏、西伯利亚杏等。本区杏的栽培品种和类型曾经有近1400余个，其中北京市有96个、天津市20个、河北省300个、山东省300个、山西省170个、陕西省300个、河南省50个、江苏省北部30个、安徽省北部40个、辽宁省南部40个、甘肃省东南部50个（张加延等，2003）。这些栽培品种均为本地农家自己选育的，并长期栽培应用。本区普通杏、西伯利亚杏和李梅杏这3个种分布较为普遍，而志丹杏仅在陕西志丹县的太平山中发现。梅除江苏省、安徽省、河南省外，在陕西省城固县黄沙乡，海拔650m处有散生野梅资源。但是通过本次调查50%以上的地方品种已经没了踪影。

本区有许多著名的仁用杏良种和优良栽培品种。其中优良的鲜食品种和加工品种有：甘肃省的‘唐王川大接杏’‘兰州大接杏’等；陕西省的‘华县大接杏’‘礼泉二转子’‘临渔银杏’‘银香白’‘长安早甜核’‘商州白沙杏’‘大荔金色甜核’‘三原曹杏’和‘张公园杏’等；山西省的‘沙金红’‘白大子’（图22）、‘软条京杏’（图23）、‘硬条京杏’（图24）、‘阳高大接杏’（图25、图26）、‘苦梅子’（图27）、‘桃接杏’（图28）、‘临东甜’（图29）、‘武乡梅杏’（图30 ~ 图34）等；北京市的‘山黄杏’‘骆驼黄杏’（图35）、‘水晶杏’；天津市的‘香白杏’等；河南省的‘仰韶黄杏’‘端午黄’（图36）、‘红串铃’（图37）等；河北省的‘串枝红杏’‘石片黄杏’‘李梅杏’‘木瓜杏’等；安徽省的‘巴斗杏’；山东省的‘‘红玉杏’‘崂山红杏’‘红金棒杏’等。其中仁用杏的良种有‘龙王帽’（图38）‘、一窝蜂’‘白玉扁’‘大山甜’‘克拉拉’‘优一’（图39）、‘三杆旗’‘新4号’等。

## 二 西北干旱带杏产区

本区主要包括新疆维吾尔自治区、青海省、甘肃省兰州市以西、内蒙古自治区包头市以西以及宁夏回族自治区。大约在东经110°00' ~ 74°00'、北纬36°00' ~ 46°00'的区域。

本区为典型的大陆干旱气候区，冬春寒冷时间较长，但气温不过低，夏季平均气温又不过高，降水量少。年平均气温为4 ~ 12℃，1月平均气温-12 ~ -7℃，7月平均气温22 ~ 27℃，≥10℃的年积温为2500 ~ 3000℃，持续150 ~ 200天。年日照为2600 ~ 3400小时。无霜期100 ~ 200天。年降水量50 ~ 400mm，极干旱地区年降水量仅6mm。年蒸发量为1300 ~ 3600mm。这一地区地形复杂，区内多高原和盆地，多沙漠和戈壁。土壤多为黄土，

土层深厚，土壤内含磷富钾，适宜杏树生长。有部分黑钙土、栗钙土及盐碱土等。杏资源分布在海拔1900 ~ 2700m（青海）或1000 ~ 1600m（新疆）（图40 ~ 图43）。

这一地区杏资源有普通杏、西伯利亚杏、紫杏3个种，在普通杏内有普通杏、李光杏、垂枝杏3个变种。本区分布最广栽培最多的是普通杏和李光杏（图44）这两个变种，是中国制干杏良种李光杏的主要产区。本区杏的栽培品种约有近350个，其中内蒙古自治区西部30个，宁夏回族自治区67个，甘肃省西部约100个、青海省34个，新疆维吾尔自治区117个。（张加延等，2003）。

## 三　东北寒带杏产区

本区主要包括内蒙古自治区的包头市以东，辽宁省沈阳市以北地区和吉林省、黑龙江省等地。大约在东经110°00' ~ 134°00'、北纬42°00' ~ 53°00'的区域。

本区气候寒冷，半干旱，冬季时间长，春季和秋季较短。年平均气温为0 ~ 7℃，1月平均气温为-25 ~ -11℃，极端最低气温为-40 ~ -35℃，7月平均气温为20 ~ 25℃。≥10℃的年积温为2000 ~ 3000℃，持续时间125 ~ 180天。年日照2400 ~ 3200小时，年日照率为60% ~ 70%。无霜期100 ~ 150天。年降水量为100 ~ 800mm，由西向东渐多，雨季7 ~ 8月。本区土壤为褐色土、黑钙土、草原土、局部地区有碱土。

本区杏属资源有普通杏、西伯利亚杏、辽杏3个种，并有山杏、垂枝杏、李光杏、陕梅杏、熊岳大扁杏、毛叶杏、辽梅杏、光叶辽杏等8个变种。境内以西伯利亚杏及其变种分布最广，主要集中在大兴安岭、小兴安岭和内蒙古自治区与吉林省、辽宁省、华北各省接壤的地区，是中国苦杏仁的主要产区和出口基地。辽杏及其变种主要分布在吉林省和辽宁省的东部，即长白山及其余脉中。在长白山东麓的鸭绿江沿岸，有垂枝杏和山杏等变种与变型。辽梅杏的野生植株原产于辽宁省西北部的北票县大黑山林区；李光杏仅在辽南和辽西的建平有少量引种；陕梅杏可栽至吉林的公主岭和长春等地。普通杏是本区的主要栽培种，主要分布在松辽平原及两侧的丘陵区，栽培最北至黑龙江省的富锦县、绥棱市、齐齐哈尔市一带，垂直分布在海拔200m以下（张加延等，2003）。本区杏的栽培品种和类型有350个左右，其中辽宁省西部和北部有70个，内蒙古自治区东部有70个，吉林省有138个，黑龙江省有70个（张加延等，2003）。本区资源的特点是：西伯利亚杏分布在松辽平原的西侧，集中并成片，覆盖面积很大，呈野生或半野生状，有着良好的固沙作用。栽培杏和辽杏多在松辽平原的东部和中部，抗寒性很强，其中黑龙江省597农场培育的龙垦系列杏品种，在花期遇到结冰或下雪，短时气温降至-7.1℃时仍能获得丰收（张加延等，2003）。

## 四　热带—亚热带杏产区

本区包括江苏省与安徽省两省的中部和南部、上海市、浙江省、江西省（图45）、福建省、湖北省、湖南省、广西壮族自治区、广东省、海南省和台湾省等地。本区大约在东经110°以东、北纬35°以南的亚热带和热带区域。

本区属于热带—亚热带气候区，多受湿润季风的影响，海洋性气候由北而南，由西而东逐渐显著。年平均气温16 ~ 24℃，1月平均气温为0 ~ 15℃，7月平均气温为27.5 ~ 30℃。≥10℃年积温为4500 ~ 8500℃，持续200 ~ 300天。年日照1800 ~ 2400小时，年日照率为40% ~ 50%。无霜期200 ~ 350天。年降水量为800 ~ 1600mm，雨季为4 ~ 6月。本区多山，土壤为黄褐壤土或砖红壤土。pH为5.5 ~ 6.5。

本区杏属资源有梅、普通杏及政和杏这3个种。梅分布于本区全境，是中国梅的主要产区。20世纪90年代初期，年产量达8.3万t左右，其中台湾省产量最高，其次是广东省、浙江省和江苏省。普通杏中主要是野杏这一变种，零星分布在各地，而且由北

图22‘白大子杏’（孟玉平 供图） 图23‘软条京杏’（孟玉平 供图） 图24‘硬条京杏’（孟玉平 供图）

图25‘大接杏’果实（孟玉平 供图） 图26‘大接杏’结果状（孟玉平 供图）图27‘苦梅子’（孟玉平 供图）

图28‘桃接杏’（孟玉平 供图）

图29 ‘临东甜杏’果实（孟玉平 供图）

图31 ‘武乡梅杏’结果状（孟玉平 供图）

图30‘武乡梅杏’结果状（孟玉平 供图）

图32‘武乡梅杏’果实（孟玉平 供图）

图33‘武乡梅杏’果实（孟玉平 供图）

图34‘梅杏’果实（孟玉平 供图）

图35 杏结果状（孟玉平 供图）

图36‘端午黄’果实（冯玉增 供图）

图37‘红串铃’（冯玉增 供图）

图38‘龙王帽’（孟玉平 供图）

图39‘优一’（孟玉平 供图）

图40 新疆伊吾杏林（孟玉平 供图）

图41 新疆伊吾杏林（孟玉平 供图）

图42 新疆伊吾杏林（孟玉平 供图）

图43 甘肃陇南杏区（孟玉平 供图）

向南渐少。

本区杏的栽培品种约有100余个，这些栽培的品种均为农民通过实生培育的地方品种（张加延等，2003）。其中江苏省中部和南部约有24个，安徽省南部约有20个，浙江省约有25个，江西省约有5个，湖北省有17个，湖南省约有10个，广西壮族自治区约有5个。其中，较为优良的品种有江苏省南京市的‘苹果杏’‘水蜜杏’‘油黄杏’‘大甜杏’‘玫瑰杏’，苏州市的‘金刚拳’‘丝车杏’，宜兴市的‘蜜芳杏’‘大麦杏’，镇江市的‘石墨1号’等，浙江省丽水市的‘89-8杏’，杭州市的‘关公脸’，仙居县的‘仙居杏’，兰溪市的‘玉梅’，乐清市的‘虹桥杏’，义乌市的‘杏梅89-04’和‘杏梅89-13’等，江西省玉山县的‘黄杏’，湖北省房县的‘房陵大杏’，枣阳市的‘大板杏’等，湖南省张家界市的‘沙杏’和溆浦县的‘油杏’等。其中最为优良的是‘苹果杏’‘房陵大杏’‘仙居杏’‘丽水89-8杏’和‘玉山黄杏’。这些杏的特点是单果重较大，鲜食品质优良。

## 五 西南高原杏产区

本区主要包括云南省、贵州省、四川省、重庆市和西藏自治区，大约在东经71°00'～110°00'、北纬21°00'～37°00'的地理范围。

本区生态环境极为复杂，云南省为热带-亚热带高原型湿润季风气候；贵州省、四川省东部和重庆市为亚热带湿润季风气候；四川省西部为温带-亚热带高原气候；西藏自治区为高原气候。除四川盆地外，均为高原和高山区，狭谷纵横幽深，谷底与坝上气候和植被差异很大，杏资源在本区的分布也因气候和地势的差别而异；在西藏自治区分布于海拔2700～3800m处；在四川省西部则分布于海拔2200～2560m处；而在云南省则分布于海拔2200m处为多；在贵州省从海拔400～2700m均有杏资源，但以海拔1000～1800m，年平均气温在14～16℃的地区较多。

本区杏属资源有藏杏、梅和普通杏这3个种。藏杏分布于西藏自治区的东部和东南部、云南省的西

图44 疆轮台李光杏（曹秋芬 供图）

图45 江西的杏树（朱博 供图）

北部和四川省全省。普通杏的野生和半野生资源，以及变种野杏资源分布的也相当广泛，但在北回归线以南的西双版纳地区，以及西藏海拔4000m以上的地区，尚未找到普通杏资源。

这一地区普通杏的栽培品种不多，四川省和重庆市约有14个，贵州省约有10个，云南省约有15个，都是农民自育的地方品种，还有一些优良的农家栽培品种（张加延等，2003）。本区优良的农家栽培品种有：云南省蒙自市和建水县的‘桃杏’，呈贡县的‘红油杏’和‘糯杏’，贵阳市的‘大沙杏’和‘杏梅’，四川省泸定县的‘大橙杏’‘黄杏’‘下田杏’‘大白杏’和巴塘县的‘香杏’等。

# 第四节 杏品种资源的研究现状

## 一 形态学方面的研究

传统分类方法又称为经典分类方法，其基本要点为：以植物标本为基本研究对象，以植物的形态特征为主要的分类依据，以植物解剖学、植物胚胎学、植物细胞学、植物化学、古植物学、植物生态学、遗传学等研究成果为辅助，以植物间的相似程度作为判定其亲缘关系的依据，通过传统分类学的手段，学者普遍认为全世界杏属共有个11种，品种有3000余个，其中我国有普通杏、西伯利亚杏、辽杏、藏杏、紫杏、志丹杏、梅、政和杏和李梅杏这9个种，原产我国的有7种，12个变种，品种类型约2000份（张加延等，2003）。

对于种质资源的鉴定和描述，国际植物遗传资源委员会（International Plant Genetic Resources Institute, IPGRI）1989年出版的《杏描述符》一直作为世界各国的参考依据，其中包括形态学特征64项，生物学特性28项，经济性状29项。我国于1990年参照国际标准编制了包括杏在内的18种果树的资源评价“描述符”即《果树种质资源描述符——记载项目及评价标准》，2008年新出版了杏种质资源描述规范和数据标准，进一步规范了种质资源的描述符号及其分级标准，其中涉及杏的描述性状90余项，数据质量控制规范规定了数据采集全过程中的质量控制内容和质量控制方法，以保证数据的系统性、可比性和可靠性。国际植物新品种保护联盟（International Union for the Protection of New Varieties of Plants, UPOV）和国际植物遗传资源研究所（IPGRI）对杏种质资源的记录及评价标准进行了统一，成为国际研究杏形态学时主要参考的标准。

国外学者在杏种质资源收集和鉴定方面做了大量工作，来描述杏的物候学、栽培学和形态学性状。Perez-Gonzales S.（1992）对墨西哥杏品种的生长习性、开花时间等多个形态指标进行了分析，认为与产量关系最密切的是树的活力、短果枝直径、花蕾数量和叶片大小。Badenes等（1998）对欧洲生态群多个杏品种的形态学、物候学和栽培学相关性状进行了主成分分析，表明欧洲栽培杏的这些性状变异范围比较狭窄，整体水平低于期望值。

## 二 细胞学方面的研究

核型分析是植物细胞分类学的主要手段，是探讨植物亲缘关系和进化趋势的一个重要途径。林盛华等（1999）采用去壁低渗法对我国26个省区杏属5个种，19个变种类型，422个栽培品种的染色体数目进行了研究。首次发现原产我国的普通杏有二倍体2n=2x=16和三倍体2n=3x=24两个倍数性，‘泰安杏梅’是三倍体品种2n=3x=24。‘云南杏梅’是二倍体2n=2x=16，但有9.5%的四倍体2n=4x=32细胞。‘迟红梅’品种是二倍体和四倍体的嵌合体，2n=2x=16，2n=4x=32。其余供试材料均为二倍体2n=2x=16。韩大鹏等（1999）首次比较系统地研究了杏属植物6个种和9个变种共15个种类的核型。通过分析杏属植物核型特征，结合植物地理学知识得出以下结论：普通杏为原始种，杏梅是在育种上进化类型；我国杏属植物可能的核型进化路线为普通杏→梅杏→西伯利亚杏；杏属植物核型相似，种与种，种与变种之间亲缘关系相近；从核型方面支持李梅杏为一变种。

## 三　孢粉学方面研究

孢粉学在探讨植物起源、演化、分类及亲缘关系上有着重要作用。罗新书等（1992）对普通杏欧洲生态群、华北生态群及中亚生态群的80个品种的花粉形态进行了系统的电镜技术观察，研究得出结论杏花粉表面纹饰具有多样性，各品种间差异较大，结合聚类分析可有效地对杏品种进行分类。同时也对多个品种间的类间距及亲缘关系进行了研究分析。李锋等（1985）利用扫描电镜观察李、杏及其杂种后代的花粉形态，观察到花粉的形态特征有着极大的差异，杂种极轴、赤轴、外壁纹的间距离显著小于李、山杏，外壁纹饰沟浅且宽，花粉粒的空瘪壳形和畸形的比例极高。上述结论证明了远缘杂交在生殖繁衍上的影响和李、杏二属间有较近的亲缘关系，是通过有性繁殖产生后代的理论基础。王玉柱等（1998）利用扫描电镜、临界点干燥杏花粉技术对20个杏品种的花粉形态进行了研究，结果表明杏不同品种间花粉大小差异较大，结合聚类分析可将供试品种分为9类，花粉外壁纹饰特征无论是在鉴定杏属种间和种内品种间的差异均较大。

杨会侠（2000）利用光学显微镜和扫描电镜对杏属的14个种和变种的花粉形态进行了观察和测定，同时利用透射电子显微镜对杏属具代表性的西伯利亚杏和普通杏2个种的花粉壁结构进行了研究，结果表明：

（1）杏属植物花粉粒均为长球体，极面观为3裂圆形，赤面观为椭圆形，不同种和变种的花粉粒大小、P/E值、萌发器的类型及形状、花粉外壁纹饰等性状存在程度不同的差异，可作为杏属植物分类的一个重要依据。

（2）首次观察到西伯利亚杏、垂枝杏、李光杏及藏杏的花粉萌发器除具被子植物典型的3孔沟外，还具2沟现象。同时根据花粉形态的其他特征从孢粉学上认为杏属的进化趋势为普通杏→东北杏→西伯利亚杏→藏杏。

（3）对西伯利亚杏、普通杏的花粉超薄切片观察，发现杏花粉外壁为典型的3层外壁结构，即由覆盖层、柱状层和外壁内层构成。

## 四　授粉生物学方面的研究

研究开花授粉生物学是选育自花结实品种的重要方法，我国杏品种大多为自花不实类型，在品种间存在杂交不亲和现象。郑洲等（2004）在对‘红丰’‘新世纪’等11个杏品种及‘特新一号’等4个新品系的授粉生物学研究中得出结果：自交不亲和组合在授粉72小时花粉管达到花柱3/4处，末端膨大继而停止生长，而自交亲和组合的花粉管可以继续生长，并在96小时进入子房。并指出不同杏品种间相互授粉坐果率差异较大，提供了选配授粉品种的理论依据。吕增仁等（1992）对来源于河北省的‘大红杏’‘二红杏’‘媳妇杏’及‘串枝红杏’的授粉试验研究中发现它们均为自花不实品种，杏品种间存在着杂交不亲和现象。也有研究发现起源于山东泰安的‘巴旦水杏’‘济南红荷包’及‘德州大果杏’均为自花不实品种。

Kostina等（1976）在研究杏的授粉生物学特性中指出起源于欧洲的品种是自交亲和性的，而起源于中亚、南非及前苏联高加索山脉的品种是自交不亲和性的。Guerriero等（1995）通过调查41个自交不亲和的杏品种，列表显示其中15个品种起源于法国、罗马尼亚、西班牙等欧洲国家，15个起源于美国和加拿大，7个起源于非洲的突尼斯，其余4个起源于新西兰和印度。Egea等（1991）授粉试验中研究发现杏自交不亲和只表现为花粉管在花柱内停止生长。

## 五　同工酶学方面的研究

传统形态学为主分类学手段在种类上的鉴定较为模糊，特别是在品种的分类鉴定上，差异微乎其微。随着科技的进步，一些精密仪器的诞生，科研人员更趋向应用一些现代的分类手段，在微观加宏观的角度重新界定种、变种和品种，这些常用的方法有数学、化学、生物学和电子显微镜的手段衍生出来的细胞学、孢粉学、同工酶和分子标记的研究。

褚孟嫄（1988）等利用同工酶技术分析了梅、杏、李的过氧化物酶同工酶与儿茶酚酶同工酶酶谱，比较三者发现梅、杏之间亲缘关系较近，并初步确定了区别它们的特征酶带。吕英民（1994）在研究包括杏属植物5个种和1个类型（仁用杏）在内的102个杏品种的过氧化物酶同工酶时，分析认为仁用杏（大扁杏）来源于普通杏和西伯利亚杏的自然杂交，西伯利亚杏、藏杏、东北杏及梅都是由最原始的普通杏演化而来，自然的地理隔离是杏属植物的进化方式，不同品种群的产生只是引种的结果，在酶谱上并无显著差异。吕英民（1994）还对产自我国、日本、美国和法国的66个不同杏品种类型进行了1年生枝条皮儿茶酚氧化酶同工酶的测定，分析指出可利用儿茶酚氧化酶同工酶解决杏品种间存在的同名异物问题，更准确的鉴定其亲缘关系。廖明康等（1994）对新疆杏属植物的过氧化物酶同工酶和儿茶酚氧化酶同工酶进行了系统测定，分析认为两种酶谱在种间有明显差异而种内品种间差异较小。唐前瑞（1996）对桃、李、梅、杏4种核果类植物的过氧化物酶同工酶的研究中指出同工酶谱越简单，植物在进化过程中越原始；通过比较酶谱构型的复杂程度，指出李较原始，桃较进化，梅和杏介于二者之间，亲缘关系的演化过程可认为是李→梅→杏→桃。汪祖华等（1991）为了研究核果类种间的亲缘关系，用32个杏品种、25个梅品种（品系）及89个李品种进行叶柄、叶片过氧化物酶同工酶分析，发现杏、梅、李的同工酶谱型基本相似，但也存在特征差异，主要表现在中带区两条酶带RF值不同。分析其谱带及谱型的内在规律性，认为杏、梅、李归为同一属或同一亚属较为合理，杏在系统发育过程中介于李和梅之间，而更接近于梅，三者之间的演化途径为李→杏→梅。郭秀婵等（1998）在研究河南‘早熟杏’和‘桃杏’10个品种的过氧化物同工酶谱时指出每个品种均有自己的特征酶谱，并具有多态性，结合排序及系统聚类分析方法的研究结果与酶谱及形态分类结果相吻合。赵佳玲（2003）应用山杏叶片POD同工酶和种子可溶性蛋白不连续双垂直板聚丙烯酰胺凝胶电泳（PAGE）技术，研究以丰产、晚花、抗冻初选优株为主的山杏群体的遗传特性，聚类分析将供试样品分为14类和16类，两个生化指标的分类结果基本一致，与形态特征、生物特征基本吻合，认为二者可作为山杏遗传分类的生化指标。刘明国等（2006）应用叶片同工酶技术作为山杏种内变异的遗传标记，研究了山杏初选优株的遗传特性及分类。

David（1989）对69个普通杏及东北杏品种进行了7种同工酶的多态性测定。还有研究发现同工酶在杏中的变异要低于李而高于桃。Badenes（1998）应用同工酶的方法将西班牙杏、欧洲杏品种与北美、土耳其的杏品种聚为一类。Byrne（1993）为了提供紫杏杂种起源的证据，用5个紫杏类型、7个李×杏的人工杂交类型、11个樱桃李类型、50个杏、32个中国李为试材，通过淀粉凝胶电泳检测了6种同工酶系统，结果表明紫杏至少含有2个李和2个杏的特异等位基团，支持了紫杏是普通杏和樱桃李的自然杂种的说法。Zenbentyayeya等（2000）用同工酶和RAPD技术对6个生态地理群的84个杏品种进行遗传多样性分析表明，杏的栽培品种主要从普通杏进化而来，以中国为起源中心的杏驯化在相近栽培品种间的种质渗透上起了很大的作用。

## 六 分子标记方面的研究

分子标记技术是在形态标记、细胞标记和生化标记后出现的一种新技术手段，以DNA多态性为基础，与上述其他手段相比，它具有很好的优越性。

分子标记技术主要有以下几个优点：①直接以DNA的形式表现，不受季节和环境的影响，在生物体的各个组织和发育阶段都可以检测到；②数量极其丰富，遍布于整个基因组；③态性高，自然界中存在大量的变异；④表现为中性，不会影响到目标性状的表达；⑤有些标记表现为共显性，能区分出纯合体与杂合体。在果树的育种工作中，分子标记可用于研究果树种质资源的亲缘关系鉴定、遗传多样性分析和分子标记辅助育种等。目前常用的分子标记有RFLP、RAPD、AFLP、SSR等。

目前分子标记技术已经广泛用于杏种质资源评价、品种鉴别与分类、遗传多样性分析及基因组图谱构建等领域等方面。

沈向等（2000）利用RAPD分子标记对43个杏品种进行了扩增，根据其相似系数应用UPGMA法进行聚类分析发现，杏品种间的地理分布集中性表现较为明显，同时存在广泛的遗传信息交流。冯晨静等（2005）运用ISSR技术，研究分析了普通杏、辽杏、西伯利亚杏、藏杏及紫杏等14份杏种质材料的亲缘关系，并以李光杏为材料建立了杏ISSR反应体系，结果认为普通杏与西伯利亚杏、辽杏及藏杏有较近的亲缘关系，而与紫杏较远。马丹慧（2007）采用ISSR、SSR分子标记对包括普通杏、西伯利亚杏、辽杏、藏杏、紫杏、梅和李梅杏7个种在内的30份杏属植物材料进行了亲缘关系研究，聚类分析结果可将这7个种明显分开，还指出选材中的仁用杏与普通杏的亲缘关系较西伯利亚杏近。苑兆和等（2007）采用荧光AFLP技术及UPGMA法对普通杏45个类型以及梅杏、西伯利亚杏和辽杏进行聚类分析，初步认为杏组的演化趋势为普通杏→辽杏→西伯利亚杏→梅杏。杨红花等（2007）对来源于山东、辽宁等地的李梅杏种质资源及李和杏的品种共30份种质进行了RAPD和S等位基因的PCR扩增分析，结果表明李梅杏与李的进化趋同性可能较杏更近。芦宁超（2008）对来自三个不同生态地理分布区的31份杏资源进行了RAPD扩增，其聚类分析结果认为生态类型区相似或样地相同的资源遗传距离较近，有可能是这些资源起源相同即有着相同或相近的血缘关系。白锦军（2010）对39个杏品种的亲缘关系及遗传多样性进行了系统分析，标记的UPGMA聚类结果得出，按照地理生态群可将供试材料分为4组，中亚生态群组、欧洲生态群组、华北生态群组及仁用杏类群，表明杏各品种间具有较强的地理分布集中性，品种间遗传相似度与其地理起源有很好的相关性。吴树敬等（2003）利用RAPD分子标记，首次对新世纪与红丰等20个杏品种进行了遗传多样性分析，筛选出的18个引物均具有多态性，建立了供试品种的DNA指纹图谱，并结合特异谱带，准确的鉴别了这些品种（图46）。

高志红等（2001）利用RAPD技术对桃、杏、李、梅4种核果类果树的代表品种进行了研究，分析并建立了几个树种的指纹图谱。刘威生等（2005）利用ISSR分子标记对12份杏材料进行了分析研究，仅用筛选出的2个多态性高且稳定性好的引物就将全部供试材料区分开，进而建立了它们的指纹图谱。刘娟等（2015）人利用 ISSR分子标记技术探讨了新疆伊犁地区野杏种质资源的遗传多样性和亲缘关系，结果表明，新疆野杏种质资源的态性位点百分率、观测等位基因数、有效等位基因数、Nei，s基因多样性和Shannon信息指数分别为99.57%、1.9957、1.3879、0.2449和0.3874，表明其遗传多样性较为丰富，遗传变异主要来自于居群内（86.43%），少部分来自于居群间（13.57%）；傅大立等（2011）人利用SSR分子标记技术研究了华仁杏与杏*A.vulgaris*和山杏*A.sibirica*的亲缘关系，结果表明，华仁杏与杏、山杏的亲缘关系均较远，而大扁杏与华仁杏的亲缘关系却较近，其种级分类上应归于华仁杏。秦玥（2013）研究应用SSR分子标记技术，开发华仁杏EST-SSR引物，构建华仁杏种质资源的DNA数字指纹图谱，并对其遗传多样性进行分析，采用筛选出的31个SSR标记（表2）对63个杏品种进行检测，将电泳图谱同一位置上谱带的无带和有带转化成由0、1组成的数字图谱，即构成了63个杏品种的SSR标记数字化指纹图谱（表3）。

谢佳（2011）对来自公主岭寒地果树资源圃中的92份杏材料进行了ISSR分子标记研究和其中72份杏材料的观赏性状形态学数量分类，得出试验所用的杏材料ISSR标记结果与观赏性状数量分类结果

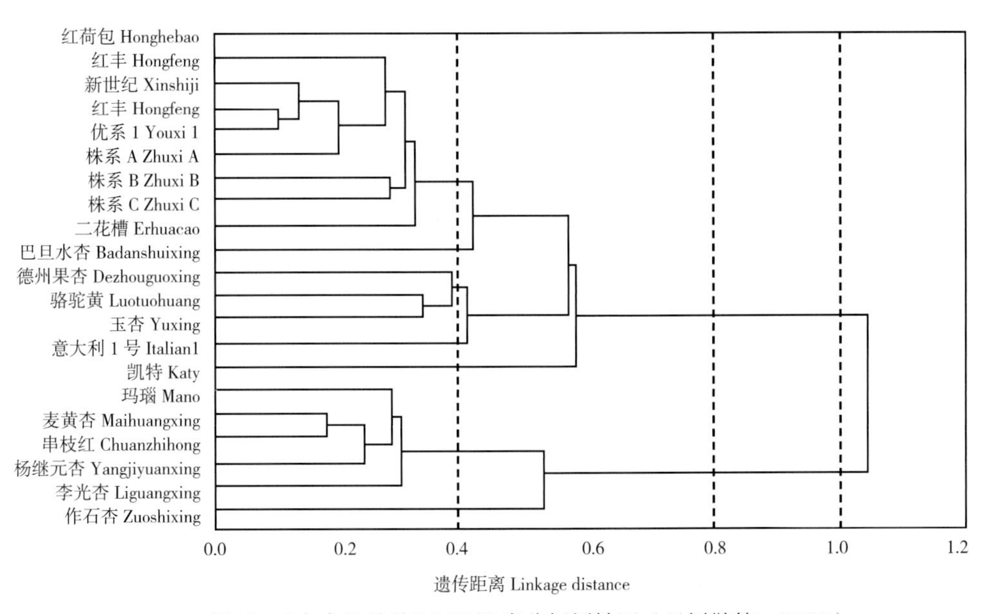

图46 20个杏品种的RAPD聚类分析树性图（吴树敬等，2003）

表2 华仁杏引物的SSR扩增统计结果和基因多样性分析

| 编号 | 引物 | 等位位点数 | 多态信息指数 | 观测杂合度 | 期望杂合度 | Nei' S基因多样性h | Shannon信息指数I |
|---|---|---|---|---|---|---|---|
| 1 | UD96-005 | 6 | 0.85 | 0.5000 | 0.6918 | 0.6858 | 1.3358 |
| 2 | UD97-401 | 3 | 0.81 | 0.4286 | 0.6176 | 0.6121 | 1.0041 |
| 3 | UD98-405 | 4 | 0.77 | 0.5000 | 0.5343 | 0.5297 | 1.0168 |
| 4 | UD98-406 | 6 | 0.77 | 0.4068 | 0.6054 | 0.6003 | 1.2464 |
| 5 | UD98-409 | 5 | 0.84 | 0.3220 | 0.6978 | 0.6919 | 1.3477 |
| 6 | UD98-411 | 4 | 0.85 | 0.8103 | 0.7231 | 0.7169 | 1.3102 |
| 7 | UD98-412 | 6 | 0.84 | 0.4655 | 0.6889 | 0.6830 | 1.3429 |
| 8 | Pchgms1 | 2 | 0.67 | 0.6667 | 0.4721 | 0.4675 | 0.6603 |
| 9 | Pchgms2 | 2 | 0.06 | 0.0312 | 0.0310 | 0.0308 | 0.0805 |
| 10 | Pchgms3 | 4 | 0.60 | 0.7895 | 0.5951 | 0.5899 | 0.9637 |
| 11 | Pchgms4 | 5 | 065 | 0.5091 | 0.6639 | 0.6579 | 1.2120 |
| 12 | Pchgms5 | 4 | 0.79 | 0.3462 | 0.5239 | 0.5189 | 0.9930 |
| 13 | Pchgms26 | 3 | 0.51 | 0.1053 | 0.3049 | 0.3022 | 0.5716 |
| 14 | 96-010 | 5 | 0.86 | 0.7377 | 0.7628 | 0.7565 | 1.5003 |
| 15 | aprigms18 | 6 | 0.90 | 0.6724 | 0.7438 | 0.7374 | 1.5434 |
| 16 | aprigms20 | 7 | 0.80 | 0.5789 | 0.7390 | 0.7325 | 1.5226 |
| 17 | aprigms22 | 4 | 0.78 | 0.4068 | 0.6181 | 0.6129 | 1.1303 |
| 18 | aprigms23 | 4 | 0.28 | 0.1270 | 0.1926 | 0.1911 | 0.4260 |
| 19 | aprigms24 | 7 | 0.78 | 0.6290 | 0.6994 | 0.6938 | 1.4441 |
| 20 | Pce GA25 | 4 | 0.75 | 0.8000 | 0.6251 | 0.6199 | 1.0633 |
| 21 | BPPCT002 | 5 | 0.83 | 0.8276 | 0.7199 | 0.7137 | 1.3669 |
| 22 | BPPCT007 | 6 | 0.78 | 0.8214 | 0.7484 | 0.7417 | 1.5095 |
| 23 | BPPCT008 | 3 | 0.54 | 0.4762 | 0.3760 | 0.3730 | 0.6263 |
| 24 | BPPCT014 | 4 | 0.71 | 0.6393 | 0.6140 | 0.6090 | 1.0887 |
| 25 | BPPCT018 | 5 | 0.84 | 0.6452 | 0.6938 | 0.6882 | 1.3048 |
| 26 | BPPCT021 | 4 | 0.74 | 0.5167 | 0.6071 | 0.6021 | 1.1144 |
| 27 | BPPCT023 | 4 | 0.76 | 0.3333 | 0.6237 | 0.6185 | 1.0736 |
| 28 | BPPCT029 | 4 | 0.83 | 0.5000 | 0.7097 | 0.7037 | 1.2824 |
| 29 | BPPCT037 | 3 | 0.68 | 0.3621 | 0.4360 | 0.4322 | 0.7111 |
| 30 | BPPCT016 | 2 | 0.52 | 0.3443 | 0.3475 | 0.3447 | 0.5286 |
| 31 | BPPCT030 | 7 | 0.82 | 0.8730 | 0.7872 | 0.7809 | 1.6882 |
|  | 平均值 | 4.5 | 0.72 | 0.5217 | 0.5869 | 0.5819 | 1.0971 |

表3 31对SSR引物构建的63份杏资源的DNA指纹图谱

| 品种（种） | SSR 标记序列<br>1-2-3-4-5-6-7-8-9-10-11-12-13-14-15-16-17-18-19-20-21-22-23-24-25-26-27-28-29-30-31 |
|---|---|
| 班龙 | 001000-010-0000-000000-00000-0000-000000-00-10-0000-00000-0000-100-00000-000000-0000000-0000-1000-0000000-0110-01000-000000-100-1100-11000-1000-1010-0010-110-11-0000000 |
| 丰仁 | 000000-011-0000-000100-01000-0011-100010-10-10-0100-10000-0000-100-00110-010000-0010000-1000-1000-1000000-0110-01100-000010-100-1100-10100-1010-0100-0010-110-10-0101000 |
| 国仁 | 110000-010-0010-010000-00100-0010-000110-00-10-0100-10000-1000-010-01100-010100-0100000-1010-1100-1000000-0100-01010-000110-100-1000-00000-0001-0100-0001-001-11-1000001 |
| 超仁 | 001000-100-0010-010010-00100-1100-010100-10-10-0011-01000-1001-100-01001-100010-0100000-0110-1000-0100100-0110-00100-000110-100-1100-10100-1010-1010-0010-110-11-1000100 |
| 油仁 | 001000-101-0000-000011-11000-0011-010100-10-10-0010-00000-0000-110-01001-001000-1000000-1000-1000-0100000-0110-01100-000000-100-1000-10000-1010-0110-0010-100-10-1000100 |
| 80A03 | 001001-010-0010-000011-00101-0110-001100-10-10-0011-01000-1010-100-10010-100000-1000000-0100-1000-0101000-0011-01100-000010-110-1100-01000-1000-0100-1100-010-10-0100100 |
| 79C13 | 000100-010-1010-010000-00010-1100-010100-11-10-0011-01000-1000-010-01001-001000-0100000-1010-1000-0100100-0011-01001-000110-100-1000-10000-1000-0100-0010-110-11-1000100 |
| 80B05 | 011000-100-1100-010000-10010-1100-010000-10-10-0011-01010-1000-100-10001-101000-0100001-0100-1000-0110000-0011-01001-010100-110-1100-10100-1010-0100-0110-110-10-1000100 |

（续）

| 品种（种） | SSR 标记序列<br>1-2-3-4-5-6-7-8-9-10-11-12-13-14-15-16-17-18-19-20-21-22-23-24-25-26-27-28-29-30-31 |
|---|---|
| 龙王帽 | 001000–100–0110–010000–00100–0110–000100–10–10–0011–01000–1001–100–01010–100010–0100000–1000–1000–0100100–0101–01010–000110–100–1100–11000–1010–0100–0010–110–11–1000100 |
| 龙一 | 011000–000–0000–010000–10100–1100–010000–00–10–0011–00000–1000–100–10001–000000–0100001–0110–1000–0101000–0110–01100–010100–110–1100–11000–1000–1000–0110–110–10–0100001 |
| 优一 | 001100–100–0010–010010–11000–0010–001000–11–10–0011–00000–1001–100–00001–010000–1000100–0110–1000–0101000–0100–00110–000000–110–1000–11000–1010–1000–0110–100–10–1000000 |
| 新四号 | 001000–100–0010–000011–10000–0100–001000–11–10–0011–10000–0001–100–01001–100000–1100000–0110–1000–0101000–0100–00110–000011–100–1000–10000–1010–1010–0010–110–11–0100001 |
| 白玉扁 | 001000–011–1010–000011–10000–0100–010000–10–10–0011–01000–0001–100–00101–100010–0011000–0110–1000–0100000–0110–10100–001000–110–1010–10010–1010–0100–0010–101–10–1000100 |
| 北山甜 | 000000–100–1100–000000–00000–0000–000000–10–10–0000–00000–1001–100–01000–000000–0000000–1000–1000–0100000–0110–01001–000000–110–0000–10000–1010–1010–1000–110–10–1000010 |
| 大棚王 | 001000–101–1100–010100–00101–1100–010000–00–10–0011–10000–1000–110–00011–100001–0100010–1000–1000–0100000–0110–01010–000010–101–0000–01000–1010–0100–0010–110–10–0100000 |
| 双仁 | 001000–010–1010–010010–00100–1001–011000–00–10–0010–01000–1001–100–01000–010001–0100000–1000–1000–0100000–0011–00100–100000–110–1100–10100–1010–1000–1000–100–10–1000010 |
| 串条龙 | 000100–011–0100–010000–01100–0100–010100–10–10–0011–10000–1001–110–01001–010001–1000000–1001–1000–0100000–0110–01000–010100–100–1010–10010–1010–0100–0001–110–11–1000000 |
| 长城一号 | 000000–001–1010–000000–01100–0000–000000–10–11–0000–00010–1001–110–01000–010000–1000000–1001–1000–0100000–0010–01001–000000–100–0000–01000–1000–1010–1000–011–11–0100100 |
| 108 | 010000–100–0010–000110–00010–1100–010100–11–10–0011–01000–1000–010–10001–100000–1000100–0100–1000–0001000–0100–00101–010100–101–1100–10100–1010–1010–1100–110–10–0100001 |
| 山杏 | 001001–100–0100–101000–00101–1100–110000–10–10–0110–01100–0100–100–01000–100000–0100001–1000–1010–1000000–0100–10100–000100–110–1100–10100–1010–0100–1000–110–10–0010000 |
| 御杏 | 001000–010–0010–010100–10000–0011–101000–00–10–0101–10100–1000–010–11000–010100–0000000–1010–1010–0010100–0100–00100–100100–100–1000–10010–0001–0100–0001–000–10–0101000 |
| 紫杏 | 000000–110–0010–011000–10000–0001–010000–00–00–0000–00000–1000–000–01000–100000–0001100–0000–1000–0100000–0110–00011–101000–110–1100–00100–0001–0100–0001–100–11–1000100 |
| N34 | 010000–011–0010–010000–01000–0011–000011–00–10–0101–10000–0000–000–00101–010100–0011000–1000–1000–1000000–0101–01000–000010–100–1000–00110–0001–0101–0010–010–10–1000001 |
| N35 | 001000–011–0010–010000–00100–0011–000101–00–10–1100–10100–0000–000–01100–010000–1000000–1000–1000–1000000–1100–00100–010000–100–1000–00101–0001–0101–0010–010–01–1000010 |
| 11X01 | 000000–000–0100–010010–00101–1100–010100–00–10–0011–10000–1000–000–01010–100010–0010000–1000–1010–0100100–0000–00000–000110–000–0000–00000–0000–0000–0000–000–00–1000010 |
| 11X02 | 000100–000–0010–010000–10010–1010–010000–10–10–1010–01010–1000–100–10010–010010–0100001–0100–1000–0101000–0101–01010–001100–100–0110–10010–1000–1000–1000–000–10–1000010 |
| 11X03 | 001010–000–0010–010010–10000–1010–010000–10–10–0011–01010–1010–000–01010–010010–0100001–0101–1000–0101000–0101–01010–001100–100–1100–10010–0000–1000–0110–000–10–1000010 |
| 11X04 | 000100–011–1010–010000–00010–0100–010100–11–10–0011–01000–1000–100–10001–010100–0100000–0101–1000–0100001–0110–01100–000110–100–0010–01000–1000–0110–1100–110–11–1000010 |
| 11X08 | 000100–010–1010–010000–10000–1010–010000–11–10–0011–01010–0000–100–01010–010000–0100001–0100–1000–0101000–0101–01010–010100–100–1000–10010–0100–1000–0000–100–10–1000010 |
| 11X11 | 001000–000–0011–010000–10000–0110–001000–00–10–0101–01010–1001–100–01000–010010–1000000–0100–1000–0101000–0000–01000–010100–100–1100–10000–1000–1000–0110–000–10–1000010 |
| 11D01 | 000110–100–0010–001100–10000–0010–001100–11–10–0011–01010–1000–100–01000–010100–0100001–1001–1000–0100000–0110–01010–000110–100–0001–01000–1010–0000–0101–100–11–0100100 |
| 11D02 | 000100–100–0010–010000–10000–1010–001000–11–10–0011–01010–1010–100–10001–010010–0100001–0100–1000–0101000–0110–01010–010100–110–1100–10000–1010–1000–0110–100–10–1000010 |
| 11D03 | 010100–110–0011–010000–10100–1100–001000–11–10–0011–10010–0000–100–01001–100010–0100000–0101–1000–0100001–0110–00000–000110–100–0100–10000–1000–1000–0110–110–11–1000010 |
| 11D04 | 000100–100–1010–010000–10000–1010–001000–11–10–0011–01010–0000–000–01000–010000–1000001–0100–1000–0100100–0000–01100–010100–100–1100–10100–1000–0110–0110–100–10–0100010 |
| 11D05 | 000100–010–1010–010000–00100–1100–001100–11–10–0010–01010–1000–100–01001–010000–0000000–1100–1010–1000000–0110–01100–000110–110–1100–10000–1000–0110–0000–100–00–0100010 |
| 11D06 | 000100–110–1010–010000–00100–1100–001100–11–10–0010–01010–1000–100–01000–001001–1000001–0101–1000–0100001–0110–00000–000110–100–0100–10000–1010–0110–0110–110–11–1000010 |

（续）

| 品种（种） | SSR 标记序列<br>1-2-3-4-5-6-7-8-9-10-11-12-13-14-15-16-17-18-19-20-21-22-23-24-25-26-27-28-29-30-31 |
|---|---|
| 11Y00 | 001100–011–1010–100000–01000–0000–001100–00–10–0100–01000–0000–001–00001–011000–1000000–0101–1000–0101000–0110–00000–000000–100–0110–11000–1000–1000–0110–010–11–0100000 |
| 11Y09 | 000100–100–0011–010000–10000–1010–001000–11–10–0101–01010–0000–100–01010–101000–0110000–0100–1000–0100100–0100–01010–010100–100–1100–10010–1000–0000–0100–000–10–1000010 |
| 11L01 | 000100–110–0010–000100–00110–1100–010000–00–10–0011–11000–1001–100–01001–010100–1000000–0101–1010–0101000–0101–01100–101000–100–1000–01010–1010–0010–0100–110–01–0110000 |
| 11L04 | 010100–100–0010–010000–10010–1010–000110–11–10–0011–01010–1000–100–10001–010100–1100000–0100–1000–0101000–0101–01010–010100–110–1000–10010–1000–1000–0110–100–10–1000010 |
| 11L05 | 010100–100–0011–010100–10010–1010–001100–11–10–0011–01010–1000–000–10001–011000–0100001–0100–1000–0101000–0101–01100–010100–110–1100–10000–1000–1000–0110–100–10–1000010 |
| 11L06 | 000100–100–0011–001100–00100–0011–001000–11–11–0011–00011–0110–001–01000–101000–1001000–0100–1000–0100001–0001–00110–000010–100–1000–00010–1001–0100–0100–100–01–0100000 |
| 11L09 | 000010–100–0010–010100–01000–0011–001000–11–10–0011–10000–0100–011–01001–100001–0100000–0100–0101–0001010–0011–00101–101000–110–1000–01000–0100–0110–0100–010–10–1000010 |
| 11L11 | 001000–000–0010–100100–10010–0011–100000–01–10–1010–01010–0110–100–10010–010100–1000000–0000–1000–0010000–0110–00000–001100–110–0001–00100–0000–0000–0000–100–10–0100000 |
| 11L17 | 001010–110–0010–010000–10000–1010–001000–00–10–0011–01010–0100–100–10001–010100–0100001–0100–0100–0101000–0101–01010–010100–110–0110–10010–0110–1000–0110–100–10–1000100 |
| 11L18 | 001010–110–0011–010000–10000–1010–001100–11–10–0011–01010–1000–000–10001–010100–0100001–0100–0100–0101000–0101–01010–010100–000–0110–10010–1010–1000–0110–100–10–1000100 |
| 11L19 | 001010–110–0011–010000–10000–1010–001000–11–10–0011–01010–1000–100–10001–010100–0100001–0100–1000–0101000–0101–01010–010100–110–0010–10010–1010–1000–0110–100–10–1000100 |
| 11L20 | 001010–110–0011–000000–00000–0000–000000–11–10–0000–00000–1001–100–01001–010001–0100000–0101–1010–0010000–0100–00100–000000–110–0001–10000–1000–1010–0100–100–11–1000000 |
| 11L20A | 001010–110–0011–010000–10000–1010–001000–11–10–0011–01010–1000–100–10001–011000–0110000–0100–1000–0101000–0101–01010–010100–110–1100–10010–1000–1000–0110–100–10–1000001 |
| 11L21 | 001010–000–0000–000000–00000–0110–001000–10–10–0000–01000–0000–100–10010–000000–0000000–0000–1000–0011000–0000–00000–010000–100–1100–00000–0000–0000–0000–000–00–1000001 |
| 11L22 | 000100–110–0011–010100–10100–1010–001000–11–10–0011–01010–1000–100–10001–011000–0110000–0100–1000–0101000–0101–01010–010100–110–1100–10010–1010–1000–0110–100–10–1000100 |
| 11L24 | 000110–100–0011–010000–10000–1010–001000–11–10–0011–01010–1000–100–10001–011000–0110000–0100–1000–0101000–0101–01010–010100–110–1010–10010–1000–1000–0110–100–10–1000100 |
| 11L24A | 000110–110–0011–010000–10000–1010–001000–11–10–0011–10000–1000–100–10001–011000–0110000–0100–1000–0101000–0101–01010–000101–110–1001–10010–0100–1000–0110–100–10–1000100 |
| 11L24B | 001100–000–1010–010000–10000–1100–001000–11–10–0011–10000–0100–100–00100–010100–0000000–0101–1000–1000000–0000–00000–010100–110–1100–10000–0000–0000–1100–100–11–1000001 |
| 11L25 | 001100–011–0010–001100–00110–0100–001100–01–10–0011–10000–0110–100–00101–010000–0100001–0100–1000–0101000–0100–01100–000110–100–1100–11000–1001–1010–1100–110–11–0100010 |
| 11L26 | 001100–010–0010–000100–01000–0101–001000–10–10–0011–01010–0100–100–00101–011000–0100000–0101–1000–0001000–0000–01010–101000–100–1000–00110–1010–0100–1000–100–10–0110000 |
| 11L28 | 000011–010–0011–010000–10000–1010–001000–11–10–0011–01010–1001–100–01001–011000–0110000–0100–1000–0101000–0101–01010–010100–101–1100–10010–1000–1000–1000–100–10–1000100 |
| 11L30 | 000101–011–0011–010000–10000–1010–001000–11–10–0011–01010–1000–100–01001–011000–0110000–0100–1000–0101000–0101–01010–010100–110–1100–10010–1010–1000–1100–100–10–1000100 |
| 11L31 | 001100–000–0010–001100–01000–0010–001100–11–10–0011–01010–1001–100–00100–010010–0100000–1010–1000–0100000–0110–10000–000110–110–1100–01100–1010–1000–1100–100–11–0101000 |
| 11L31A | 001100–101–0010–001000–01000–0010–001100–11–10–0011–01000–1001–100–00100–010010–0101000–1010–1000–0100000–0110–10010–000110–100–0100–01100–1010–1000–1001–110–11–0101000 |
| 11L32 | 001100–011–1000–010100–10010–0110–001100–11–10–0011–01000–1010–100–00101–100100–0010000–1010–1000–0100001–0110–01100–000101–100–1100–10100–0110–1010–1001–110–11–1000100 |
| 11L33 | 001100–010–0010–000100–10000–1100–001100–11–10–0110–01000–1000–100–00100–101000–0100000–0100–1000–0001000–0100–01100–010100–110–1100–10010–0100–1010–1100–100–10–0010001 |
| 11L34 | 001100–011–0010–010000–10000–0110–001000–11–10–0010–01010–1000–100–00101–011000–0010001–0100–1000–0101000–0011–01010–010100–110–1100–10010–0110–1000–1000–100–10–1000100 |

有一定的相似性，但多数试材的亲缘关系与形态特征关系不大，所用试材间表现有较高的杂合性。艾鹏飞等（2014）人利用SRAP标记对24份仁用杏品种进行了遗传多样性分析，结果表明，15对引物共241条多态性谱带，多态性比率为85.34%，基于引物Me4-Em4扩增的多态性谱带，构建的指纹检索系统可以区分24个仁用杏品种。包文泉等（2017）利用SSR分子标记结合荧光毛细管电泳检测技术，研究了野生杏和栽培杏的遗传多样性和遗传结构，结果显示：27个SSR位点，平均每个位点检测到17.82个等位基因（Na）和7.44个有效等位基因（Ne），结果说明我国杏资源遗传多样性丰富，遗传结构较为复杂；西伯利亚杏与栽培杏亲缘关系较远；野生普通杏与栽培杏具有类似的遗传结构，推测野生普通杏为栽培杏原始种；仁用杏遗传多样性较低，遗传背景狭窄。Zhebentyayeva等（2000）对来自6个生态地理分布群的84个杏品种进行了遗传多样性分析，研究结果认为目前栽培的杏品种主要起源于普通杏，以中国为起源中心的杏驯化对相近栽培品种间的种质渗透影响很大。Mcde等（2010）对52个欧洲及北美杏栽培品种进行RFLP研究，结果发现杏资源的遗传多样性在西班牙栽培品种间表现较低，分析原因是该地区在杏的长期进化过程中存在瓶颈问题所致。Hurtado等（1999）对法国、西班牙、美国的18个杏品种进行了RAPD研究，分析其遗传多样性证实了北美杏品种是亚洲与欧洲杏的杂交种，与Badenes等（1998）在同工酶上的研究结论相一致。Hormaza（2002）对起源于不同地域的48个杏品种进行了SSR分析，聚类结果表明大多数美洲杏品种具有欧洲和亚洲杏品种的血统。He等（2006）进行的杂交试验及SSR分析表明，紫杏可能起源于普通杏和樱桃李天然杂种。Gogorcena等（1994）研究6个基因型的杏实生单株RAPD扩增，对其反应条件和提取方法进行了探讨，并筛选出了稳定性强及多态性好的7个引物。Vilanova等（2003）以不同杏品种杂交的F2群为材料，利用SSR和AFLP分子标记方法构建了杏分子遗传连锁图谱。Hurtado等（2003）还利用RAPD、SSR、AFLP和RFLP标记构建了2个杏品种的遗传连锁图。Zhang（2012）人利用SSR技术构建了中国130个杏主栽品种的DNA指纹图谱，从191对引物中筛选出31对多态性引物，多态信息量PIC的变幅为0.624～0.877，平均为0.788（一般认为，当PIC＞0.5时，该引物为高度多态性信息引物；当PIC＜0.25时，其为低度多态性信息引物），SSR标记在杏种质资源的鉴别上显示出了高效性，其亲缘关系紧密、相似系数高于0.525的品种仍可区分开。艾鹏飞等（2014）人利用SRAP标记对24份仁用杏品种进行了遗传多样性分析，结果表明，15对引物共241条多态性谱带，多态性比率为85.34%，基于引物Me4-Em4扩增的多态性谱带，构建的指纹检索系统可以区分24个仁用杏品种。Maghuly等（2005）对不同地理生态群（欧洲生态群、中亚生态群、伊朗—外高加索生态群及北美生态群）的133个杏品种进行了标记检测，结果鉴别出了大量的同物异名品种。

近年来，随着高通量DNA和RNA测序技术的发展，SNPs标记得到开发并被认为在不久的将来、杏全基因组测序之后有望成为常规的标记。

王家琼等（2016）采用NTSYSpc 2.1软件对我国杏属植物11个种和3个变种基于30个形态性状的数据进行UPGMA聚类分析，结果（图47）显示：包含毛叶梅的聚类分析（图47-A），供试杏属植物被分成2支，其中一支包括梅、洪平杏、政和杏以及毛叶梅；另一支包括杏、华仁杏、藏杏、紫杏、李梅杏、山杏、毛杏、东北杏、光叶东北杏和仙居杏。在欧氏距离6.28处，供试杏属植物则被分成6支，其中，洪平杏和仙居杏分别单独成为一支，梅、毛叶梅及政和杏聚为一支，东北杏和光叶东北杏聚为一支，山杏和毛杏成聚为一支，杏、华仁杏、藏杏、李梅杏和紫杏聚为一支。不含毛叶梅的聚类分析（图47-B），供试杏属植物也被分成2支，但与图46-A相比，梅的聚类结果发生明显变化。洪平杏以及政和杏聚为一支，梅与其他10个种和变种聚为另一支。在欧氏距离6.57处，供试杏属植物也被分成6支，其中，梅、仙居杏、洪平杏以及政和杏分别单独成为一支，东北杏和光叶东北杏聚为一支，其余7个种和变种聚为一支。

## 七 杏地方品种的遗传多样性分析研究

本项目组基于已发表的NCBI公共数据库中猕猴桃属的EST（Expressed Sequence Tag，表达序列标签）开发的SSR（Simple Sequence Repeat，简单重复序列）分子标记，对包含地方品种在内的37份杏资源（表4）进行遗传多样性分析。采用的SSR标记信息见表5。

基于SSR标记的37份杏地方资源品种遗传多样性分析见图48。分析结果表明，所用标记可以有效地将37份杏资源区分开。在相似系数为0.68左右时，可以分为3个亚群，分别记作Q1、Q2和Q3。其中，Q1包含6个品种，Q2包含30个品种，仅有1个品种被分到了Q3中。表明这些材料之间存在着显著的遗传差异。Q2中的X26和X28不能有效区分开，可能与标记数目较少、覆盖精度不够有关。Q3中的X7（昭宗杏）独立于其他材料之外单独形成了一个亚群，表明昭宗杏与其他材料间存在着较远的亲缘关系。想要深入研究杏地方品种资源遗传变异，揭示更多的遗传信息还需要开发高通量的分子标记。总之，地方品种资源材料是对现有杏资源品种的有效

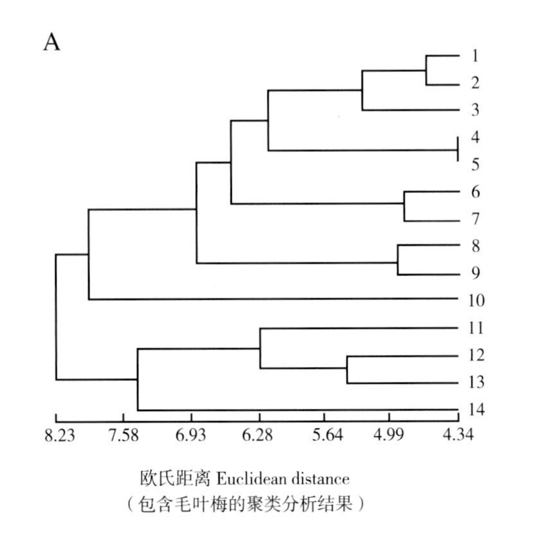


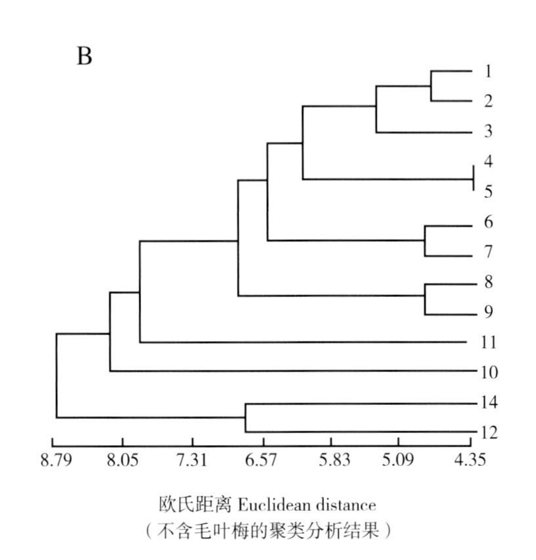


图47 基于30个形态性状的中国杏属植物UPGMA聚类分析结果（王家琼等，2016）

注：1: 杏 *A. vulgaris* Lam; 2: 华仁杏 *A. cathayana* D. L. Fu et al; 3: 藏杏 *A. holosericea* (Batal.) Kost.; 4: 紫杏 *A. dasycarpa* (Ehrh.) Borkh.; 5: 李梅杏 *A. limeixing* J. Y. Zhang et Z. M. Wang; 6: 山杏 *A. sibirica* (Linn.) Lam.; 7: 毛杏 *A. sibirica* var. *pubescens* Kost.; 8: 东北杏 *A. mandshurica* (Maxim.) Skv.; 9: 光叶东北杏 *A. mandshurica* var. *glabra* (Nakai) T. T. Yu et L. T. Lu; 10: 仙居杏 *A. xianjuxing* J. Y. Zhang et X. Z. Wu; 11: 梅 *A. mume* Sieb.; 12: 政和杏 *A. zhengheensis* J. Y. Zhang et M. N. Lu; 13: 毛叶梅 *A. mume* var. *goethartiana* Koehne; 14: 洪平杏 *A. hongpingensis* C. L. Li.

表4 37份杏地方品种资源汇总

| 品种编号 | 品种名称 | 品种编号 | 品种名称 |
|---|---|---|---|
| X1 | 锦西李子杏 | X20 | 江口杏 |
| X2 | 伊抗 1 号 | X21 | 关公脸杏 |
| X3 | 凯特杏 | X22 | 粉蛋蛋杏 |
| X4 | 小麦杏 | X23 | 红歪嘴杏 |
| X5 | 武乡梅杏 2 号 | X24 | 杂面星杏 |
| X6 | 三二六杏 | X25 | 桦甸杏 |
| X7 | 昭宗杏 | X26 | 面糟杏 |
| X8 | 野山杏 4 号 | X27 | 小满黄杏 |
| X9 | 郭庄杏 4 号 | X28 | 黄沙杏 |
| X10 | 神沟 1 号 | X29 | 房江拳杏 |
| X11 | 王河杏 1 号 | X30 | 扁扁杏 |
| X12 | 野杏 1 号 | X31 | 白水杏 |
| X13 | 野山杏 2 号 | X32 | 杏 04 号 |
| X14 | 伊杏 4 号 | X33 | 锦西李子杏 |
| X15 | 独山杏 | X34 | 新疆吐鲁番 3 号 |
| X16 | 大麦杏 | X35 | 新疆吐鲁番 6 号 |
| X17 | 观音岩杏 | X36 | 临东甜杏 |
| X18 | 熊氏祠杏 | X37 | 土乐 2 号 |
| X19 | 苏家河杏 | | |

表5 SSR标记引物信息

| 引物名称 | 引物序列 | 引物名称 | 引物序列 |
|---|---|---|---|
| M01F | 5′ –AAACCCTAGCCGCCATAACT | M11F | 5′ –AATTGCAGATAAAGAGAGAGAGAGA |
| M01R | 5′ –GCTAAAGGCCTTCCGATACC | M11R | 5′ –GACGGTATGGGGGATTTAGA |
| M02F | 5′ –AAAATCAAGGCGGCTCTAGG | M12F | 5′ –CCAGGACCCAAACCCTAAAA |
| M02R | 5′ –GCTGTGTTGATTGGATTGGA | M12R | 5′ –TGCAAACACAACACCTACCTACA |
| M03F | 5′ –CATGAACAGGGTCAAAAGCA | M13F | 5′ –CAAGCACAAGCGAACAAAAT |
| M03R | 5′ –TATATCCTTACGCGGCCTCA | M13R | 5′ –GGTGGTTTCTTATCCGATGC |
| M04F | 5′ –CATTACCCAACCACCTCCAC | M14F | 5′ –AACTGATGAGAAGGGGCTTG |
| M04R | 5′ –TTAGTTTTGGAGTTTGATGAGAGAG | M14R | 5′ –ACTCCCGACATTTGTGCTTC |
| M05F | 5′ –ACTTGGCTTGGCTTGAGAAG | M15F | 5′ –TTCAGACTCGAAAACACACATACA |
| M05R | 5′ –TTGCTTTAAACCTCTGTTTCTCG | M15R | 5′ –TGGAGGAGGTTTATGAGCAA |
| M06F | 5′ –TTCTGCTACTTACAATCGTGTTCTC | M16F | 5′ –TCAGTAGCCCACCATTCTCC |
| M06R | 5′ –AGAGCACCAGGTCTTTCTGG | M16R | 5′ –CGGCGTCGAACTAAGAGAAA |
| M07F | 5′ –CTCCATCATGCCACTCTCG | M17F | 5′ –CAGAAATAGCCCCAGCACAT |
| M07R | 5′ –TTGACCCTCGAACCTCCTTA | M17R | 5′ –TTCTTGCGCCAAAAACAACT |
| M08F | 5′ –TGGCCACACAAAGATGAAGA | M18F | 5′ –TTCTTTTGGGATTGGTCTCG |
| M08R | 5′ –GGTTTTGGACTGGTTGAGCA | M18R | 5′ –GATTTTTAAATAACCAACCAGCTTC |
| M09F | 5′ –TTGTTGACAAGAAGAAAACAAAGC | M19F | 5′ –TTCCTTGCTTCCCTTCATTG |
| M09R | 5′ –CAACGGGTTGGTTTCAGAAG | M19R | 5′ –CCCAGAACTTGATTCTGACCA |
| M10F | 5′ –TCGGTGGAGAAAGAGACTGG | M20F | 5′ –AATTGACCAAAGCCTGTGAG |
| M10R | 5′ –GTCCCCCACCCTTTACAATG | M20R | 5′ –GAAGCAAGACCTCTACCTCTCTC |

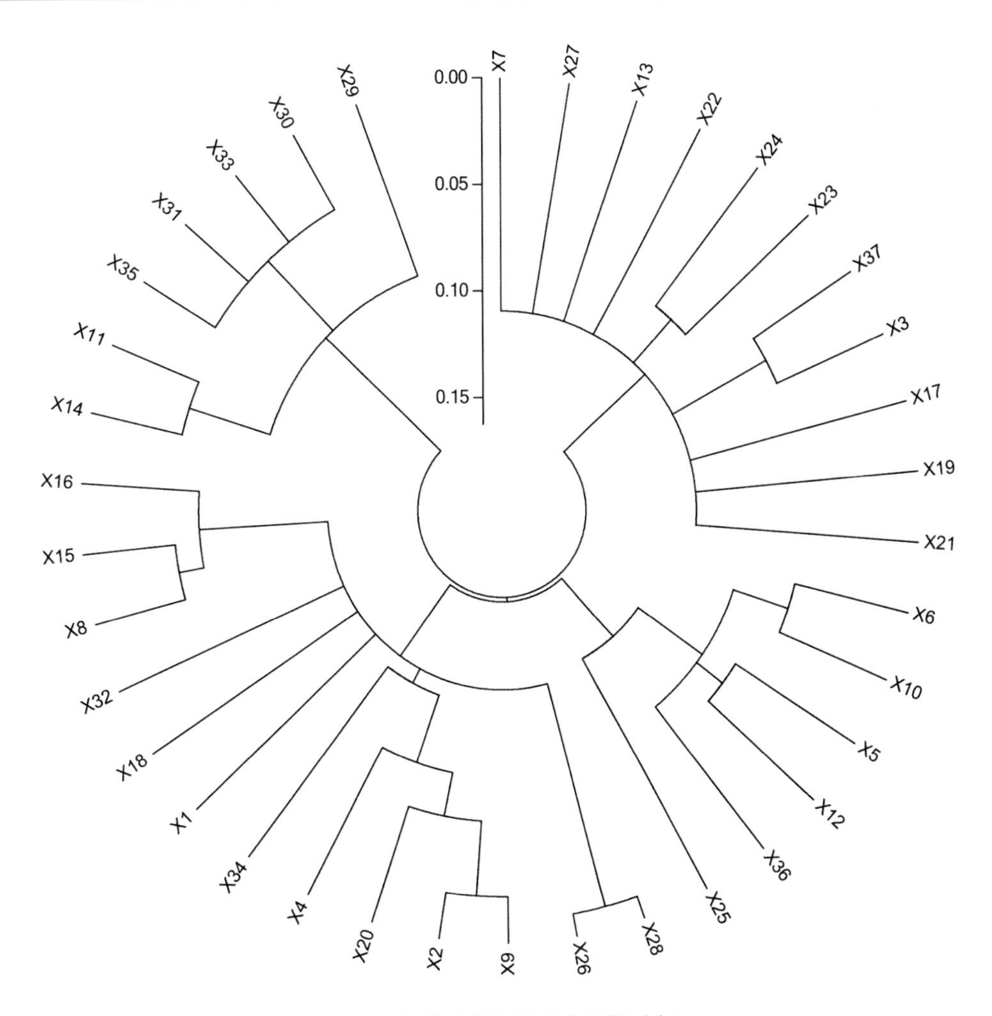


图48 37份杏资源遗传多样性分析

补充。本研究首次采用分子标记技术对杏地方品种资源进行了遗传多样性分析，该研究表明杏地方品种资源有较高的利用价值，可能成为杏新品种选育及遗传研究的可利用资源。

## 八、杏种质资源收集保存现状

种质是决定生物遗传性状并将遗传物质信息从亲代传给子代的遗传物质（骆建霞等，2002）。狭义的种质指基因，广义的种质指具有遗传全能性的细胞、组织、器官、单个植株乃至以种为单位的群体内可遗传的全部物质。种质资源也称遗传资源或基因资源，是新品种选育不可缺少的物质基础，是作物遗传多样性育种的重要保障，同时也是遗传学、分类学、生物学等基础理论研究的重要材料。种质资源调查指查清和整理一个国家或地区范围内种质资源的数量分布、特征和特性的工作，不仅可以保留濒临灭绝的物种，保存对人类和自然具有重要、甚至是未知作用的基因，而且可以为其他学科和科技创新提供研究材

我国杏资源十分丰富，栽培历史悠久。在漫长的自然演化过程和人为选择过程中，形成了大量的具有明显特色的地方品种。地方品种也叫农家品种。地方品种是我国果树生产的基础，尤其是杏的地方品种极其丰富和重要，它们曾经或现在仍然是生产当中的主要栽培品种。地方品种在长期繁衍过程中，适应于当地生态条件和气候特性，承载有各种优良基因，是种质创新和进行各种研究的绝好材料。近年来，国内外都十分重视杏种质资源的收集和研究工作。任何开展杏育种的研究机构都收集了数百份或千份以上的种质资源，在种质资源研究领域取得的较大进展。但是与欧美等国家相比，我们在种质资源领域研究的深度、广度差距较大，与我国具有丰富的杏资源状况极不协调。另外，由于自然、生物和人类自身活动的不良影响，杏种质资源流失严重（韩振海等，1995），已灭绝者甚多，有的濒临灭绝（图49）。因此，对杏的种质资源的调查研究和收集保护具有非常重要的意义（图50）。

近年来世界主要国家杏种质资源的保存情况（孙浩元等，2017）说明（表6）世界各国非常重视杏地方品种资源的收集和保护，在世界各国的各类种质资源圃内收集和保存了数量可观的杏种质资源。Kostina（1962）等从世界各地收集了杏的7个种600个品种类型（陈学森等，2002；Kostina，1962），率先在前苏联建立了世界上规模最大的杏种质资源圃。根据国际植物遗传资源研究所（IPGRI）数据库资料统计，除我国以外，有30个国家和地区62所独立的研究机构保存有普通杏种质资源（Emilie，2006），数量超过6000份（表6）。意大利保存了最多的普通杏资源，数量达到1000余份；乌克兰的Crimean果树试验站保存了718份普通杏资源；美国在加州大学（Davis）建立了国家果树资源圃，收集了包括普通杏、卜瑞安康杏、辽杏、梅、西伯利亚杏和紫杏等6个种的资源，保存资源212份（孙浩元等，2017）；我国的国家果树种质杏资源圃建在辽宁熊岳，目前收集保存了9个种的杏种质资源，13个变种，现保存李、杏资源1100余份。拥有的杏资源种类居世界首位，对其农艺性状、丰产性、果实品质、抗逆性等进行了鉴定，数据信息已贮存于国家种质资源数据库（杨克钦等，1992）；我国的省级果树种质资源圃中，北京市农林科学院林业果树研究所保存的杏资源最多，数量达到350份，而且有很多种质与国家种质资源圃不重复。

本次杏地方品种资源调查是对以前工作的补充，着重针对过去遗漏的品种、濒临灭绝的品种、分布偏远分散的品种、近年来新发现的地方品种展开调查收集。本次主要与地方农林部门配合，进行了摸底调查和现地调查，制作枝叶标本（图51、图52）和果实浸渍标本（图53、图54），详细记录包括品种名称（图55、图56）、树龄、树体大小、小生境（图57～图59）、大生境（图60～图65）、植物学性状、生物学特性、物候期、抗逆性、丰产性等，采集接穗，培育苗木，保存于中国农业科学院郑州果树研究所果树地方品种资源圃。

表6 世界主要国家杏种质资源的保存情况

| 序号 | 国家 | 保存机构 | 保存种类、类型及保存数量 |
| --- | --- | --- | --- |
| 1 | 澳大利亚 | Granite Belt Horticultural Research Station, Queensland | 普通杏（育成品种21份） |
| | | Agriculture Research Station, New South Wales | 普通杏（品系、育成品种42份） |
| | | Institute of Plant Sciences, Burnley, Victoria | 普通杏（育成品种2份、地方品种1份、其他12份） |
| | | Department of Agriculture Loxton Research Centre, Loxton, South Australia | 普通杏（育成品种2份、品系600份、其他13份） |
| 2 | 巴西 | Centro de Pesquisa Agropecuaria de Clima Temperado, EMBRAPA | 普通杏（育成品种4份）；辽杏（地方品种1份）；梅（地方品种1份） |
| 3 | 加拿大 | Canadian Clonal Genebank, PGRC Agriculture and Agri-Food Canada | 普通杏（育成品种49份、品系95份） |
| | | Research Centre of Agriculture and Agri-Food Canada, Summerland | 普通杏（育成品种52份、品系98份） |
| 4 | 智利 | Instituto de Investigaciones Agropecuarias, Santiago | 普通杏（育成品种19份） |
| 5 | 法国 | Conservatoire Botanique National Alpin de Gap-Charance | 卜瑞安康杏（野生类型13份） |
| | | Conservatoire Botanique National de Porquerolles, Hyeres | 普通杏（育成品种38份） |
| | | Centre de Pomologie La Mazičre, L’ Estrechure | 普通杏（品系、地方品种、育成品种24份） |
| | | Recherches Fruitieres Mediterraneennes, INRA | 普通杏（育成品种250份、地方品种120份、野生类型10份） |
| | | Unit é de Recherches sur les Espčces Fruitičres et la. Vigne, INRA | 普通杏（2份）；紫杏（91）份；梅（1份）；卜瑞安康杏（1份） |
| 6 | 希腊 | Pomology Institute, National Agricultural Research Foundation | 普通杏（地方品种8份） |
| | | Greek Genebank, Agric. Res. Center of Makedonia and Thraki | 普通杏（地方品种10份） |
| 7 | 印度 | Regional Station Shimla, NBPGR India | 山杏（野生类型1份）；普通杏（品系、地方品种28份） |
| 8 | 意大利 | Dipartimento di Colturei Arboree, Universita di Bologna | 普通杏（地方品种261份、品系220份、栽培品种205份） |
| | | Dipartimento di Ortoflorofrutticoltura, Universit à degli Studi di Firenze | 普通杏（品系36份） |
| | | Department of Protection and Cult. of Woody Species, Univ. of Pisa | 普通杏（育成品种75份、品系151份、野生类型及其他60份） |
| | | Istituto Sperimentale per la Frutticoltura, 00134 Roma | 普通杏（品系350份） |
| 9 | 巴基斯坦 | National Agricultural Research Centre, Plant Genetic Resources Program, 45500 Islamabad | 普通杏（地方品种32份） |
| 10 | 波兰 | Research Institute of Pomology and Floriculture, 96-100 Skierniewice | 普通杏（育成品种76份） |
| 11 | 西班牙 | Centro Investigacion y Desarrollo Agroalimentario Fruticultura - Murcia | 普通杏（地方品种111份） |
| | | Instituto Canario de Investigaciones Agrarias, ICIA | 普通杏（育成品种、地方品种3份） |
| | | Centre de Mas Bove, Inst. Recercai Tecnologia Agroalimen. | 普通杏（育成品种、地方品种96份） |
| | | Consejo Superior de Investigaciones Cientificas, 50080 Zaragoza | 普通杏（地方品种12份） |
| 12 | 土耳其 | Dept. of Horticulture, Faculty of Agriculture, Ege University | 普通杏（育成品种34份） |
| | | Plant Genetic Resources Dept. Aegean Agricultural Research Inst., 35661 Izmir | 普通杏（育成品种75份） |
| 13 | 乌克兰 | Inst. for Irrigated Horticulture, 332311 Melitopol | 普通杏（地方品种130份） |
| | | Crimean Pomological Station | 普通杏（育成品种、品系、野生类型及其他718份） |
| | | Institute of Horticulture Podolskaya Exp. Staion | 普通杏（育成品种25份） |
| 14 | 英国 | The Royal Horticultural Society, Woking | 普通杏（育成品种2份） |
| 15 | 美国 | Fruit Laboratory, USDA/ARS Plant Germplasm Quarantine Office, Beltsville, Maryland | 普通杏（育成品种70份、其他2份）；辽杏（育成品种1份）；梅（育成品种6份） |
| | | Department of Horticulture Clemson University, Clemson | 普通杏（育成品种40份） |
| | | Cream Ridge Research Center (Horticulture and Forestry), NJ | 普通杏（育成品种28份、品系18份） |
| | | Department of Plant Sciences, University of California, Davis | 普通杏（育成品种17份、品系2份、其他176份）；卜瑞安康杏（1份）；辽杏（2份）；梅（8份）；西伯利亚杏（1份）；紫杏（6份） |
| | | U. S. National Arboretum USDA/ARS, Woody Landscape Plant Germplasm Repository, Maryland | 梅（育成品种3份、其他2份） |
| | | Postharvest Quality & Genetics, USDA-ARS | 普通杏（育成品种30份）；紫杏（1份）；梅（1份） |
| | | USDA/ARS, WSU-IAREC | 普通杏（34份）；西部沙樱 × 普通杏（1份） |
| 16 | 中国 | 国家果树种质熊岳李、杏圃（辽宁省果树科学研究所） | 普通杏（536份）；西伯利亚杏（2份）；藏杏（1份）；辽杏（2份）；紫杏（1份）；梅（2份）；卜瑞安康杏（A. brigantina 1份）；政和杏（1份）；李梅杏（4份） |
| | | 北京市果树种质资源圃（北京市农林科学院林业果树研究所） | 普通杏（育成品种、品系、地方品种346份）；西伯利亚杏（1份）；藏杏（1份）；辽杏（1份）；梅（1份） |

图49 被燃烧秸秆时烧焦的老杏树（孟玉平 供图）

图50 调查组探访果农（孟玉平 供图）

图51 枝叶标本（孟玉平 供图）

图52 现场压制枝叶标本（孟玉平 供图）

图53 杏果实标本（孟玉平 供图）

图54 杏果实标本（孟玉平 供图）

图55 现场记载（孟玉平 供图）

图56 杏资源圃（孟玉平 供图）

图57 小生境（山西襄汾）（孟玉平 供图）

图58 小生境（山西永济）（孟玉平 供图）

图59 小生境（新疆霍城）（曹秋芬 供图）

图60 大生境（山西襄汾）（孟玉平 供图）

图61 大生境（山西襄垣仁用杏）（孟玉平 供图）

图62 大生境（山西永济黄河岸边）（孟玉平 供图）

图63 大生境（新疆轮台）（曹秋芬 供图）

图64 大生境（新疆哈密）（孟玉平 供图）

图65 大生境（山西翼城）（曹秋芬 供图）

中国杏地方品种图志
各论

# 新疆火箭杏1号

*Armeniaca vulgaris* L.
'Xinjianghuojianxing 1'

调查编号：CAOQFMHTE001

所属树种：杏 *Armeniaca vulgaris* L.

提 供 人：木合塔尔·艾乃吐拉
电　　话：13289953886
住　　址：新疆农业科学院吐鲁番农业科学研究所

调 查 人：曹秋芬、孟玉平
电　　话：13753480017
单　　位：山西省农业科学院生物技术研究中心

调查地点：新疆维吾尔自治区吐鲁番市火箭二大队

地理数据：GPS数据（海拔：53.5m，经度：E89°07'02"，纬度：N42°56'59"）

## 生境信息

来源于当地，树龄20年，生长于葡萄园地头，土壤质地为砂壤土，田间生境，伴生植物为葡萄、杨树，现存1株。

## 植物学信息

### 1. 植株情况

乔木；树势强，树姿直立，树形半圆形；树高8m、冠幅东西6m、南北6m，干高1.3m，干周86cm；主干呈褐灰色，树皮丝状裂；枝条较密。

### 2. 植物学特性

1年生枝条褐红色，有光泽，长度中等，节间平均长1.3cm，粗度中等，平均粗1.1cm；复芽占90%，结果枝上花芽多、叶芽少；花芽中等大小，顶端圆锥形；叶片大小中等，长8.0cm、宽5.2cm，中等厚度，绿色；叶柄长度中等，长为3.2cm，粗细中等，带红色；花形铃形，花瓣白色，5枚。

### 3. 果实性状

果实纵径7.3cm、横径5.5cm、侧径4.8cm，平均果重58g，最大果重60.5g，椭圆形，底色橙黄，彩色呈玫瑰红，缝合线不显著，两侧对称，果顶尖圆；果肉各部成熟度一致，质地松软，较脆，纤维细少，汁液少，味甜；甜仁，离核，核不裂；可溶性固形物含量12.0%。

### 4. 生物学特性

发枝力强，新梢生长量一年平均长35cm，生长势强；开始结果年龄4～5年，进入盛果期年龄6年；短果枝占25%，腋花芽结果70%；生理落果多，采前落果多，产量较低，大小年显著，单株平均产量50kg；萌芽期3月中旬，开花期4月上旬，果实采收期5月下旬，落叶期11月上旬。

## 品种评价

属于自然实生，树体生长健壮，处于无人管理状态，较抗旱，抗病虫危害，耐瘠薄。产量较低，品质中等，适宜于鲜食和制干。

生境
植株
花
叶片

# 永济杏 1 号

*Armeniaca vulgaris* L.'Yongjixing 1'

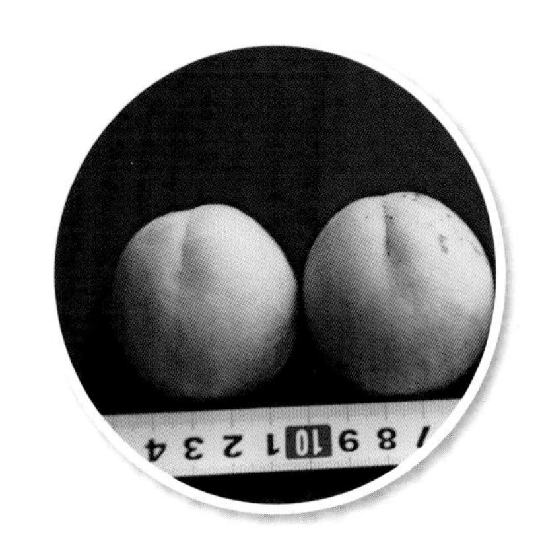


调查编号：CAOQFMYP065

所属树种：杏 *Armeniaca vulgaris* L.

提 供 人：梁旺才
电　　话：0359－8108080
住　　址：山西省永济市虞乡镇虞乡村

调 查 人：孟玉平
电　　话：13643696321
单　　位：山西省农业科学院生物技术研究中心

调查地点：山西省永济市虞乡镇虞乡村

地理数据：GPS数据（海拔：355m，经度：E110°37'15"，纬度：N34°51'54"）

## 生境信息

来源于当地，最大树龄26年，生长于庭院，在当地房前屋后有少量种植，土质为砂壤土。

## 植物学信息

### 1. 植株情况

乔木；树势健壮，树形半圆形；树高5m，冠幅东西4m、南北3.5m，干高1.8m，干周30cm；主干呈灰褐色；树皮块状裂，枝条密度中等。

### 2. 植物学特性

1年生枝条紫红色，有光泽，长度中等，节间平均长1.0cm，粗度中等，平均粗细1.2cm；复芽占90%，结果枝上花芽多，叶芽少，花芽中等大小，顶端圆锥形，叶片卵圆形，大小中等，长6.0cm、宽5.0cm，叶片中等厚度，绿色，叶柄长3.19cm，粗细中等，叶柄带红色；花形铃形。

### 3. 果实性状

果实近圆形，纵径5.14cm、横径6cm、侧径4.5cm，平均果重81.3g，最大果重110g；果皮底色浅绿，阳面彩色呈紫红色；缝合线浅而细，两侧对称；果顶尖圆，梗洼深、中广，不皱；果肉淡黄色，厚度1.52cm，果肉各部成熟度一致，纤维中，汁液多，风味甜，香味浓；核大，苦仁，离核；可溶性固形物含量10%。品质上等。

### 4. 生物学特性

树势强健，中心主干生长力强，骨干枝分支角度小，徒长枝数目较少，萌芽力高，发枝力中等。中果枝占20%，短果枝结果为主，坐果力中等，生理落果中等；萌芽期3月上旬，开花期3月下旬。果实采收期5月下旬。

## 品种评价

树体生长量大，产量高，稳产，果实大，品质上等，适应性中等。

生境

植株

叶片

花

果实

# 土乐大白杏

*Armeniaca vulgaris* L.'Tuledabaixing'

调查编号：CAOQFMYP066

所属树种：杏 *Armeniaca vulgaris* L.

提 供 人：卫站虎
电　　话：13994861559
住　　址：山西省永济市虞乡镇土乐村

调 查 人：孟玉平、曹秋芬、张春芬
邓　舒、肖　蓉、聂园军
董艳辉、侯丽媛、王亦学
电　　话：13643696321
单　　位：山西省农业科学院生物技术研究中心

调查地点：山西省永济市虞乡镇土乐村

地理数据：GPS数据（海拔：355m，经度：E110°44'24.8"，纬度：N34°52'29.4"）

## 生境信息

来源于当地，最大树龄70年，土质为砂壤土，有少量成片栽培，多生长于田间和地边。

## 植物学信息

### 1. 植株情况

乔木；树体高大，树形半圆形；树高6m，冠幅东西8m、南北8m，干高1.5m，干周25cm。主干呈黑灰色，树皮丝状裂，枝条密度中等。

### 2. 植物学特性

1年生枝条褐红色，光滑无毛，长度中等，节间平均长1.3cm，皮孔小而密，白色，微凸起，椭圆形；叶片卵圆形，大小中等，长6.5cm、宽5.4cm，叶尖渐尖，基部楔形，中等厚度，绿色；叶柄长3.3cm，粗细中等，叶柄略带红色；花芽中等大小，顶端圆锥形；花形铃形，单生，花瓣白色，5枚。

### 3. 果实性状

果实圆形或卵圆形，纵径3.8～4.5cm、横径4.2～4.72cm，侧径3.8～4.45cm，平均果重48.1g，最大果重54g；果皮底色白绿，阳面有点状红晕；果面光滑；果顶尖圆或平圆，顶洼浅；缝合线不显著，两侧对称；梗洼深、广；果肉白色，近核处颜色同肉色，果肉厚度1.50cm，果肉各部成熟度一致；果肉质地细腻松软，纤维少，汁液中多，风味甜，香味浓；品质上等；核大，甜仁，离核；可溶性固形物含量12.5%。

### 4. 生物学特性

树势强健，中心主干生长弱，发枝力强，新梢一年平均长45cm，生长势弱；开始结果年龄3年，进入盛果期年龄6年；短果枝结果为主；生理落果少，采前落果少，大小年不显著，单株产量较高；萌芽期3月中旬，开花期4月上旬，果实采收期6月上旬，落叶期11月上旬。

## 品种评价

抗逆性较强，耐瘠薄，在沙滩地生长正常。结果年龄早，较丰产。不裂果，品质上等。

生境
植株
叶片
花
果实

# 永济杏 2 号

*Armeniaca vulgaris* L.‘Yongjixing 2’

调查编号：CAOQFMYP067

所属树种：杏 *Armeniaca vulgaris* L.

提 供 人：梁旺才
电　　话：0359－8108080
住　　址：山西省永济市虞乡镇虞乡村

调 查 人：孟玉平、曹秋芬、张春芬
邓　舒、肖　蓉、聂园军
董艳辉、侯丽媛、王亦学
电　　话：13643696321
单　　位：山西省农业科学院生物技术研究中心

调查地点：山西省永济市虞乡镇虞乡村

地理数据：GPS数据（海拔：355m，经度：E110°37'15"，纬度：N34°51'54"）

## 生境信息

来源于当地，树龄12年，生长于庭院中，砂壤土，现存7株，均生长于房前屋后或庭院。

## 植物学信息

### 1. 植株情况

乔木；树势健壮，树形半圆形；树高4.5m，冠幅东西3m、南北3m，干高1.6m，干周1.3cm，主干呈褐色，树皮丝状裂，枝条较密。

### 2. 植物学特性

1年生枝条红褐色，有光泽，长度较短，节间平均长1.2cm，较细，平均粗0.3cm；皮孔中大，稀疏，微凸起，圆形。叶片卵圆形，长4.6cm、宽4.4cm，较厚，浓绿色，近叶基部楔形，叶边锯齿圆钝，齿间有腺体；叶尖渐尖，叶柄长2.5cm，单芽占30%，复芽占70%，结果枝上花芽多、叶芽少、花芽肥大，顶端锐尖形，茸毛数量中等；花形普通形，花冠直径3.0cm，花瓣白色，5枚。

### 3. 果实性状

果实圆形或卵圆形，纵径4.73cm、横径4.65cm、侧径4.54cm；平均果重56g；果面光滑，黄色，部分有晕；缝合线明显，两侧对称；果顶平圆，微凹；梗洼深、广；果肉黄色，近核处颜色同肉色；果肉厚度0.8～1.42cm，果肉各部成熟度一致，质地松软，纤维少，细，汁液多，风味甜，香味浓；品质上等。核大，苦仁，离核。

### 4. 生物学特性

树势中庸，萌芽力中等，成枝力中等，骨干枝分支角度开张；中果枝占20%，短果枝占结果80%，坐果力中等，生理落果中等；萌芽期3月上旬，开花期3月下旬。果实采收期6月中下旬。

## 品种评价

该品种抗旱，适应性强。较丰产，果实品质上等，是优良的鲜食和加工品种。

植株
花
叶片
果实
果实

# 永济杏 3 号

*Armeniaca vulgaris* L.‘Yongjixing 3’

调查编号：CAOQFMYP068

所属树种：杏 *Armeniaca vulgaris* L.

提 供 人：梁旺才
电　　话：0359－8108080
住　　址：山西省永济市虞乡镇虞乡村

调 查 人：孟玉平、曹秋芬、张春芬
邓　舒、肖　蓉、聂园军
董艳辉、侯丽媛、王亦学
电　　话：13643696321
单　　位：山西省农业科学院生物技术研究中心

调查地点：山西省永济市虞乡镇虞乡村

地理数据：GPS数据（海拔：355m，经度：E110°37'15"，纬度：N34°51'54"）

## 生境信息

来源于当地，树龄30年，生长于庭院中，土质为壤土。现存2株。

## 植物学信息

### 1. 植株情况

乔木；树势强健，树姿半开张，树形圆头形；树高10m，冠幅东西8m、南北8m，干高2m，干周66cm。主干呈褐色，树皮丝状裂，枝条较密。

### 2. 植物学特性

1年生枝条红褐色，有光泽，长度30～50cm，节间平均长1.2cm；皮孔较大，圆形，数量中等，凸起，较明显；单芽占30%，复芽占70%，结果枝上花芽多、叶芽少，花芽肥大，顶端锐尖形，有茸毛；叶片卵圆形，长9.0cm、宽7.1cm，较厚，浓绿色，基部宽楔形，近叶基部褶皱少，叶边锯齿圆钝，齿间有腺体；叶柄长4.8cm；花形普通形，花冠直径3.0cm，花瓣白色，5枚。

### 3. 果实性状

果实卵圆形，纵径4.42cm、横径3.99cm、侧径3.88cm；平均果重38.5g。果面光滑，黄绿色，果皮厚度中等；缝合线宽浅，两侧对称；果顶尖圆；梗洼浅、广；果肉白色，肉厚度1.2cm，近核处颜色同肉色，果肉各部成熟度一致，肉质细软，纤维中等，汁液中多，味甜，有香味，品质中等。核大，甜仁，离核。

### 4. 生物学特性

树体生长中庸，骨干枝较开张，萌芽力强，发枝力中，新梢一年平均生长44cm左右。开始结果年龄4年，进入盛果期年龄5～6年；短果枝占50%，中果枝占32%，长果枝占13%，腋花芽结果率5%；全树坐果，坐果率强，生理落果少，采前落果少，产量较高，大小年不显著。萌芽期3月上旬，开花期4月上旬，果实采收期6月中下旬。

## 品种评价

该品种产量较高，抗旱，品质中等。

生境
植株
花
叶片
果实

# 白大子杏

*Armeniaca vulgaris* L.'Baidazixing'

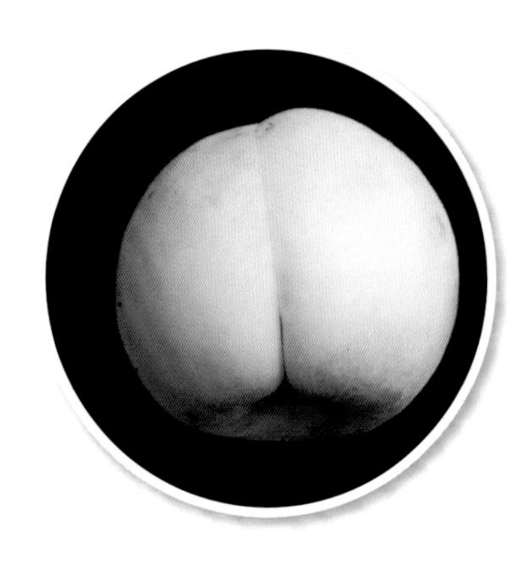

调查编号：CAOQFMYP069

所属树种：杏 *Armeniaca vulgaris* L.

提 供 人：王志军
电　　话：13593564000
住　　址：山西省永济市城西区介峪口村

调 查 人：孟玉平、曹秋芬、张春芬、邓 舒、肖 蓉、聂园军、董艳辉、侯丽媛、王亦学
电　　话：13643696321
单　　位：山西省农业科学院生物技术研究中心

调查地点：山西省永济市城西区介峪口村

地理数据：GPS数据（海拔：376m，经度：E110°37'14"，纬度：N34°50'46"）

## 生境信息

来源于当地，生长于庭院后，树龄30多年，土壤为砂壤土。现存10株，零星分布于房前屋后。

## 植物学信息

### 1. 植株情况

乔木；树势生长健壮，树体高大，树姿较开张，乱头形，树高6m，冠幅东西8m、南北12m，干高1.5m，干周108cm；主干呈褐色，树皮丝状裂；枝条较密。

### 2. 植物学特性

1年生枝条红褐色，有光泽，平均长7.8cm，节间1.3cm，皮孔小，较稀，圆形，灰白色；单芽占30%，复芽占70%，花芽肥大，鳞片棕红色，顶端圆锥形；叶片卵圆形，长7.83cm、宽7.48cm，浓绿色，近叶基部褶皱少或无，基部宽楔形，叶边锯齿圆钝形，幼叶齿尖有腺体；叶柄长4.5cm，较粗。花蕾粉红色，开后白色，花瓣5枚，雌蕊1枚。

### 3. 果实性状

果实卵圆形或近圆形，纵径3.87cm、横径3.97cm，平均果重32.8g，最大果重40.1g；果顶尖圆，缝合线明显，两侧基本对称；梗洼深、广；果皮光滑，有光泽，黄色；果皮中厚，果肉乳白色，近核处颜色同肉色，果肉各部成熟度一致，质地松软，纤维少，细，汁液多，风味甜，香味浓。品质上等。核中大，苦仁，离核。

### 4. 生物学特性

树势中庸，树姿较开张，发枝力中等。开始结果年龄为3年，进入盛果期年龄为5～7年；以短果枝和花束状果枝结果为主。生理落果少，产量稳定。萌芽期3月中旬，开花期4月上旬，果实采收期5月中下旬，落叶期10月下旬。

## 品种评价

该品种抗旱，耐瘠薄。结果年龄早，较丰产，产量稳定。果实品质上等。

植株
花
叶片
果实
结果状

# 小红甜子

*Armeniaca vulgaris* L. ‘Xiaohongtianzi’

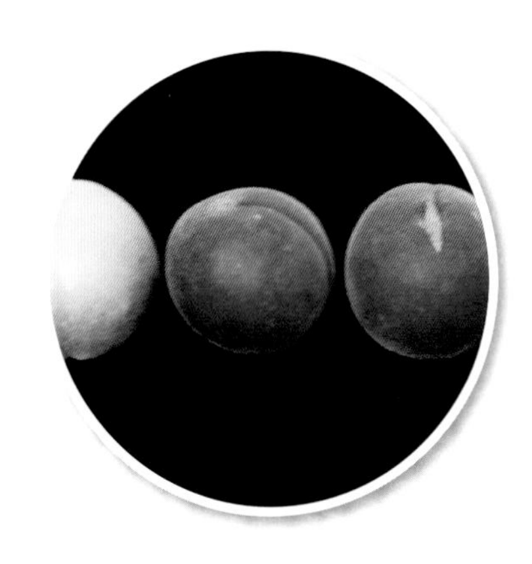

调查编号：CAOQFMYP070

所属树种：杏 *Armeniaca vulgaris* L.

提 供 人：王志军
电　　话：13593564000
住　　址：山西省永济市城西区介峪口村

调 查 人：孟玉平、曹秋芬、张春芬、邓 舒、肖 蓉、聂园军、董艳辉、侯丽媛、王亦学
电　　话：13643696321
单　　位：山西省农业科学院生物技术研究中心

调查地点：山西省永济市城西区介峪口村

地理数据：GPS数据（海拔：376m，经度：E110°37'14"，纬度：N34°50'46"）

## 生境信息

来源于当地，树龄12年，生长在庭院前，土壤为砂壤土，有零星分布。

## 植物学信息

### 1. 植株情况

乔木；树势强，树姿开张，树冠半圆形，树高3.5m，冠幅东西4m、南北4m，干高1.1m，干周44cm；主干呈褐色，树皮丝状裂，枝条较密。

### 2. 植物学特性

1年生枝条褐色，有光泽，平均长19.2cm，节间1.2cm；皮孔较小，椭圆形，凸起，分布密；叶片卵圆形，长7.2cm、宽5.5cm，浓绿色，叶柄长3.5cm，基部宽楔形，叶尖渐尖，叶边锯齿圆钝形，齿尖有腺体；花芽肥大，顶端圆锥形；普通花型，花冠直径2.5cm，花瓣5枚，白色。

### 3. 果实性状

果实圆形，纵径2.85cm、横径3.39cm、侧径3.29cm；平均果重18.4g；果皮光滑平整，底色乳黄色，彩色呈玫瑰红；缝合线宽浅，两侧对称，果顶圆形；果梗短，梗洼深、广；果皮中厚，被稀疏茸毛；果肉黄白色，厚度1.16cm，近核处颜色同肉色，果肉各部成熟度一致，质地松软，纤维少，细，汁液中，风味甜酸，香味中等。品质上等。核大，甜仁，离核，核不裂。

### 4. 生物学特性

萌芽力中等，发枝力中等，树势开张，生长势中等。开始结果年龄为3年，进入盛果期年龄为7年；长果枝占8%，中果枝占7%，短果枝占85%，以短果枝结果为主，生理落果少。萌芽期3月中旬，开花期4月上旬，果实采收期5月下旬，落叶期10月下旬。

## 品种评价

该品种抗旱能力较强，对低温的抵抗能力中等。生长势中等，树姿开张。结果年龄早，产量中等。品质上等。

植株

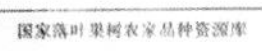

国家落叶果树农家品种资源库
采集编号：CAOQFMYP070
采集日期：2013-05-28
采集者：曹秋芬
经纬度：N34° 50′ 46″ E110° 37′ 14″
海拔高度：376m 坡度： 坡向：
生境：田间
伴生物种：
其他描述：高 m，乔木
地方名：小红甜子杏
野外鉴定：杏
采集编号（Coll.No.）：CAOQFMYP070
蔷薇科 Rosaceae
地方名 小红甜子杏
普通杏
Prunus armeniaca L.
鉴定人（Det.）：曹秋芬 2013-09-02

叶片

花

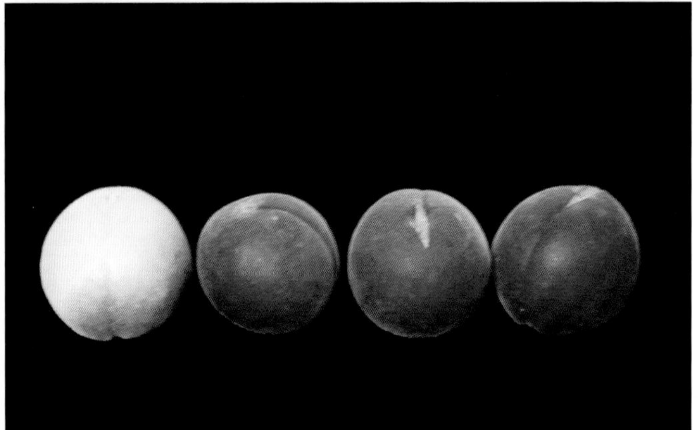

果实

# 介峪口苦梅子

*Armeniaca vulgaris* L. ‘Jieyukoukumeizi’

调查编号：CAOQFMYP071

所属树种：杏 *Armeniaca vulgaris* L.

提 供 人：王志军
电　　话：13593564000
住　　址：山西省永济市城西区介峪口村

调 查 人：孟玉平、曹秋芬、张春芬
邓　舒、肖　蓉、聂园军
董艳辉、侯丽媛、王亦学
电　　话：13643696321
单　　位：山西省农业科学院生物技术研究中心

调查地点：山西省永济市城西区介峪口村

地理数据：GPS数据（海拔：376m，经度：E110°37'14"，纬度：N34°50'46"）

## 生境信息

来源于当地，生长在田间地边，土壤为砂壤土，树龄33年，房前屋后有少量零星栽植。

## 植物学信息

### 1. 植株情况

乔木；树势中等，树姿半开张，树冠半圆形，树高8m，冠幅东西8m、南北6m，干高1m，干周76cm；主干呈褐色，树皮丝状裂，枝条较密。

### 2. 植物学特性

1年生枝条红褐色，有光泽，长16cm，节间长1.2cm；皮孔较小，椭圆形，凸起，分布稀疏；叶片卵圆形，长7.0cm、宽5.2cm，浓绿色，叶柄长3.4cm，基部宽楔形，叶尖渐尖，叶边锯齿圆钝形，齿尖有腺体；花芽肥大，顶端圆锥形；普通花型，花冠直径2.4cm，花瓣5枚，白色。

### 3. 果实性状

果实圆形，纵径3.49cm、横径3.24cm、侧径3.54cm；平均果重21.7g；果皮底色黄绿，彩色呈玫瑰红；果面光滑，干净；缝合线明显，两侧对称，果顶短圆；梗洼浅、广；果梗短；果肉黄白色，近核处颜色同肉色，果肉各部成熟度不一致；果肉厚度1.14cm，质地致密，纤维中多，细，风味酸甜，香味中等。核小，苦仁，不裂。

### 4. 生物学特性

树势生长中等，萌芽力高，发枝力中，树姿开张，开始结果年龄为3年，进入盛果期树龄为5～8年，短果枝占70%～80%，以短果枝和花束状果枝结果为主。生理性落果较少，产量较高，大小年不显著，萌芽期3月中旬，开花期4月下旬，果实采收期7月上旬，落叶期11月下旬。

## 品种评价

该品种产量较高，稳产，对环境的适应性较强。品质中等。

植株
生境：田间
伴生物种：石榴园
其他描述：高 m，乔木
地方名：苦梅子杏
野外鉴定：杏
采集编号（Coll.No.）：CAOQFMYP071
蔷薇科 Rosaceae
地方名 苦梅子杏
普通杏
Prunus armeniaca L.
叶片
枝条
花
果实
果实

# 介峪口梅甜子

*Armeniaca vulgaris* L. 'Jieyukoumeitianzi'

调查编号：CAOQFMYP072

所属树种：杏 *Armeniaca vulgaris* L.

提 供 人：王志军
电　　话：13593564000
住　　址：山西省永济市城西区介峪口村

调 查 人：孟玉平、曹秋芬、张春芬、邓 舒、肖 蓉、聂园军、董艳辉、侯丽媛、王亦学
电　　话：13643696321
单　　位：山西省农业科学院生物技术研究中心

调查地点：山西省运城市永济市城西区介峪口村

地理数据：GPS数据（海拔：376m，经度：E110°37'14"，纬度：N34°50'46"）

## 生境信息

来源于当地，树龄20年，生长在田间果园，土壤为砂壤土，有零星分布。

## 植物学信息

### 1. 植株情况

乔木；树势中庸，树姿开张，树形圆头形，树高4.7m，冠幅东西3.5m、南北3.5m，干高20cm，干周59cm，主干呈灰褐色，树皮块裂状，枝条较密。

### 2. 植物学特性

1年生枝条红褐色，无光泽，长16cm，节间长1.5cm；皮孔稀而小，凸起，近圆形；花芽肥大，顶端圆锥形；叶片卵圆形，长8.5cm、宽7.3cm，较厚，浓绿色，基部楔形，近叶基部无褶皱或少褶皱，叶尖渐尖，叶边锯齿圆钝，齿尖有腺体，叶柄较长，长3.2cm，较粗，有细小茸毛。花蕾粉红色，开后白色，花瓣5枚，雌蕊1枚。

### 3. 果实性状

果实圆形，纵径4.07cm、横径3.30cm、侧径4.19cm；平均果重34.1g；果皮底色浅绿，彩色呈暗红；果面平整，被有稀疏的白色柔毛；缝合线宽浅，两侧不对称；果顶圆形，微凹；梗洼浅、广；果柄短；果肉黄白色，厚度1.24cm，近核处颜色同肉色，果肉各部成熟度一致，肉质松软，纤维少，较粗，汁液中多，风味酸甜，香味淡。品质中等。核中大，甜仁，离核。可溶性固形物含量11%。

### 4. 生物学特性

树势开张，萌芽力中等，发枝力中等。开始结果年龄为3年，进入盛果期年龄为7年；短果枝占75%，腋花芽结果率20%；生理落果少。萌芽期3月中旬，开花期4月上旬，果实采收期5月下旬，落叶期10月下旬。

## 品种评价

该品种抗旱能力较强，产量较高，果实品质中等。

植株

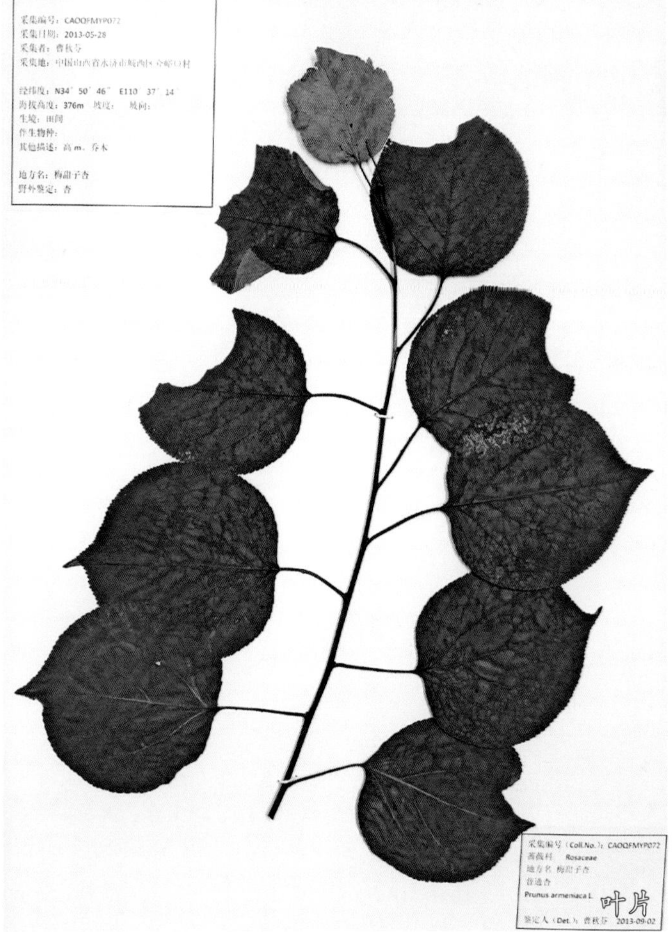
国家落叶果树农家品种资源库
采集编号：CAOQFMYP072
采集日期：2013-05-28
采集者：曹秋芬
经纬度：N34° 50′ 46″ E110° 37′ 14″
海拔高度：376m 坡度： 坡向：
生境：田间
伴生物种：
其他描述：高 m，乔木
地方名：梅甜子杏
野外鉴定：杏
采集编号（Coll.No.）：CAOQFMYP072
蔷薇科 Rosaceae
地方名 梅甜子杏
普通杏
Prunus armeniaca L.
鉴定人（Det.）：曹秋芬 2013-09-02
叶片

花

果实

# 玫瑰红

*Armeniaca vulgaris* L.‘Meiguihong’

调查编号：CAOQFMYP073

所属树种：杏 *Armeniaca vulgaris* L.

提 供 人：王志军
电　　话：13593564000
住　　址：山西省永济市城西区介峪口村

调 查 人：孟玉平、曹秋芬、张春芬、邓 舒、肖 蓉、聂园军、董艳辉、侯丽媛、王亦学
电　　话：13643696321
单　　位：山西省农业科学院生物技术研究中心

调查地点：山西省永济市城西区介峪口村

地理数据：GPS数据（海拔：376m，经度：E110°37'14"，纬度：N34°50'46"）

## 生境信息

来源于当地。生长于庭院旁，树龄为21年。土壤质地为砂壤土。有零星分布。

## 植物学信息

### 1. 植株情况

乔木；树势强，树姿开张，树冠圆头形，树高5m，冠幅东西4.0m、南北5.8m，干高180cm，干周60cm，主干呈灰色，树皮块状裂，枝条较密。

### 2. 植物学特性

1年生枝条红褐色，有光泽，长度中等，节间长1.4cm；皮孔稀小，凸起，近圆形；结果枝上花芽多、叶芽少、花芽大小中等，顶端圆锥形；叶片卵圆形，长4.5cm、宽3.4cm，较厚，浓绿色，近叶基部无褶皱，叶边锯齿圆钝，齿尖有腺；叶柄长2.3cm；花形铃形，花蕾粉红色，开后白色，花瓣褶皱程度较多，雄蕊茸毛较少。

### 3. 果实性状

果实近圆形或卵圆形，纵径4.72cm、横径3.89cm、侧径3.93cm；平均果重35.7g；果皮底色橙黄，彩色呈玫瑰红；缝合线宽浅，两侧对称；果顶尖圆；梗洼广、不皱；果梗短；果肉厚度1.44cm，乳黄色，近核处颜色同肉色，果肉各部成熟度一致；果肉质地松软，纤维少，细，汁液，风味甜酸，香味浓；品质上等；核小，苦仁，离核，不裂；可溶性固形物含量10.5%。

### 4. 生物学特性

萌芽力强，发枝力强，新梢一年平均长88cm，生长势较强。开始结果年龄为3年，进入盛果期5～8年，短果枝占89%，生理性落果较少，大小年不显著，单株平均产量（盛果期）较高；萌芽期3月下旬，开花期4月中旬，果实采收期5月中下旬，落叶期10月上旬。

## 品种评价

该品种产量较高、优质、抗旱，品质上等，鲜食和制干皆宜。

生境

叶片

花芽和枝条

花

果实

果实

# 长旺杏1号

*Armeniaca vulgaris* L.‘Changwangxing 1’

调查编号：CAOQFMYP075

所属树种：杏 *Armeniaca vulgaris* L.

提 供 人：郑定苗
电　　话：13835926189
住　　址：山西省永济市韩阳镇长旺村

调 查 人：曹秋芬、孟玉平、张春芬、邓　舒、肖　蓉、聂园军、董艳辉、侯丽媛、王亦学
电　　话：13753480017
单　　位：山西省农业科学院生物技术研究中心

调查地点：山西省永济市韩阳镇长旺村

地理数据：GPS数据（海拔：431m，经度：E110°16'20.2"，纬度：N34°41'33"）

## 生境信息

来源于当地。最大树龄30年。生长于山坡，仅此一株。自然生长，无人管理，半野生状态，伴生物种是其他杏树和小灌木。

## 植物学信息

### 1. 植株情况

乔木；树势强，树姿开张，树形乱头形，树高5m、冠幅东西4.5m、南北4m，干高190cm，干周40cm，主干呈黑色，树皮丝状裂，枝条较密。

### 2. 植物学特性

1年生枝条紫红色，有光泽，长度中等，节间平均长1.5cm，平均粗0.3cm；皮孔稀小，凸起，近圆形；叶片较大，卵圆形，叶片长9cm、宽5cm，较厚，浓绿色，近叶基部无褶皱，叶边锯齿圆钝，齿尖有腺体；叶柄较长，长为2.5cm，带红色；花形铃形。

### 3. 果实性状

果实近圆形，纵径3.47cm、横径3.83cm；果重32g；果皮底色橙黄，部分有红晕；缝合线较深，两侧不对称；果顶尖圆，梗洼中深；果肉黄色，厚度1.1cm；近核处颜色同肉色，果肉各部成熟度一致，肉质纤维细，汁液多，风味甜，可溶性固形物含量22%，离核；品质上等。

### 4. 生物学特性

树势生长中等，萌芽力强，发枝力强，新梢一年平均长27cm。坐果力强，产量较高，有大小年结果现象，萌芽期3月上旬，开花期3月下旬，果实采收期5月中旬，落叶期11月上旬。

## 品种评价

抗逆性强，尤其耐干旱和瘠薄，处于半野生状态生长和结果正常，品质上等。成熟时有裂果。

生境
纬经度：N34° 41′ 33″ E110° 16′ 20.2″
海拔高度：431m
生境：旷野
其他描述：高 m，乔木
地方名：长旺1号杏
野外鉴定：杏
植株
采集编号（Coll.No.）：CAOQFMYP075
蔷薇科 Rosaceae
地方名 长旺1号杏
普通杏
叶片
花
果实

# 长旺杏2号

*Armeniaca vulgaris* L.'Changwangxing 2'

调查编号：CAOQFMYP076

所属树种：杏 *Armeniaca vulgaris* L.

提 供 人：郑定苗
电　　话：13835926189
住　　址：山西省永济市韩阳镇长旺村

调 查 人：曹秋芬、孟玉平、张春芬
邓　舒、肖　蓉、聂园军
董艳辉、侯丽媛、王亦学
电　　话：13753480017
单　　位：山西省农业科学院生物技术研究中心

调查地点：山西省永济市韩阳镇长旺村

地理数据：GPS数据（海拔：431m，经度：E110°16'20.2"，纬度：N34°41'33"）

## 生境信息

来源于当地，最大树龄50年，生长于黄土崖边，伴生物种是其他杏树和小冠木，现存1株。

## 植物学信息

### 1. 植株情况

乔木；树势强，树姿半开张，树冠圆头形，树高5.2m，冠幅东西4.9m、南北5.8m，干高180cm，干周61cm，主干呈褐色，树皮丝状裂，枝条较密。

### 2. 植物学特性

1年生枝条红褐色，有光泽，节间平均长2.0cm，皮孔稀小，凸起，近圆形；叶片大小中等，长7.8cm、宽6.8cm，浓绿色，近叶基部无褶皱，叶边锯齿锐状，齿尖有腺体；叶柄长度中等。花单生，白色。

### 3. 果实性状

果实纵径2.77cm、横径3.22cm、侧径3cm；形状圆形；果皮底色乳黄，部分有红色斑点；缝合线较深，两侧对称；果顶尖圆；梗洼浅、广；果肉厚度0.8cm，橙黄色；果肉各部成熟度一致，风味甜酸，品质中等；离核；可溶性固形物含量16.5%。

### 4. 生物学特性

萌芽力强，发枝力强，新梢一年平均长127cm，生长势强。开始结果年龄为4年，进入盛果期年龄6年，大小年不显著，单株平均产量（盛果期）较高；萌芽期3月中旬，开花期4月上旬，果实采收期5月下旬。

## 品种评价

该品种抗逆性较强，生长在荒坡，无人管理能正常结果，尤其是耐瘠薄、耐干旱能力强。果实品质中等。

生境

国家落叶果树农家品种资源库

采集编号：CAOQFMYP076
采集日期：2013-05-29
采集者：曹秋芬
采集地：中国山西省永济市韩阳镇长旺村

经纬度：N34′41′33″ E110′16′20.2″
海拔高度：431m 坡度： 坡向：
生境：旷野
伴生物种：杏树
其他描述：高 m。乔木

地方名：长旺2号杏
野外鉴定：杏

花

枝叶

采集编号（Coll.No.）：CAOQFMYP076
蔷薇科 Rosaceae
地方名 长旺2号杏
普通杏
Prunus armeniaca L

叶片

# 长旺杏 3 号

*Armeniaca vulgaris* L.'Changwangxing 3'

调查编号：CAOQFMYP077

所属树种：杏 *Armeniaca vulgaris* L.

提 供 人：郑定苗
电　　话：13835926189
住　　址：山西省永济市韩阳镇长旺村

调 查 人：曹秋芬、孟玉平、张春芬
邓　舒、肖　蓉、聂园军
董艳辉、侯丽媛、王亦学
电　　话：13753480017
单　　位：山西省农业科学院生物技术研究中心

调查地点：山西省永济市韩阳镇长旺村

地理数据：GPS数据（海拔：431m，经度：E110°16'20.2"，纬度：N34°41'33"）

## 生境信息

来源于当地，最大树龄40年，生长在田间地埂上，旷野生境，伴生物种为农作物，现存1株。

## 植物学信息

### 1. 植株情况

乔木；树势中等，树姿半开张，树形半圆形，树高5.6m，冠幅东西4.8m、南北6.0m，干高20cm，干周59cm，树皮块状裂，枝条较密。

### 2. 植物学特性

1年生枝条暗褐色，有光泽，平均长20cm，节间平均长2.2cm，皮孔较大，稀疏，椭圆形；多年生枝条褐色；叶片卵圆形，大小中等，长7.0cm、宽5.5cm，浓绿色，近叶基部无褶皱，叶边锯齿圆钝，齿尖有腺体；叶柄较长；花蕾粉红色，开后白色，花瓣5枚。

### 3. 果实性状

果实近圆形，纵径3.1cm、横径3.2cm、侧径2.8cm，平均果重28g，最大果重35g，果实大小不整齐；果皮底色浅绿，阳面彩色呈斑点状玫瑰红；缝合线较浅；果顶尖圆；梗洼深、广，果柄短粗；果肉乳黄色，肉质较细，汁液中多，风味酸甜；果肉厚度0.7cm，近核处颜色同肉色，果肉各部成熟度一致；品质中等；核中等大；可溶性固形物含量15.5%。

### 4. 生物学特性

树体高大，中心主干生长力强，发枝力强，新梢一年平均长60cm，生长势较强；以短果枝结果为主，全树坐果，生理落果重，采前落果轻，大小年不显著；萌芽期3月下旬，开花期4月中旬，果实采收期5月下旬。

## 品种评价

该品种产量较高、优质、抗旱性强，品质上等，鲜食和制干皆宜。成熟期有裂果现象。

生境

花

枝条

果实

# 长旺杏 4 号

*Armeniaca vulgaris* L. ‘Changwangxing 4’

调查编号：CAOQFMYP078

所属树种：杏 *Armeniaca vulgaris* L.

提 供 人：郑定苗
电　　话：13835926189
住　　址：山西省永济市韩阳镇长旺村

调 查 人：曹秋芬、孟玉平、张春芬
邓　舒、肖　蓉、聂园军
董艳辉、侯丽媛、王亦学
电　　话：13753480017
单　　位：山西省农业科学院生物技术研究中心

调查地点：山西省永济市韩阳镇长旺村

地理数据：GPS数据（海拔：431m，经度：E110°16'20.2"，纬度：N34°41'33"）

## 生境信息

来源于当地，树龄20年，生长在沟谷，撂荒多年，无人管理，伴生物种是其他杏树、小灌木，现存1株。

## 植物学信息

### 1. 植株情况

乔木；树势强，树姿半开张，树形圆头形，树高4.0m，冠幅东西3.8m、南北3.5m，干高45cm，干周52cm，主干呈褐色，树皮块状裂，枝条密度中等。

### 2. 植物学特性

1年生枝条红褐色，有光泽，长度中等；复芽占90%，结果枝上花芽多、叶芽少、花芽大小中等，顶端圆锥形；叶片长7cm、宽5cm，厚度中等，浓绿色，叶边锯齿钝状，齿尖有腺体；花形铃形，花蕾粉红色，花瓣5枚，白色。

### 3. 果实性状

果实纵径3.52m、横径3.68cm、侧径3.35cm；果实近圆形；果皮底色橙黄，阳面彩色呈玫瑰红；缝合线宽浅，两侧对称；果顶平圆，梗洼中深、中广；果肉厚度0.85cm；果肉乳黄色，肉质细腻，风味甜，香味中；离核；可溶性固形物含量16%。

### 4. 生物学特性

中心主干生长力弱，徒长枝数量较少，萌芽力中等，发枝力较弱，新梢一年平均长15cm，生长势中庸；开始结果年龄3年，进入盛果期年龄5～6年；产量较高，大小年不显著，单株平均产量40kg；萌芽期3月中旬，开花期4月中旬，果实采收期5月下旬，落叶期11月下旬。

## 品种评价

较高产，抗旱及抗瘠薄力强，果实品质中等，制干和鲜食皆宜。

生境

采集编号：CAOQFMYP078
采集日期：2013-05-29
采集者：曹秋芬
采集地：中国山西省永济市韩阳镇长旺村
经纬度：N34° 41′ 33.3″ E110° 16′ 20.1″
海拔高度：431m 坡度： 坡向：
生境：旷野
伴生物种：杏树
其他描述：高 m，乔木
地方名：长旺 4 号杏
野外鉴定：杏
采集编号（Coll.No.）：CAOQFMYP07
蔷薇科 Rosaceae
地方名 长旺 4 号杏
普通杏
Prunus armeniaca L.

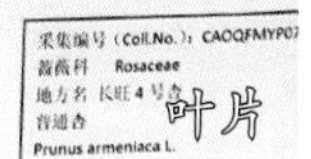
叶片

花

果实

# 长旺杏 5 号

*Armeniaca vulgaris* L. ‘Changwangxing 5’

调查编号：CAOQFMYP079

所属树种：杏 *Armeniaca vulgaris* L.

提 供 人：郑定苗
电　　话：13835926189
住　　址：山西省永济市韩阳镇长旺村

调 查 人：曹秋芬、孟玉平、张春芬
邓　舒、肖　蓉、聂园军
董艳辉、侯丽媛、王亦学
电　　话：13753480017
单　　位：山西省农业科学院生物技术研究中心

调查地点：山西省永济市韩阳镇长旺村

地理数据：GPS数据（海拔：468m，经度：E110°16'14.1"，纬度：N34°41'40.7"）

## 生境信息

来源于当地，生长在沟谷之中，树龄30年，现存1株。伴生物种为其他杏树、酸枣树，土壤质地是黄壤土。撂荒多年，无人管理。

## 植物学信息

### 1. 植株情况

乔木；树势强，树姿半开张，树形圆头形，树高5.2m，冠幅东西5.0m、南北6.5m，干高45cm，干周52cm，主干呈褐色，树皮丝状裂，枝条密度中等。

### 2. 植物学特性

1年生枝条紫红色，有光泽，新梢一年平均长50～60cm，皮孔小，密生，微凸起；结果枝上花芽多、叶芽少、花芽大小中等，顶端圆锥形；叶片卵圆形，大小中等，长8.5cm、宽7.6cm，绿色，近叶基部无褶皱，叶边锯齿圆钝；叶柄长6.9cm，较粗；花为普通形状，花冠直径3.2cm，花瓣白色，5枚。

### 3. 果实性状

果实纵径2.89cm、横径2.92cm、侧径2.75cm；果实近圆形；果皮底色橙黄，阳面彩色呈鲜红，果点不明显；缝合线较深，两侧对称；果顶尖圆；梗洼中深、广；果肉黄色，厚度0.68cm，肉质较细，汁液少，风味酸甜，香味中；品质中等；离核；可溶性固形物含量12.5%。

### 4. 生物学特性

中心主干生长力弱，骨干枝较开张，一年生长量30～50cm，徒长枝数目少，萌芽力强，发枝力强，生长势中庸；开始结果年龄2年，进入盛果期年龄5年；全树坐果，坐果力强，生理落果少，采前落果少，产量较高，大小年不显著，单株平均产量45kg；萌芽期3月上旬，开花期4月上旬，果实采收期5月下旬，落叶期11月上旬。

## 品种评价

该品种产量较高，抗旱性、耐瘠薄性较强，鲜食品质稍差，制干品质好。

生境
植株
果实
地方名：长旺5号杏
野外鉴定：杏
花
采集编号（Coll.No.）：CAOQFMYP
蔷薇科 Rosaceae
地方名 长旺5号杏
普通杏
Prunus armeniaca L.
叶片

# 长旺杏6号

*Armeniaca vulgaris* L. 'Changwangxing 6'

调查编号：CAOQFMYP080

所属树种：杏 *Armeniaca vulgaris* L.

提 供 人：郑定苗
电　　话：13835926189
住　　址：山西省永济市韩阳镇长旺村

调 查 人：曹秋芬、孟玉平、张春芬
邓　舒、肖　蓉、聂园军
董艳辉、侯丽媛、王亦学
电　　话：13753480017
单　　位：山西省农业科学院生物技术研究中心

调查地点：山西省永济市韩阳镇长旺村

地理数据：GPS数据（海拔：468m，经度：E110°16'14.1"，纬度：N34°41'40.7"）

## 生境信息

来源于当地，树龄20年，现存1株。生长在黄土高坡，属于退耕还林的荒山，土壤为黄壤土，伴生物种是杏树、酸枣树，现无人管理。

## 植物学信息

### 1. 植株情况

乔木；树势中庸，树姿开张，树形乱头形，树高3m，冠幅东西4.5m、南北4m，干高190cm，干周40cm，主干呈黑色，树皮丝状裂，枝条较密。

### 2. 植物学特性

1年生枝条褐红色，有光泽，长度10～29cm，节间平均长1.5cm，平均粗0.2cm；皮孔稀小，凸起，近圆形；叶片卵圆形，较大，长8cm、宽6cm；叶较厚，浓绿色，叶尖渐尖，近叶基部无褶皱，叶边有锯齿，稀疏圆钝，齿尖有腺体；叶柄平均长2.5cm，背面带红色；花为铃形，花瓣5枚，白色，雌蕊1枚。

### 3. 果实性状

果实椭圆形或卵圆形，纵径2.9cm、横径2.78cm、侧径2.7cm；果皮底色浅绿，阳面彩色呈点状紫红，果点不明显；缝合线宽浅，两侧对称；果顶短圆或尖圆；梗洼中深、中广；果肉黄白色，厚度0.85cm，近核处颜色同肉色，肉质松软，纤维较粗，汁液中等，风味酸甜，香味较淡；离核；可溶性固形物含量11%。

### 4. 生物学特性

树体生长中庸，骨干枝分枝角度较大，树姿开张。萌芽力强，发枝力强。开始结果年龄3年，进入盛果期年龄5年；中果枝占30%，短果枝占50%；全树坐果，坐果力强，生理落果少，采前落果少，大小年不显著，单株产量较高；萌芽期3月中旬，开花期4月上旬，果实采收期6月上旬，落叶期10月下旬。

## 品种评价

该品种处于自然生长状态下，产量较高，抗旱性、抗瘠薄力都强，鲜食品质稍差，制干品质好。

生境

叶片

果实

# 长旺杏 7 号

*Armeniaca vulgaris* L. 'Changwangxing 7'

调查编号：CAOQFMYP081

所属树种：杏 *Armeniaca vulgaris* L.

提 供 人：郑定苗
电　　话：13835926189
住　　址：山西省永济市韩阳镇长旺村

调 查 人：曹秋芬、孟玉平、张春芬
邓　舒、肖　蓉、聂园军
董艳辉、侯丽媛、王亦学
电　　话：13753480017
单　　位：山西省农业科学院生物技术研究中心

调查地点：山西省永济市韩阳镇长旺村

地理数据：GPS数据（海拔：468m，经度：E110°16'14.1"，纬度：N34°41'40.7"）

## 生境信息

来源于当地，树龄16年，生长在荒沟的斜坡，伴生物种是其他杏树、酸枣树等。土壤质地类型为黄壤土。

## 植物学信息

### 1. 植株情况

乔木；树势强，树姿半开张，树形乱头形，树高4.0m，冠幅东西3.8m、南北3.8m，干高50cm，干周45cm，主干呈褐色，树皮块状裂，枝条较密。

### 2. 植物学特性

1年生枝条紫红色，有光泽，长度20～50cm，节间平均长2.6cm，粗度中等；皮孔大小中等，数量少，近圆形；叶片卵圆形，长9.7cm、宽7.5cm，浓绿色，近叶基部无褶皱，叶边锯齿锐状，齿间无腺体；叶柄较短、较细，红紫色；花形普通形，花冠直径3.6cm，色泽较淡；花单生，花瓣白色，卵圆形，5枚；萼筒和萼片紫红色。

### 3. 果实性状

果实圆形或扁圆形，纵径3.42cm、横径3.32cm、侧径3.19cm，果重30～36g，大小较整齐；果皮底色白绿，充分成熟时橙黄色，部分有红晕；果点细小，不明显。缝合线深广，两侧对称；果顶短圆，梗洼浅、广；果肉厚度0.9cm，橙黄色，近核处颜色同肉色，肉质细而紧密，汁液较少，风味甜酸；鲜食品质稍差，制干品质较好。离核；可溶性固形物含量16%。

### 4. 生物学特性

中心主干生长力弱，徒长枝数目少，萌芽力中等，发枝力中等，新梢一年平均长40cm左右，生长势中等；开始结果年龄4年，进入盛果期年龄6年；长果枝占6%，中果枝占12%，短果枝占50%，以短果枝和花束状短果枝结果为主；单株产量较高，大小年显著。萌芽期3月中旬，开花期4月上旬，果实采收期6月上旬，落叶期11月上旬。

## 品种评价

该品种产量较高，抗干旱和瘠薄的能力强。鲜食品质稍差，制干品质好。

生境

植株

叶片

果实

# 西厢杏1号

*Armeniaca vulgaris* L.'Xixiangxing 1'

调查编号：CAOQFMYP082

所属树种：杏 *Armeniaca vulgaris* L.

提 供 人：张纹歌
电　　话：18503582888
住　　址：山西省永济市栲栳镇青台村

调 查 人：曹秋芬、孟玉平、张春芬
邓　舒、肖　蓉、聂园军
董艳辉、侯丽媛、王亦学
电　　话：13753480017
单　　位：山西省农业科学院生物技术研究中心

调查地点：山西省永济市蒲州镇普救寺

地理数据：GPS数据（海拔：366m，经度：E110°19'41"，纬度：N34°50'46"）

## 生境信息

来源于当地，生长在寺庙院中，土壤质地为砂壤土，树龄30年。现存1株。

## 植物学信息

### 1. 植株情况

乔木；树势中等，树姿半开张，树形半圆形，树高5.6m，冠幅东西4.8m、南北6.0m，干高20cm，干周89cm，树皮块状裂，枝条较密。

### 2. 植物学特性

1年生枝条暗褐色，有光泽，平均长26cm，节间平均长2.2cm；皮孔大而密，椭圆形，凸起，明显；多年生枝条灰褐色；叶片卵圆形，长7.0cm、宽5.5cm，浓绿色，叶基部宽楔形，无褶皱，叶尖渐尖，叶边缘有锯齿，齿尖圆钝，有腺体；叶柄细长；花形普通形，花冠直径3.6cm，色泽较淡；花单生，花瓣白色，卵圆形，5枚；萼筒和萼片紫红色。

### 3. 果实性状

果实卵圆形，纵径3.5cm、横径3.7cm、侧径3.8cm；果面底色黄白，阳面彩色呈玫瑰红；缝合线宽深，两侧对称；果顶平圆或尖圆，梗洼深、广，果梗短；果皮中厚，少有绒毛；果肉厚度1.10cm，白色，近核处颜色同肉色，果肉各部成熟度一致；果肉质地松软，纤维少，细，汁液多，风味甜，香味浓；品质上等；苦仁，离核；可溶性固形物含量13.5%。

### 4. 生物学特性

中心主干生长力中等，萌芽力中等，发枝力中等，新梢一年平均长23cm，生长势中等；开始结果年龄4年，进入盛果期年龄6年；短果枝占85%，以短果枝和花束状短果枝结果为主；单株产量较高，大小年显著，单株平均产量40～50kg。萌芽期3月上旬，开花期4月上旬，果实采收期5月下旬至6月上旬。落叶期11月上旬。

## 品种评价

该品种产量较高，抗干旱和瘠薄的能力强。鲜食品质上等，成熟期易裂果。

生境

国家落叶果树农家品种资源库

采集编号：CAOQFMYP082
采集日期：2013-05-29
采集者：曹秋芬
采集地：中国山西省永济市蒲州镇普救寺西厢墙外
经纬度：N34° 50′ 46″ E110° 19′ 41″
海拔高度：366m 坡度： 坡向：
生境：庭院
伴生物种：
其他描述：高 m，乔木

地方名：西厢1号杏
野外鉴定：杏

花

采集编号（Coll.No.）：CAOQFMYP082
蔷薇科 Rosaceae
地方名 西厢1号杏
普通杏
*Prunus armeniaca* L.

叶片

果实

# 骆驼黄 1 号

*Armeniaca vulgaris* L.‘Luotuohuang 1’

调查编号：CAOQFMYP083

所属树种：杏 *Armeniaca vulgaris* L.

提 供 人：张纹歌
电　　话：18503582888
住　　址：山西省永济市栲栳镇青台村

调 查 人：曹秋芬、孟玉平、张春芬
邓　舒、肖　蓉、聂园军
董艳辉、侯丽媛、王亦学
电　　话：13753480017
单　　位：山西省农业科学院生物技术研究中心

调查地点：山西省永济市蒲州镇

地理数据：GPS数据（海拔：365m，经度：E110°15'21.07"，纬度：N34°50'41.68"）

## 生境信息

来源于当地，树龄9年，生长在成片的杏树栽培园中，是‘骆驼黄’的一株优良变异。果园土壤为砂壤土，本地是杏树栽培较多的村子。

## 植物学信息

### 1. 植株情况

乔木；树势健壮，树姿开张，树形开心形，处于人工修剪状态。树高3.5m、冠幅东西3.2m、南北3.5m、干高80cm、干周45cm，主干呈灰褐色，树皮丝状裂，枝条密度适中。

### 2. 植物学特性

1年生枝条红褐色，有光泽，平均长60cm、粗0.8cm，节间平均长2.0cm；皮孔较大，凸起明显，灰白色，数量稀少，椭圆形；多年生枝条灰褐色；叶片卵圆形或椭圆形，较大，长9.8cm、宽8.2cm，叶尖渐尖或急尖，叶基圆形，叶边锯齿圆钝，浓绿色，叶片平展，有光泽；叶柄较长，长度为4.7cm；花形普通形，花冠直径3.6cm，色泽较淡；花单生，花瓣白色，卵圆形，5枚；萼筒和萼片紫红色。

### 3. 果实性状

果实近圆形或扁圆形，纵径4.66cm、横径4.93cm、侧径4.13cm；平均果重52g，最大果重70g；果顶平圆或尖圆，顶凹浅或不明显；缝合线显著，两侧对称；梗洼较深、广；果皮黄色，阳面着红晕；果肉橙黄色，肉厚1.65cm，近核处颜色同肉色，果肉各部成熟度一致，肉质细软，汁液多，风味甜酸，香味淡，可溶性固形物含量11%。离核，品质上等。

### 4. 生物学特性

生长势强，新梢生长旺，枝条粗壮。萌芽力和发枝力较强。开始结果年龄2年，进入盛果期年龄5年；以短果枝结果为主。生理落果轻，采前落果轻。丰产，大小年不显著。自花结实率很低。在当地萌芽期3月下旬，开花期4月上旬，果实采收期5月下旬，落叶期10月下旬。比普通‘骆驼黄’早成熟7～10天。

## 品种评价

该品种是‘骆驼黄’的一株变异，果实较大，整齐，外观漂亮，提早成熟，品质上等。

生境

国家落叶果树农家品种资源库

采集编号：CAOQFMYP083
采集日期：2013-05-29
采集者：曹秋芬
采集地：中国山西省永济市黄河滩

经纬度：N34°50′46″ E110°19′41″
海拔高度：365m 坡度： 坡向：
生境：
伴生物种：
其他描述：高 m，乔木

地方名：骆驼黄杏
野外鉴定：杏

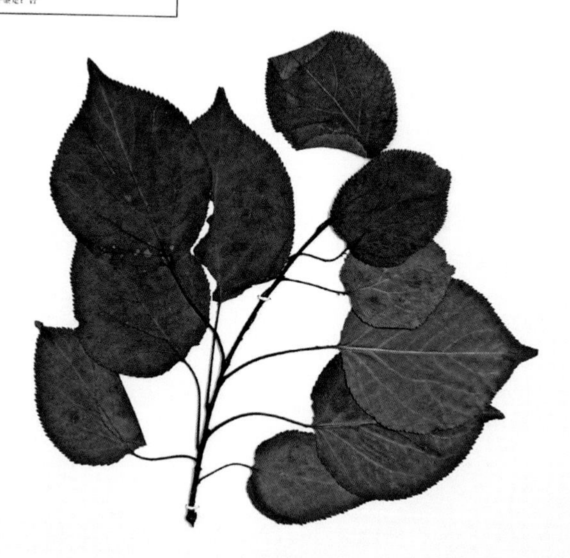

采集编号（Coll.No.）：CAOQFMYP083
蔷薇科 Rosaceae
地方名 骆驼黄杏
普通杏
*Prunus armeniaca* L.
鉴定人（Det.）：曹秋芬 2013-09-02

叶片

花

果实

# 吴闫甜

*Armeniaca vulgaris* L. 'Wuyantian'

调查编号：CAOQFMYP084

所属树种：杏 *Armeniaca vulgaris* L.

提 供 人：陈永顺
电　　话：13935974201
住　　址：山西省永济市虞乡镇土乐村

调 查 人：曹秋芬、孟玉平、张春芬
邓　舒、肖　蓉、聂园军
董艳辉、侯丽媛、王亦学
电　　话：13753480017
单　　位：山西省农业科学院生物技术研究中心

调查地点：山西省永济市虞乡镇土乐村

地理数据：GPS数据（海拔：355m，经度：E110°44'24.8"，纬度：N34°52'29.4"）

## 生境信息

来源于当地，生长在田间地边，树龄60年，最大树龄100年，土壤为砂壤土，伴生植物为农作物，少量零星分布，无集中栽培。

## 植物学信息

### 1. 植株情况

乔木；树体高大，生长势健壮，树高10m，冠幅东西9m、南北9.4m，干高1.8m，干周120cm。主干呈灰褐色，树皮丝状裂，枝条密度较密。

### 2. 植物学特性

1年生枝条红褐色，有光泽，平均长20cm，节间平均长1.6cm，粗壮；皮孔较大，凸起，椭圆形，明显，灰白色，数量稀少；多年生枝条灰褐色；叶片卵圆形或椭圆形，长9.1cm、宽7.1cm，叶尖渐尖或急尖，叶基宽楔形，叶边锯齿圆钝，淡绿色，叶片平展，有光泽；叶柄较长，长4.2cm；花形普通形，花冠直径3.6cm，色泽较淡；花单生，花瓣白色，卵圆形，5枚；萼筒和萼片紫红色。

### 3. 果实性状

果实圆形或扁圆形，纵径4.1cm、横径4.7cm、侧径4.62cm；平均果重43.7g，最大果重58g；果皮底色浅绿，阳面彩色呈紫红；缝合线细浅，两侧对称；果顶平圆，微凹，梗洼深、广；果肉厚度1.5cm，黄白色，近核处颜色同肉色，果肉各部成熟度一致，肉质纤维中，风味甜，香味中，甜仁，离核；可溶性固形物含量10%。

### 4. 生物学特性

树体高大，生长势强，新梢生长旺，枝条粗壮。萌芽力和发枝力较强。开始结果年龄3年，进入盛果期年龄5年；以短果枝结果为主。生理落果轻，采前落果轻。丰产，大小年不显著。萌芽期3月下旬，开花期4月上旬，果实采收期5月下旬，落叶期11月中旬。

## 品种评价

该品种抗旱性强，耐瘠薄，对土壤要求不严，品质上等，在当地早有零星种植，多分布于地埂、路边、水渠边。

生境

花

植株

叶片

果实

# 扁扁甜

*Armeniaca vulgaris* L. ‘Bianbiantian’

调查编号：CAOQFMYP085

所属树种：杏 *Armeniaca vulgaris* L.

提 供 人：陈永顺
电　　话：13935974201
住　　址：山西省永济市虞乡镇土乐村

调 查 人：曹秋芬、孟玉平、张春芬
邓　舒、肖　蓉、聂园军
董艳辉、侯丽媛、王亦学
电　　话：13753480017
单　　位：山西省农业科学院生物技术研究中心

调查地点：山西省永济市虞乡镇土乐村

地理数据：GPS数据（海拔：355m，经度：E110°44'24.8"，纬度：N34°52'29.4"）

## 生境信息

来源于当地，树龄30余年，多零星分布于田间地边，也有成片栽培的10年生以下的树。栽植地为砂壤土，土壤欠肥沃，伴生植物为小麦等农作物。

## 植物学信息

### 1. 植株情况

乔木；树势健壮，树姿半开张，树形圆头形，树高7.5m，冠幅东西7.1m、南北7.3m，干高130cm，干周71cm，主干呈褐色，树皮丝状裂，枝条密度较密。

### 2. 植物学特性

1年生枝条紫红色，有光泽，长度31cm，节间平均长2.5cm；皮孔较小，圆形，凸起，较多；叶片椭圆形或卵圆形，长9.5cm、宽7.0cm，浓绿色，叶基楔形，叶尖渐尖，叶边锯齿圆钝，齿间有腺体；叶柄较长，长4.4cm；花芽大小中等，顶花芽圆锥形；花形铃形，花瓣白色，卵圆形，5枚；萼筒和萼片紫红色。

### 3. 果实性状

果实椭圆形或扁椭圆形，纵径4.85cm、横径4.82cm、侧径4.2cm；平均果重39.5g，最大果重44g；果皮底色浅绿，阳面彩色呈玫瑰红；缝合线不显著，两侧对称；果顶短圆，顶洼浅；梗洼深、广；果肉白色，厚度1.35cm，近核处颜色同肉色，果肉各部成熟度一致，肉质细软，纤维中等，汁液少；风味甜酸，香味中浓。核中等大小，离核；可溶性固形物含量12%。

### 4. 生物学特性

树势生长较强健，萌芽力强，发枝力中等，开始结果年龄3年，进入盛果期年龄5～7年；以短果枝和花束状短果枝结果为主。采前落果少，产量中等，大小年不显著。萌芽期3月下旬，开花期4月中旬，果实采收期6月中旬，落叶期10月下旬。

## 品种评价

该品种抗旱性较强，不耐涝，成熟期下雨易裂果，果实品质中等，鲜食加工皆宜。

生境

植株

花

叶片

果实

# 临东甜

*Armeniaca vulgaris* L. 'Lindongtian'

调查编号：CAOQFMYP086

所属树种：杏 *Armeniaca vulgaris* L.

提 供 人：陈永顺
电　　话：13935974201
住　　址：山西省永济市虞乡镇土乐村

调 查 人：曹秋芬、孟玉平、张春芬
邓　舒、肖　蓉、聂园军
董艳辉、侯丽媛、王亦学
电　　话：13753480017
单　　位：山西省农业科学院生物技术研究中心

调查地点：山西省永济市虞乡镇土乐村

地理数据：GPS数据（海拔：355m，经度：E110°44'24.8"，纬度：N34°52'29.4"）

## 生境信息

来源于当地，树龄22年，有零星分布，也有少量集中栽培，最大树龄100年。田间生境，伴生农作物，土壤为砂壤土。

## 植物学信息

### 1. 植株情况

乔木；树势较强，树姿半开张，树形多主枝圆头形，树高5.9m，冠幅东西5.9m、南北5.8m，干高45cm，干周62cm，主干呈褐色，树皮丝状裂，枝条密度中等。

### 2. 植物学特性

1年生枝条灰褐色，有光泽，长度32cm，皮孔较大，数量中等，椭圆形，明显；叶片卵圆形，长8.5cm、宽5.5cm，较厚，浓绿色，叶基圆形或宽楔形，近叶基部无褶皱，叶边锯齿圆钝，齿间有腺体；叶柄较长，4.0cm；结果枝上花芽多，花芽大小中等；花形普通形，花冠直径3.0cm，花瓣白色，卵圆形，5枚。

### 3. 果实性状

果实圆形或扁圆形，纵径4.68cm、横径5.1cm、侧径5.12cm；平均果重65.4g，最大果重72g；果皮底色浅绿，阳面彩色呈紫红；缝合线宽浅，两侧对称；果顶下凹；梗洼深、广；果肉乳黄色，近核处颜色同肉色，果肉各部成熟度一致；果肉厚度1.45cm，肉质细软，纤维中，汁液中，风味甜，香味中，品质上等。甜仁，离核。可溶性固形物含量15%。

### 4. 生物学特性

树体自然生长高大，中心主干生长力弱，萌芽力强，发枝力中；开始结果年龄3年，进入盛果期年龄6～7年；以短果枝结果为主；采前落果少，单株产量较高。大小年结果不显著。萌芽期3月中旬，开花期4月初旬，果实采收期5月末至6月上旬，落叶期10月中、下旬。

## 品种评价

该品种产量较高，抗旱性、抗寒性较强，果个大，整齐一致，外观漂亮，鲜食品质上等。不易裂果。较耐运输。

植林

花

叶片

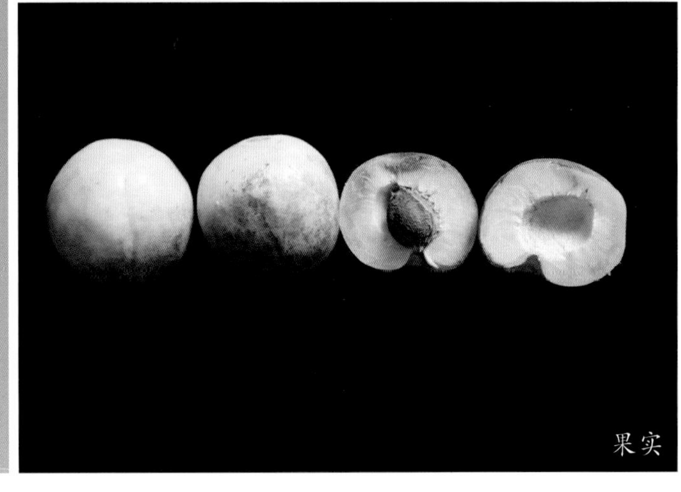

果实

# 阳兰甜

*Armeniaca vulgaris* L.'Yanlantian'

调查编号：CAOQFMYP087

所属树种：杏 *Armeniaca vulgaris* L.

提 供 人：陈永顺
电　　话：13935974201
住　　址：山西省永济市虞乡镇土乐村

调 查 人：曹秋芬、孟玉平、张春芬
邓　舒、肖　蓉、聂园军
董艳辉、侯丽媛、王亦学
电　　话：13753480017
单　　位：山西省农业科学院生物技术研究中心

调查地点：山西省永济市虞乡镇土乐村

地理数据：GPS数据（海拔：323m，经度：E110°44'26.2"，纬度：N34°52'30.4"）

## 生境信息

来源于当地，树龄50年，生长在沙滩地，土壤为黄色砂砾土。有零星栽植和少量成片栽植，现存最大树树龄为100年。属于当地的一个老品种。

## 植物学信息

### 1. 植株情况

乔木；树冠自然圆头形，树姿半开张，树高12m，冠幅东西8m、南北8m，干高2.5m，干周110cm。主干呈褐色，树皮丝状裂，枝条密度中等。

### 2. 植物学特性

1年生枝条红褐色，有光泽，长度20cm，节间平均长1.3cm，皮孔小，较密，圆形，凸起；叶片卵圆形，大小中等，长8.2cm、宽6.8cm，浅绿色；叶片平整，有光泽，中等厚度，叶基圆形或宽楔形，叶边锯齿圆钝，齿间有腺体；叶柄较细长，长6.5cm，略带红色。花形普通形，花冠直径3.0cm，花瓣白色，卵圆形，5枚。

### 3. 果实性状

果实扁圆形，纵径4.2cm、横径4.5cm、侧径3.8cm；平均果重27.9g，最大果重34g；果皮底色浅绿；阳面彩色呈紫红；缝合线细浅，两侧对称；果顶平齐，顶微凹；梗洼较浅、广；果肉黄白色，厚度0.9cm，近核处颜色同肉色，果肉各部成熟度一致；肉质较细，纤维中等，汁液中多，风味甜酸，香味中，品质上等；核中等大小，甜仁，离核。可溶性固形物含量12.3%。成熟期裂果严重。

### 4. 生物学特性

树体自然生长高大，萌芽力强，发枝力中；开始结果年龄3年，进入盛果期年龄6~7年；以短果枝结果为主；采前落果多，单株产量较低，大小年显著；萌芽期3月中旬，开花期4月上旬，果实采收期5月下旬，落叶期10月上旬。

## 品种评价

该品种抗旱性较强，品质上等，鲜食和制干都适宜。采前裂果较严重，产量较低，大小年结果现象明显。

植株

花

叶片

果实

结果状

# 土乐杏1号

*Armeniaca vulgaris* L.'Tulexing 1'

调查编号：CAOQFMYP088

所属树种：杏 *Armeniaca vulgaris* L.

提 供 人：陈永顺
电　　话：13935974201
住　　址：山西省永济市虞乡镇土乐村

调 查 人：曹秋芬、孟玉平、张春芬
邓 舒、肖 蓉、聂园军
董艳辉、侯丽媛、王亦学
电　　话：13753480017
单　　位：山西省农业科学院生物技术研究中心

调查地点：山西省永济市虞乡镇土乐村

地理数据：GPS数据（海拔：323m，经度：E110°44'26.2"，纬度：N34°52'30.4"）

## 生境信息

来源于当地，树龄30年，生长在成片栽植的杏林中，品种混杂，管理粗放，基本为自然生长状态。土壤为砂壤土，土壤贫瘠，地形为河滩平地。也有少量零星栽植。

## 植物学信息

### 1. 植株情况

乔木；树体高大，生长势强，树冠自然圆头形，树高15m，冠幅东西12m、南北12m，干高1.5m，干周80~100cm。主干呈褐色，树皮丝状裂，枝条密度中等。

### 2. 植物学特性

1年生枝条红褐色，有光泽，长度43cm，节间平均长2.7cm，粗度中等；皮孔较大，凸起，椭圆形，稀疏；叶片椭圆形，长6.9cm、宽4.6cm，厚度中等，深绿色；叶基楔形，叶尖渐尖，叶缘锯齿钝圆，叶柄长4.6cm，略带红色；花形铃形，花瓣白色，卵圆形，5枚；萼片5枚，紫红色；雌蕊1枚。

### 3. 果实性状

果实圆形，纵径3.4cm、横径3.95cm、侧径3.61cm；平均果重22.9g，最大果重27g；果皮底色橙黄，阳面彩色呈紫红；缝合线宽浅，两侧对称；果顶平齐，顶洼无或浅；梗洼较浅、广；果肉黄色，厚度1.0cm，近核处果肉颜色同肉色，果肉成熟略微不一致；肉质松软，纤维多，较粗，汁液中，风味甜，香味中。核中大，苦仁，离核。可溶性固形物含量11%。

### 4. 生物学特性

树体自然生长强，树体高大，生长量大，树势强。开始结果年龄3~4年，进入盛果期年龄6~7年；以短果枝和花束状短果枝结果为主；采前落果较多，产量较高；萌芽期3月中旬，开花期4月上旬，果实采收期6月上旬，落叶期10月下旬。

## 品种评价

该品种可能是当地自然杂交的实生类型，品质中等，鲜食和加工皆宜。产量较高，采前落果严重。较抗旱，耐瘠薄，对土壤的要求不严格，尤其较耐盐碱。

生境

国家落叶果树农家品种资源库

采集编号：CAOQFMYP088
采集日期：2013-05-30
采集者：曹秋芬
采集地：中国山西省永济市虞乡镇土乐村

经纬度：N34° 52′ 30.4″ E110° 44′ 26.2″
海拔高度：323m 坡度： 坡向：
生境：田间
伴生物种：
其他描述：高 15m，乔木

地方名：土乐 1 号杏
野外鉴定：杏

叶片

果实

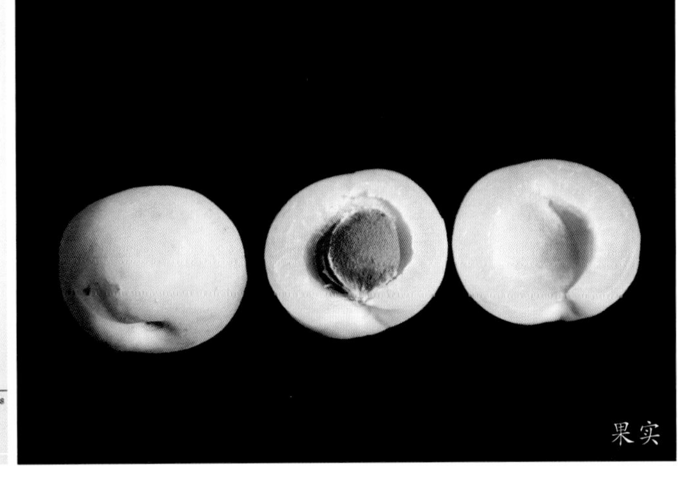

果实

# 土乐杏 2 号

*Armeniaca vulgaris* L. 'Tulexing 2'

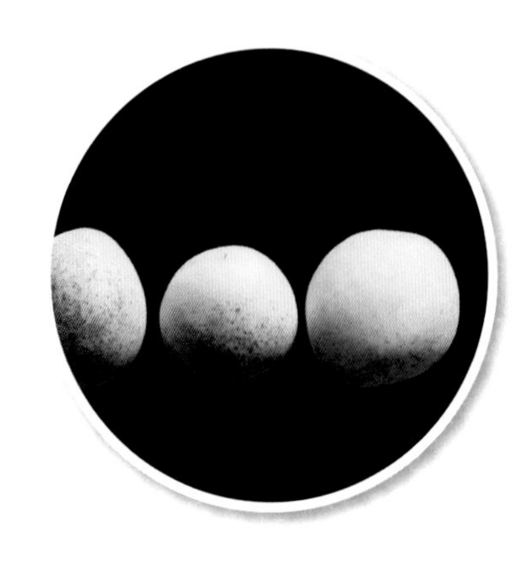

调查编号：CAOQFMYP089

所属树种：杏 *Armeniaca vulgaris* L.

提 供 人：陈永顺
电　　话：13935974201
住　　址：山西省永济市虞乡镇土乐村

调 查 人：曹秋芬、孟玉平、张春芬
邓　舒、肖　蓉、聂园军
董艳辉、侯丽媛、王亦学
电　　话：13753480017
单　　位：山西省农业科学院生物技术研究中心

调查地点：山西省永济市虞乡镇土乐村

地理数据：GPS数据（海拔：323m，经度：E110°44'26.2"，纬度：N34°52'30.4"）

## 生境信息

来源于当地，最大树龄20多年，生长在品种混杂的杏林中，疏于管理。地形为滩涂平地，砂壤土，树下间作农作物。

## 植物学信息

### 1. 植株情况

乔木；树体高大，树势中等，树冠自然圆头形，树高8m，冠幅东西6m、南北7m，干高2m，干周40cm。主干呈褐色，树皮丝状裂，枝条密度中等。

### 2. 植物学特性

1年生枝条褐红色，无光泽，平均长50cm，节间平均长2.8cm，粗度中等；皮孔较大，圆形，分布稀疏，凸起；叶片圆形或卵圆形，长4.2cm、宽4.3cm，深绿色；叶基平圆，叶尖渐尖，叶缘具钝圆锯齿；叶片厚度中等，叶柄长3.5cm，中等粗细，略带红色。花形铃形，花瓣白色，卵圆形，5枚；萼片5枚，紫红色；雌蕊1枚。

### 3. 果实性状

果实近圆形，纵径4.32cm、横径4.35cm、侧径3.75cm；平均果重33.8g，最大果重37g；果皮底色绿黄，阳面分布点状红晕；果点小，不明显；缝合线宽浅，两侧对称；果顶平齐，顶洼无；梗洼浅、广；果肉乳黄色，肉厚度1.0cm，近核处颜色同肉色，果肉各部成熟度一致；肉质细软，纤维少，汁液中，风味甜酸，香味淡。果核较大，苦仁，离核。可溶性固形物含量15%。

### 4. 生物学特性

树体自然生长强，树体高大，发枝力强，生长量大，树势强。开始结果年龄3～4年，进入盛果期年龄6～7年。以短果枝和花束状短果枝结果为主。生理落果较多，有采前落果现象，产量中等。萌芽期3月中旬，开花期4月上旬，果实采收期6月上旬，落叶期11月上旬。

## 品种评价

该品种可能是当地杏林中自然杂交的实生种，产量较高，果实大小不整齐。品质中等，鲜食和加工皆宜。较抗旱，耐瘠薄，对土壤的要求不严格，尤其较耐盐碱。

生境

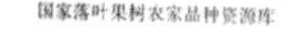
国家落叶果树农家品种资源库

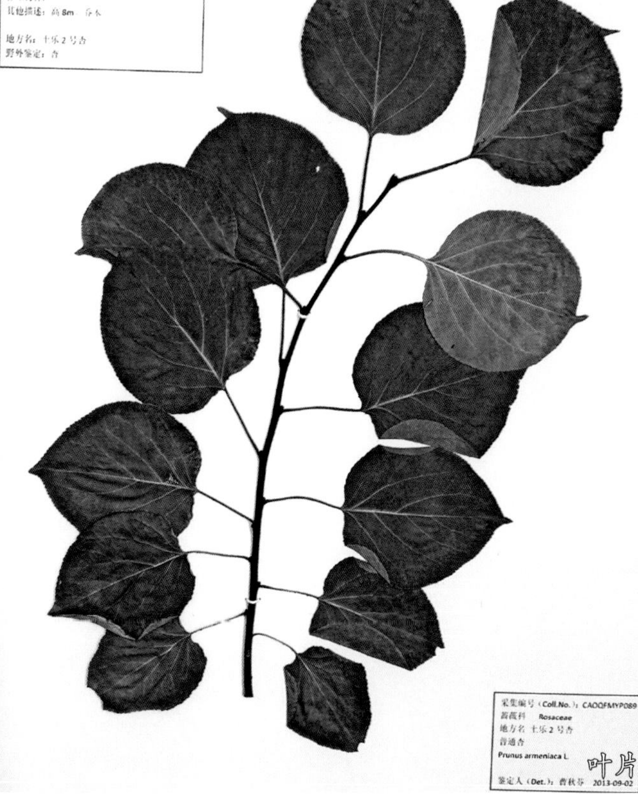
采集编号：CAOQFMYP089
采集日期：2013-05-30
采集者：曹秋芬
采集地：
经纬度：N34° 52′ 30.4″ E110° 44′ 26.2″
海拔高度：323m 坡度： 坡向：
生境：田间
伴生物种：
其他描述：高 8m 乔木
地方名：土乐2号杏
野外鉴定：杏
采集编号（Coll.No.）：CAOQFMYP089
蔷薇科 Rosaceae
地方名 土乐2号杏
普通杏
Prunus armeniaca L.
叶片
鉴定人（Det.）：曹秋芬 2013-09-02

花

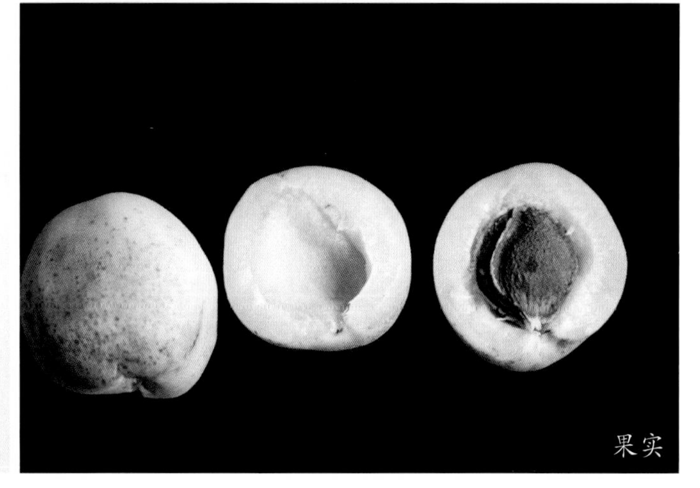
果实

# 永胜胭脂红

*Armeniaca vulgaris* L.
'Yongshengyanzhihong'

调查编号：CAOQFMYP090

所属树种：杏 *Armeniaca vulgaris* L.

提 供 人：孙恒敏
电　　话：0359－8268038
住　　址：山西省永济市城东街道永胜庄

调 查 人：曹秋芬、孟玉平、张春芬
邓　舒、肖　蓉、聂园军
董艳辉、侯丽媛、王亦学
电　　话：13753480017
单　　位：山西省农业科学院生物技术研究中心

调查地点：山西省永济市城东街道永胜庄

地理数据：GPS数据（海拔：376m，经度：E110°37'13.9"，纬度：N34°50'47"）

## 生境信息

来源于当地，树龄12年，生长在田间成片种植的杏树园，栽植形式与管理技术都不规范。树下间作小麦，土壤质地为砂壤土，地形为平地。房前屋后也有零星分布。

## 植物学信息

### 1. 植株情况

乔木；树体生长强壮，树冠自然圆头形，无中心干，树高3.5m，冠幅东西3.4m、南北3.6m，主干高80～100cm，呈褐色，树皮丝状裂，枝条密度中等。

### 2. 植物学特性

1年生枝条褐色，有光泽，平均长45cm，节间平均长2.8cm，粗度中等；皮孔小，分布密，椭圆形，较明显；叶片椭圆形或卵圆形，叶片长9.2cm、宽7.2cm，中等厚度，深绿色；叶基宽楔形，叶尖渐尖，叶缘锯齿圆钝；叶柄长7.5cm，粗细中等，略带红色；花芽中等大小，圆锥形；花形铃形，花瓣白色，卵圆形，5枚；萼片5枚，紫红色；雌蕊1枚。

### 3. 果实性状

果实圆形，纵径4.38cm、横径4.7cm、侧径4.36cm；平均果重44.6g，最大果重51g；果顶短圆，顶微凹；梗洼广；果皮底色黄绿，阳面彩色呈片状玫瑰红；缝合线宽浅，两侧不对称；果肉绿黄色，肉厚度1.2cm，近核处颜色同肉色，果肉各部成熟度一致；果肉质地致密，纤维细，汁液多，风味甜，香味浓，品质上等。核中等大小，苦仁，粘核；可溶性固形物含量11%。

### 4. 生物学特性

树体高大，自然生长力强，萌芽力和发枝力强。开始结果年龄2～3年，进入盛果期年龄5年；以短果枝和花束状短果枝结果为主。生理落果多，采前落果重，产量较低，大小年显著。萌芽期3月中旬，开花期4月上旬，果实采收期6月上旬，落叶期10月下旬。

## 品种评价

该品种较抗旱，耐瘠薄，对土壤的要求不严格，尤其较耐盐碱。产量不高，且不稳定，采前落果重。品质上等，鲜食和加工皆宜。

植株

叶片

果实

# 永胜小白甜

*Armeniaca vulgaris* L.
'Yongshengxiaobaitian'

调查编号：CAOQFMYP091

所属树种：杏 *Armeniaca vulgaris* L.

提 供 人：孙恒敏
电　　话：0359－8268038
住　　址：山西省永济市城东街道永胜庄

调 查 人：曹秋芬、孟玉平、张春芬
邓　舒、肖　蓉、聂园军
董艳辉、侯丽媛、王亦学
电　　话：13753480017
单　　位：山西省农业科学院生物技术研究中心

调查地点：山西省永济市城东街道永胜庄

地理数据：GPS数据（海拔：376m，经度：E110°37'13.9"，纬度：N34°50'47"）

## 生境信息

来源于当地，树龄15年，生长于良好耕地，杏粮间作，土壤为砂壤土，地势平坦。也有房前屋后零星分布。

## 植物学信息

### 1. 植株情况

乔木；树势中等，树冠多主枝圆头形，树高4m，冠幅东西3.8m，南北4m，主干高60cm，干周41cm。主干呈褐色，树皮丝状裂，枝条密度中等。

### 2. 植物学特性

1年生枝条褐色，无光泽，平均长65cm，节间平均长1.8cm，粗度中等。皮孔小，圆形或椭圆形，较密；叶片卵圆形或椭圆形，叶片长5.2cm、宽4.8cm，叶基宽楔形，叶尖急尖，叶缘锯齿圆钝；叶中等厚度，淡绿色；叶柄长3.4cm，粗细中等；花形铃形，花瓣白色，卵圆形，5枚；萼片5枚，紫红色；雌蕊1枚。

### 3. 果实性状

果实圆形，纵径3.37cm、横径3.66cm、侧径3.5cm；平均果重24.1g，最大果重33g；果顶平圆，顶微凹；梗洼浅、广；果皮底色绿黄，阳面橙黄色；缝合线浅、广，两侧对称；果肉乳黄色，近核处颜色同肉色，果肉各部成熟度一致；果肉质地致密，厚度0.8cm，纤维中，汁液中，风味甜，香味淡。甜仁，离核，核大小中等。可溶性固形物含量10%。

### 4. 生物学特性

树体大小中等，生长势中等，萌芽力强，发枝力强，新梢较多。开始结果年龄2～3年，进入盛果期年龄6～7年；以短果枝和花束状短果枝结果为主。生理落果少，采前落果少，产量较高，大小年不显著。萌芽期3月中旬，开花期4月上旬，果实采收期6月下旬，落叶期10月上旬。

## 品种评价

该品种较耐旱，也耐涝，耐瘠薄，耐盐碱，对土壤的要求不严格。产量较高，稳定。品质上等，鲜食和加工皆宜。

植株

果实

叶片

# 土乐大红袍

*Armeniaca vulgaris* L.‘Tuledahongpao’

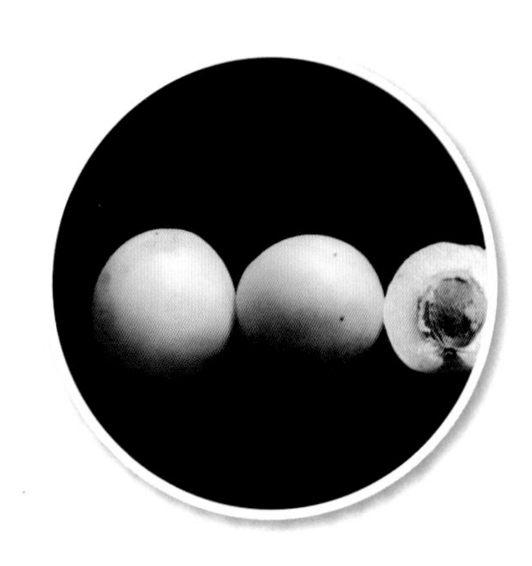

调查编号：CAOQFMYP092

所属树种：杏 *Armeniaca vulgaris* L.

提 供 人：陈永顺
电　　话：13935974201
住　　址：山西省永济市虞乡镇土乐村

调 查 人：曹秋芬、孟玉平、张春芬
邓　舒、肖　蓉、聂园军
董艳辉、侯丽媛、王亦学
电　　话：13753480017
单　　位：山西省农业科学院生物技术研究中心

调查地点：山西省永济市虞乡镇土乐村

地理数据：GPS数据（海拔：355m，经度：E110°44'24.8"，纬度：N34°52'29.4"）

## 生境信息

来源于当地，树龄18年，是当地的老品种，生长于山麓坡地，属于非耕地，土层浅，砂石多。庭院、房前屋后也有零星分布。

## 植物学信息

### 1. 植株情况

乔木；树势中等，树姿开张，树冠圆头形，树高6.1m，冠幅东西5.8m、南北5.9m，干高120cm，干周62cm，主干呈褐色，树皮丝状裂，枝条密度中等。

### 2. 植物学特性

1年生枝条褐红色，有光泽，平均长35cm，节间平均长1.8cm，粗度中等；皮孔小，圆形或椭圆形，较密；叶片卵圆形，叶片长8.4cm、宽6.2cm，中等厚度，深绿色；叶基宽楔形，叶尖渐尖或急尖，叶缘锯齿钝圆；叶柄长度中等，带红色；花形铃形，花瓣白色，卵圆形，5枚；萼片5枚，紫红色；雌蕊1枚。

### 3. 果实性状

果实圆形，纵径4.45cm、横径4.59cm、侧径4.5cm；平均果重42.8g，最大果重48g；果皮底色乳黄，阳面彩色呈片状玫瑰红；缝合线不明显，两侧对称；果顶平圆，顶凹不明显；梗洼中深、中广；果肉厚度1.0cm，橙黄色，近核处颜色同肉色，果肉各部成熟度一致；果肉质地松软，纤维少，汁液多，风味甜，香味中，品质上等。核中等大，苦仁；离核。

### 4. 生物学特性

树体大小中等，生长势中等，萌芽力和发枝力中等。开始结果年龄3～4年，进入盛果期年龄6～7年；以短果枝结果为主；采前落果少，产量高，大小年不显著。萌芽期3月中旬，开花期4月上旬，果实采收期5月下旬，落叶期10月上旬。

## 品种评价

该品种较耐旱，也耐涝，耐瘠薄，耐盐碱，对土壤的要求不严格。产量较高，稳定。品质上等，鲜食和加工皆宜。

植株
果实
叶片

# 朱皮李杏

*Armeniaca vulgaris* L.'Zhupilixing'

调查编号：CAOQFMYP093

所属树种：杏 *Armeniaca vulgaris* L.

提 供 人：陈永顺
电　　话：13935974201
住　　址：山西省永济市虞乡镇土乐村

调 查 人：曹秋芬、孟玉平、张春芬
邓　舒、肖　蓉、聂园军
董艳辉、侯丽媛、王亦学
电　　话：13753480017
单　　位：山西省农业科学院生物技术研究中心

调查地点：山西省永济市虞乡镇土乐村

地理数据：GPS数据（海拔：355m，经度：E110°44'24.8"，纬度：N34°52'29.4"）

## 生境信息

来源于当地，树龄16年，生长在田间，土壤为砂壤土，伴生植物为农作物、枣树等。庭院、房前屋后也有零星分布。

## 植物学信息

### 1. 植株情况

乔木；树势中等，树姿开张，树冠半圆形，树高3.7m，冠幅东西3.9m、南北3.8m，干高45cm，干周52cm，主干呈褐色，树皮丝状裂，枝条密度中等。

### 2. 植物学特性

1年生枝条褐红色，有光泽，平均长40cm；皮孔较大，凸起，椭圆形，分布较稀；叶片卵圆形，叶片长8.7cm、宽6.5cm，叶基宽楔形，叶尖急尖或渐尖，叶缘锯齿钝圆；叶厚中等，深绿色；叶柄长度中等，带红色；花芽大小中等，圆锥形；花形铃形，花瓣白色，卵圆形，5枚；萼片5枚，紫红色；雌蕊1枚。

### 3. 果实性状

果实圆形，纵径3.9cm、横径4.4cm、侧径4.3cm；平均果重31.2g，最大果重42g；果皮底色绿黄，阳面彩色呈玫瑰红；缝合线细、浅，两侧对称；果顶平圆，微凹，梗洼中深、中广；果肉厚度0.85cm，绿白色，近核处颜色同肉色，果肉各部成熟度一致；果肉质地松软，汁液少，风味甜，品质上等；苦仁，离核。

### 4. 生物学特性

树势生长中等，萌芽力强，发枝力较弱，开始结果年龄3～4年，进入盛果期年龄6～7年；以短果枝结果为主；采前落果少，单株平均产量较高；萌芽期3月中旬，开花期4月上旬，果实采收期6月上旬，落叶期11月上旬。

## 品种评价

该品种是当地古老品种，风味独特，除了杏的香味外，还具有李某些香味，所以叫李杏。产量较高，稳定。品质上等，鲜食和加工皆宜。

植株
果实
叶片

# 里熟甜核

*Armeniaca vulgaris* L.‘Lishutianhe’

调查编号：CAOQFMYP094

所属树种：杏 *Armeniaca vulgaris* L.

提 供 人：郭石冲
电　　话：15935961295
住　　址：山西省运城市夏县瑶峰镇下埝底村九组

调 查 人：曹秋芬、孟玉平、张春芬、邓　舒、肖　蓉、聂园军、董艳辉、侯丽媛、王亦学
电　　话：13753480017
单　　位：山西省农业科学院生物技术研究中心

调查地点：山西省运城市夏县瑶峰镇下埝底村

地理数据：GPS数据（海拔：449m，经度：E111°12'34.1"，纬度：N35°05'55.7"）

## 生境信息

来源于当地，树龄20多年，成片集中栽培，也有零星分布。田间生境，地形为平整耕地，土壤为砂壤土。

## 植物学信息

### 1. 植株情况

乔木；树势强壮，树姿开张，树冠圆头形，树高5m，冠幅东西5m、南北4.5m，干高0.5m，干周87cm。主干呈褐色，树皮丝状裂，枝条密度中等。

### 2. 植物学特性

1年生枝条褐色，有光泽，平均长78cm，节间平均长6.8cm，粗度中等，平均1.1cm；皮孔较大，凸起，椭圆形，分布较稀；叶片卵圆形，大小中等，长8.1cm、宽6.3cm，中等厚度，深绿色；叶柄长4.1cm；叶片平展，叶基平圆，叶尖渐尖，叶缘锯齿圆钝；花芽中等大小，顶端圆锥形；花形铃形，花瓣白色，卵圆形，5枚；萼片5枚，紫红色；雌蕊1枚。

### 3. 果实性状

果实圆形或扁圆形，纵径4.66cm、横径5.17cm、侧径4.93cm；果面平整光滑，底色绿白，着色橙黄；缝合线细浅，两侧基本对称；果顶平圆，顶凹浅；梗洼深、中广；果肉乳黄色，厚度1.5cm，近核处颜色同肉色，果肉各部成熟度一致；果肉质地致密，纤维少，细，汁液中，风味甜，香味中。品质极上。核中等大，甜仁，离核。可溶性固形物含量13.5%。

### 4. 生物学特性

树势强壮，萌芽力高，发枝力强，自然生长一般为圆头形。新梢一年平均生长量达70cm以上；开始结果年龄3～4年，进入盛果期年龄6～7年；短果枝结果为主，结果枝上花芽多、叶芽少，采前落果少，产量较高，大小年不显著；萌芽期3月中旬，开花期4月上旬，果实采收期6月中旬，落叶期11月上旬。

## 品种评价

该品种抗旱力强，对春寒也有一定抵抗力。对土壤的要求不严格。丰产性好，产量稳定，果个大小整齐一致，果实由内部向外部成熟。鲜食品质和加工品质俱佳。

生境

采集编号：CAOQFMYP094
采集日期：2013-06-05
采集者：曹秋芬
采集地：中国山西省夏县瑶峰镇下留村

经纬度：N35°05′55.7″ E111°12′34.1″
海拔高度：449m 坡度： 坡向：
生境：田间
伴生物种：
其他描述：高5m，乔木

地方名：里熟甜核杏
野外鉴定：杏

采集编号（Coll.No.）：CAOQFMYP094
蔷薇科 Rosaceae
地方名 里熟甜核杏
普通杏
*Prunus armeniaca* L.

叶片

植株

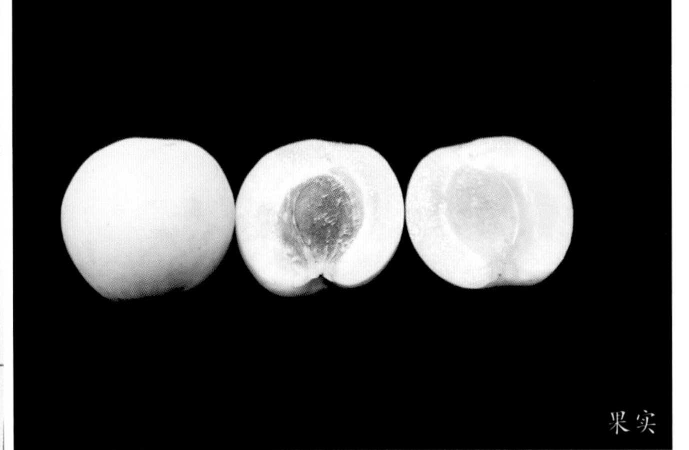

果实

# 下留杏1号

*Armeniaca vulgaris* L.'Xialiuxing 1'

调查编号：CAOQFMYP095

所属树种：杏 *Armeniaca vulgaris* L.

提 供 人：刘冲江
电　　话：13467211601
住　　址：山西省运城市夏县瑶峰镇下留村

调 查 人：曹秋芬、孟玉平、张春芬、邓 舒、肖 蓉、聂园军、董艳辉、侯丽媛、王亦学
电　　话：13753480017
单　　位：山西省农业科学院生物技术研究中心

调查地点：山西省运城市夏县瑶峰镇下留村

地理数据：GPS数据（海拔：434m，经度：E111°12'33.9"，纬度：N35°05'55.3"）

## 生境信息

来源于当地，树龄22年，生长在梨树园中，土壤为砂壤土。现存1株，为自然实生种。

## 植物学信息

1. 植株情况

乔木；树势强健，树姿半开张，树冠自然圆头形；树高6m、冠幅东西5m、南北4.6m、干高0.6m、干周70m。主干呈褐色，树皮丝状裂，枝条密度大。

2. 植物学特性

1年生枝条褐红色，有光泽，平均长45cm；皮孔较大，灰白色，椭圆形，分布较稀；多年生枝条灰褐色；叶片卵圆形，大小中等，长8.3cm、宽6.4cm，中等厚度，深绿色；叶柄长度4.2cm；叶片平展，叶基宽楔形，叶尖渐尖，叶缘锯齿圆钝；花芽大小中等，圆锥形；花形铃形，花瓣白色，卵圆形，5枚；萼片5枚，紫红色；雌蕊1枚。

3. 果实性状

果实圆形，纵径5.34cm、横径5.36cm、侧径5.45cm；平均果重92g；果皮底色浅绿，阳面彩色呈斑点状红晕，缝合线较深，两侧基本对称；果顶下凹明显；梗洼深、中广；果肉乳黄色，厚度1.73cm，近核处颜色同肉色，果肉各部成熟度一致；肉质纤维少，细，汁液中，风味甜，香味浓；品质极上；核甜仁，离核；可溶性固形物含量12%。

4. 生物学特性

萌芽力和发枝力强，新梢一年平均生长量45cm以上。开始结果年龄3~4年，进入盛果期年龄6~7年；结果枝上花芽多、叶芽少。以短果枝结果为主。采前落果多，坐果率低，产量较低，大小年显著。萌芽期3月中旬，开花期4月上旬，果实采收期6月中旬，落叶期11月上旬。

## 品种评价

因生长在良好耕地中，对肥水要求高，不耐瘠薄，不耐干旱。但其果实大，品质上等，优良性状俱佳。

生境
叶片
果实
果实

# 上留杏1号

*Armeniaca vulgaris* L.'Shangliuxing 1'

调查编号：CAOQFMYP096

所属树种：杏 *Armeniaca vulgaris* L.

提 供 人：樊俊虎
电　　话：13008017861
住　　址：山西省运城市夏县瑶峰镇上留村

调 查 人：曹秋芬、孟玉平、张春芬、邓 舒、肖 蓉、聂园军、董艳辉、侯丽媛、王亦学
电　　话：13753480017
单　　位：山西省农业科学院生物技术研究中心

调查地点：山西省运城市夏县瑶峰镇上留村

地理数据：GPS数据（海拔：435m，经度：E111°13'41.7"，纬度：N35°07'03.6"）

## 生境信息

来源于当地，树龄50年，生长在农田边，地势平坦，土壤为砂壤土。属于自然实生种，现有少量零星种植。

## 植物学信息

### 1. 植株情况

乔木；树势强健，树姿半开张，树冠自然圆头形；树高7m，冠幅东西6.5m、南北6.6m，干高80cm，干周70cm。主干呈褐色，树皮丝状裂，枝条密度大。

### 2. 植物学特性

1年生枝条暗红色，无光泽，平均长45cm，粗细中等；叶片卵圆形，较大，长9.6cm、宽8.4cm；叶片较厚，浓绿色，近叶基部褶皱少，叶基楔形，叶尖急尖或渐尖，叶边缘锯齿圆钝，齿间有腺体；叶柄较长；花形普通形，花冠直径3.0cm，花瓣白色，卵圆形，5枚；萼片5枚，紫红色；雌蕊1枚。

### 3. 果实性状

果实圆形，纵径4.17cm、横径4.35cm、侧径4.27cm；平均果重44.2g，最大果重48g；果皮鲜黄色，有光泽；缝合线细浅，两侧对称；果顶平圆，顶微凹；梗洼较浅、中广；果肉鲜黄色，几乎与果皮一色；果肉厚度1.4cm，近核处颜色同肉色，果肉各部成熟度一致；果肉质地松软，细密，纤维中，汁液中多，风味甜，香味较淡；品质上等；核中大，甜仁，粘核；可溶性固形物含量11.6%。

### 4. 生物学特性

树体高大，萌芽力强，发枝力中等。开始结果年龄3~4年，盛果期年龄6~7年；短果枝结果为主，采前落果多，产量较低，大小年显著。萌芽期3月中旬，开花期4月初旬，果实采收期6月中旬，落叶期11月上旬。

## 品种评价

该品种耐寒力强，较抗旱，对土壤的要求不严格。品质上等，产量偏低，不稳定。

生境

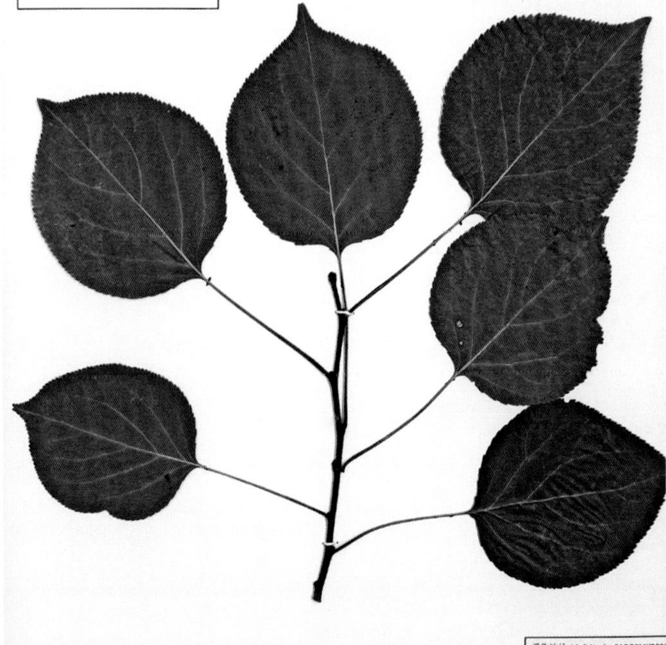

国家落叶果树农家品种资源库
采集编号：CAOQFMYP096
采集日期：2013-06-06
采集者：曹秋芬
采集地：中国山西省夏县瑶峰镇上留村
经纬度：N35°07′03.6″ E111°13′41.7″
海拔高度：435m 坡度： 坡向：
生境：田间
伴生物种：
其他描述：高 6m，乔木
地方名：上留 1 号杏
野外鉴定：杏
采集编号（Coll.No.）：CAOQFMYP096
蔷薇科 Rosaceae
地方名 上留 1 号杏
普通杏
Prunus armeniaca L.


叶片

果实

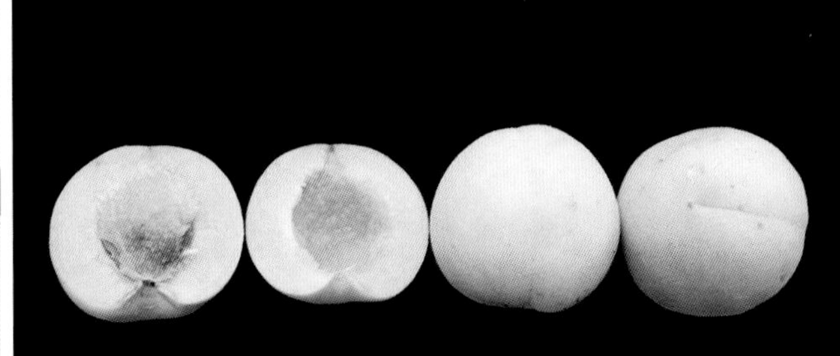

果实

# 桃杏 1 号

*Armeniaca vulgaris* L.‘Taoxing 1’

调查编号：CAOQFMYP097

所属树种：杏 *Armeniaca vulgaris* L.

提 供 人：樊俊虎
电　　话：13008017861
住　　址：山西省运城市夏县瑶峰镇上留村

调 查 人：曹秋芬、孟玉平、张春芬
邓　舒、肖　蓉、聂园军
董艳辉、侯丽媛、王亦学
电　　话：13753480017
单　　位：山西省农业科学院生物技术研究中心

调查地点：山西省运城市夏县瑶峰镇上留村

地理数据：GPS数据（海拔：346m，经度：E111°13′47.4″，纬度：N35°07′05.8″）

## 生境信息

来源于当地，小面积成片栽培，树龄10年。田间生境，地形平坦，土壤为黄壤土。

## 植物学信息

### 1. 植株情况

乔木；树势较旺，树姿半开张，树冠圆头形，树高4m，冠幅东西3m、南北2.4m，干高0.7m，干周35cm。主干呈褐色，树皮丝状裂，枝条密度大。

### 2. 植物学特性

1年生枝条褐红色，无光泽，长50cm，粗细中等；皮孔明显，圆形，小，微凸起，较密；叶片椭圆形或卵圆形，叶片长8.7cm、宽7.8cm；叶片平展，较厚，浓绿色，叶基平圆，叶尖渐尖，叶边锯齿圆钝，齿间有腺体；叶柄较长，粗细中等；花形普通形，花冠直径2.9cm，花瓣白色，卵圆形，5枚；萼片5枚，紫红色；雌蕊1枚。

### 3. 果实性状

果实椭圆形，果顶部凸起，歪斜，形似桃；果实较大，纵径5.68cm、横径5.89cm、侧径5.28cm；平均果重93.3g，最大果重128g；果皮乳黄色，阳面着玫瑰红彩色；缝合线较深、广，两侧不对称；果顶形似乳头状凸起，向一边歪斜，有顶凹，顶凹浅；梗洼深、中广；果面有蜡质层，较薄；果肉厚度不均匀，缝合线一侧薄，相对一侧厚，平均厚度1.85cm；果肉乳黄色，近核处颜色同肉色；果肉各部成熟度不一致；肉质纤维少，细，汁液中少，风味酸甜，香味淡。品质中等；核大，甜仁，半离核；可溶性固形物含量12.6%。

### 4. 生物学特性

树势生长较旺，中心主干生长力强，发枝力强，新梢生长量大。开始结果年龄3～4年，进入盛果期年龄6年；以短果枝和花束状短果枝结果为主。生理落果多，采前落果少，产量较高，大小年不显著。萌芽期3月中旬，开花期4月上旬，果实采收期6月中旬，落叶期11月上旬。

## 品种评价

该品种树势生长较旺，较耐盐碱，对土壤要求不严格，耐寒性较差。产量较高，品质中等。果顶部有时会开裂。

植株

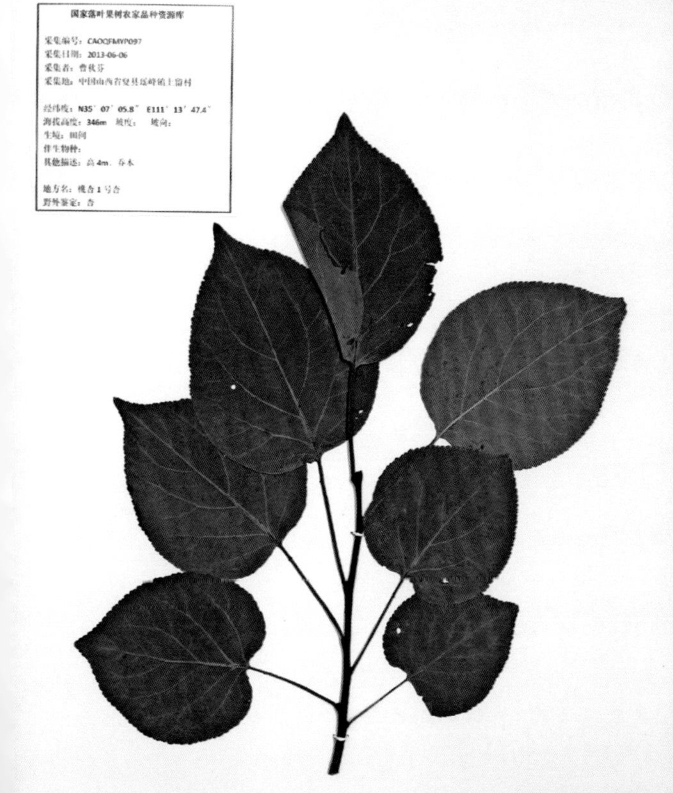
国家落叶果树农家品种资源库
采集编号：CAOQFMYP097
采集日期：2013-06-06
采集者：曹秋芬
经纬度：N35°07′05.8″ E111°13′47.4″
海拔高度：346m 坡度： 坡向：
生境：田间
伴生物种：
其他描述：高 4m，乔木
地方名：槐杏 1 号杏
野外鉴定：杏
采集编号（Coll.No.）：CAOQFMYP097
蔷薇科 Rosaceae
地方名 槐杏 1 号杏
普通杏
Prunus armeniaca L.
鉴定人（Det.）：曹秋芬

叶片

果实

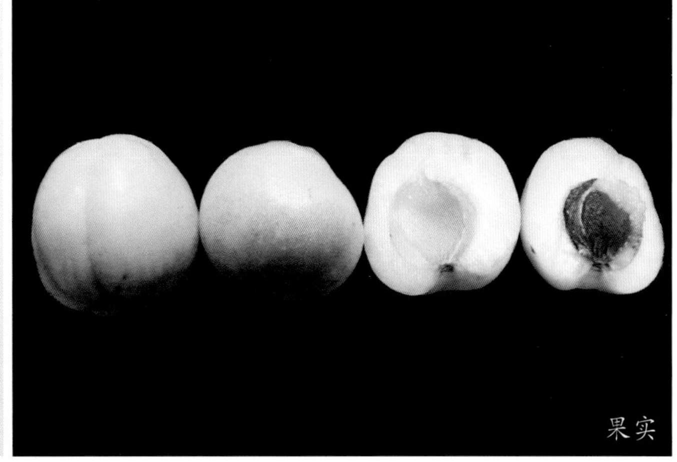

果实

# 桃杏 2 号

*Armeniaca vulgaris* L.‘Taoxing 2’

调查编号：CAOQFMYP098

所属树种：杏 *Armeniaca vulgaris* L.

提 供 人：樊俊虎
电　　话：13008017861
住　　址：山西省运城市夏县瑶峰镇上留村

调 查 人：曹秋芬、孟玉平、张春芬、邓　舒、肖　蓉、聂园军、董艳辉、侯丽媛、王亦学
电　　话：13753480017
单　　位：山西省农业科学院生物技术研究中心

调查地点：山西省运城市夏县瑶峰镇上留村

地理数据：GPS数据（海拔：346m，经度：E111°13'47.4"，纬度：N35°07'05.8"）

## 生境信息

来源于当地，树龄10年，生长在小面积成片栽培的杏园中，应是‘桃杏’的变异类型，仅有1株。田间生境，地形平坦，土壤为黄壤土。

## 植物学信息

### 1. 植株情况

乔木；树势中庸，树姿半开张，树冠圆头形，树高3.6m，冠幅东西2m、南北2.2m，干高0.8m，干周30cm。主干呈褐色，树皮丝状裂，枝条较密。

### 2. 植物学特性

1年生枝条暗红色，有光泽，平均长45cm；皮孔明显，圆形，小，微凸起，较密；叶片椭圆形或圆形，叶片长8.7cm、宽7.8cm；叶片平展，较厚，浓绿色，叶基平圆，叶尖渐尖，叶边锯齿圆钝，齿间有腺体；叶柄较长，粗细中等；花芽肥大；花形普通型，花冠直径3cm，花瓣白色，卵圆形，5枚；萼片5枚，紫红色；雌蕊1枚。

### 3. 果实性状

果实椭圆形，果顶部凸起，歪斜，形似桃；果实较大，纵径6.17cm、横径5.87cm、侧径5.55cm；平均果重105.6g，最大果重122g；果面底色乳黄，阳面着玫瑰红彩色；缝合线较深、广，两侧不对称；果顶形似乳头状凸起，向一边歪斜，有顶凹，顶凹浅；梗洼浅、中广；果面有蜡质层，较薄；果肉厚度1.95cm，厚度比‘桃杏1号’均匀；果肉乳黄色，近核处颜色同肉色；果肉各部成熟度一致；果肉质地松软，纤维中，汁液多，风味甜酸，香味中。核大，苦仁，粘核。可溶性固形物含量13.5%。品质中等。

### 4. 生物学特性

树势生长较旺，中心主干生长力强，发枝力强，新梢生长量大。开始结果年龄3～4年，进入盛果期年龄6年；以短果枝和花束状短果枝结果为主。生理落果多，采前落果少，产量较高，大小年不显著；萌芽期3月中旬，开花期4月上旬，果实采收期6月中旬，落叶期11月上旬。

## 品种评价

该品种树势生长较旺，较耐盐碱，对土壤要求不严格，耐寒性较差。产量较高，果个大，品质好于‘桃杏1号’。

可能是‘桃杏1号’的芽变品种。

生境

果实

叶片

果实

# 上留木瓜甜核

*Armeniaca vulgaris* L.
'Shangliumuguatianhe'

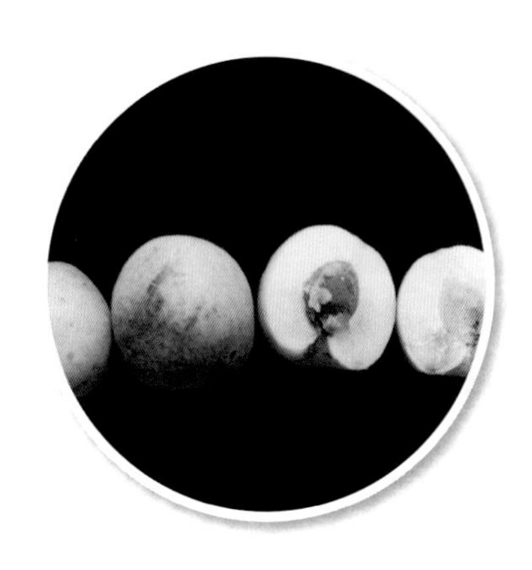

调查编号：CAOQFMYP099

所属树种：杏 *Armeniaca vulgaris* L.

提 供 人：樊俊虎
电　　话：13008017861
住　　址：山西省运城市夏县瑶峰镇上留村

调 查 人：曹秋芬、孟玉平、张春芬、邓 舒、肖 蓉、聂园军、董艳辉、侯丽媛、王亦学
电　　话：13753480017
单　　位：山西省农业科学院生物技术研究中心

调查地点：山西省运城市夏县瑶峰镇上留村

地理数据：GPS数据（海拔：346m，经度：E111°13'47.4"，纬度：N35°07'05.8"）

## 生境信息

来源于当地，树龄50年，生长于小麦田地边，地形平坦，伴生植物为小麦、其他杏树，土壤为轻壤土。当地有少量成片栽培及零星分布。

## 植物学信息

### 1. 植株情况

乔木；树势较强，树姿直立，树冠圆头形；树高12m，冠幅东西7m、南北7m，干高0.7m，干周110cm。主干呈褐色，树皮丝状裂，枝条密度中等。

### 2. 植物学特性

1年生枝条红褐色，有光泽，平均长35.5cm，节间平均长6.8cm，粗细中等；皮孔较大，数量中等，椭圆形，明显；叶片椭圆形，较大，长9.2cm，宽7.2cm，叶柄长7.5cm，粗细中等，带红色；叶基平圆或宽楔形，叶尖渐尖，叶缘锯齿圆钝，叶片平展，中等厚度，浅绿色；花形铃形；萼筒钟状，紫红色；萼片三角形，紫红色；花瓣倒卵圆形，5枚，白色；雌蕊1枚。

### 3. 果实性状

果实扁卵圆形，纵径5.07cm、横径4.93cm、侧径5.13cm；平均果重74.3g，最大果重83g；果顶尖圆，顶凹浅；梗洼深、窄；缝合线浅，两侧不对称；果皮底色浅黄，阳面有玫瑰红彩色；果面平滑，无光泽；果肉乳黄色，厚度1.5cm，较均匀，近核处颜色同肉色，果肉各部成熟度一致；果肉质地柔软，纤维少，细，汁液多，风味甜，香味中，具有木瓜的清香味。核较小，甜仁，半离核。可溶性固形物含量14%。品质极上。

### 4. 生物学特性

树体高大，树姿直立，自然生长情况下多为圆头形，生长势较强。萌芽力中等，发枝力强，新梢一年平均生长量20～50cm。开始结果年龄3～4年，进入盛果期年龄5～7年。以短果枝和花束状短果枝结果为主。生理落果多，采前落果多，产量较低，有大小年结果现象。萌芽期3月中旬，开花期4月上旬，果实采收期6月下旬，落叶期11月上旬。

## 品种评价

抗该品种抗旱力、耐瘠薄力较强。对土壤的要求不严格，较耐盐碱。果实较大，有木瓜味，品质极上，成熟较早，经济价值较高。但产量较低，可采取栽培措施提高产量。

生境

国家落叶果树农家品种资源库

采集编号：CAOQFMYP099
采集日期：2013-06-06
采集者：曹秋芬
采集地：中国山西省夏县瑶峰镇上留村

经纬度：N35° 07′ 05.8″ E111° 13′ 47.4″
海拔高度：346m 坡度： 坡向：
生境：田间
伴生物种：
其他描述：高 12m，乔木

地方名：木瓜甜核杏
野外鉴定：杏

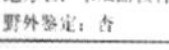

采集编号（Coll.No.）：CAOQFMYP099
蔷薇科 Rosaceae
地方名 木瓜甜核杏
普通杏
Prunus armeniaca L.

叶片

植株

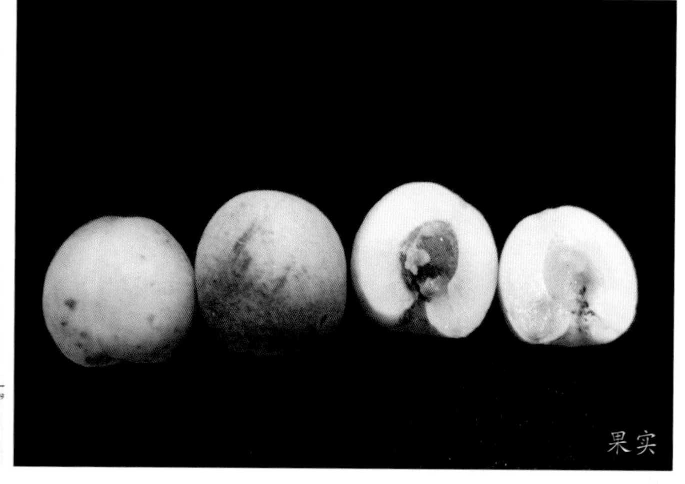
果实

# 上留白木瓜甜核

*Armeniaca vulgaris* L.
'Shangliubaimuguatianhe'

调查编号：CAOQFMYP100

所属树种：杏 *Armeniaca vulgaris* L.

提 供 人：樊俊虎
电　　话：13008017861
住　　址：山西省运城市夏县瑶峰镇上留村

调 查 人：曹秋芬、孟玉平、张春芬、邓　舒、肖　蓉、聂园军、董艳辉、侯丽媛、王亦学
电　　话：13753480017
单　　位：山西省农业科学院生物技术研究中心

调查地点：山西省运城市夏县瑶峰镇上留村

地理数据：GPS数据（海拔：427 m，经度：E111°13'14.5"，纬度：N35°07'11.7"）

## 生境信息

来源于当地，树龄35年，生长于一个小面积的果园，其中有不同品种的杏树、苹果树等，树龄不同，树种混杂，管理粗放。地形平坦，土壤为轻壤土。该品种现存4株。

## 植物学信息

### 1. 植株情况

乔木；树势较强，树姿直立，树冠圆头形；树高8m，冠幅东西6m、南北6m，干高0.6m，干周80cm。主干呈褐色，树皮丝状裂，枝条密度中等。

### 2. 植物学特性

1年生枝条红褐色，有光泽，平均长36cm，节间平均长4.8cm，粗细中等；皮孔较大，数量中等，椭圆形，明显；叶片椭圆形，长8.5cm、宽7.6cm，叶柄长6.5cm，粗细中等，带红色；叶基平圆形或宽楔形，叶尖渐尖，叶缘锯齿圆钝，叶片平展，中等厚度，浅绿色；花形铃形，花冠直径3.2cm；萼筒钟状，紫红色；萼片三角形，紫红色；花瓣倒卵圆形，5枚，白色；雌蕊1枚。

### 3. 果实性状

果实扁卵圆形，纵径4.64cm、横径4.43cm、侧径4.13cm；平均果重47g，最大果重50g；果顶尖圆，顶凹浅；梗洼深、窄；缝合线浅，两侧不对称；果皮黄色，无红晕；果面平滑，有光泽；果肉乳黄色，厚度1.4cm，较均匀，近核处颜色同肉色，果肉各部成熟度一致；果肉质地柔软，纤维少，细，汁液中，风味甜，香味中，具有木瓜的清香味。核较小，甜仁，离核。可溶性固形物含量15%。品质极上。

### 4. 生物学特性

树体高大，生长势较强。萌芽力中等，发枝力强，新梢一年平均生长量20～50cm。开始结果年龄3～4年，进入盛果期年龄5～7年。以短果枝和花束状短果枝结果为主。生理落果多，采前落果多，产量较低，有大小年结果现象。萌芽期3月中旬，开花期4月上旬，果实采收期5月下旬，落叶期11月上旬。

## 品种评价

该品种抗旱力、耐瘠薄力较强。对土壤的要求不严格，较耐盐碱。果实较大，品质极上，成熟较早，但产量较低。

生境

国家落叶果树农家品种资源库
采集编号：CAOQFMYP100
采集日期：2013-06-06
采集者：曹秋芬
经纬度：N35° 07′ 11.7″ E111° 13′ 14.5″
海拔高度：427m
生境：田间
伴生物种：
其他描述：高 8m 乔木
地方名：白木瓜甜核杏
野外鉴定：杏
采集编号（Coll.No.）：CAOQFMYP100
蔷薇科 Rosaceae
地方名 白木瓜甜核杏
普通杏
Prunus armeniaca L.
鉴定人（Det.）：曹秋芬 2013-09-02


叶片

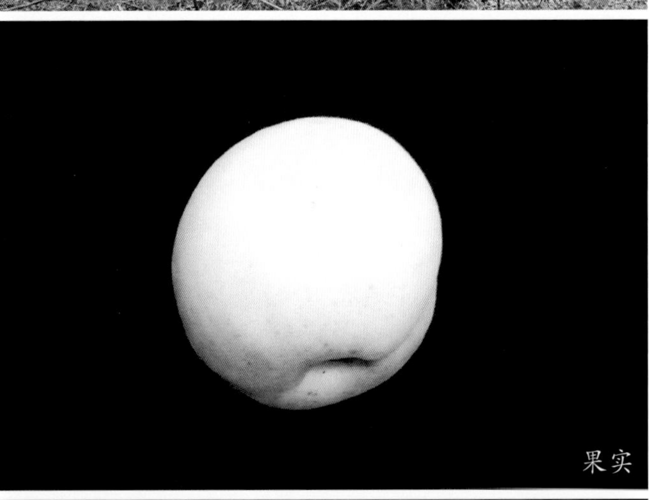

果实

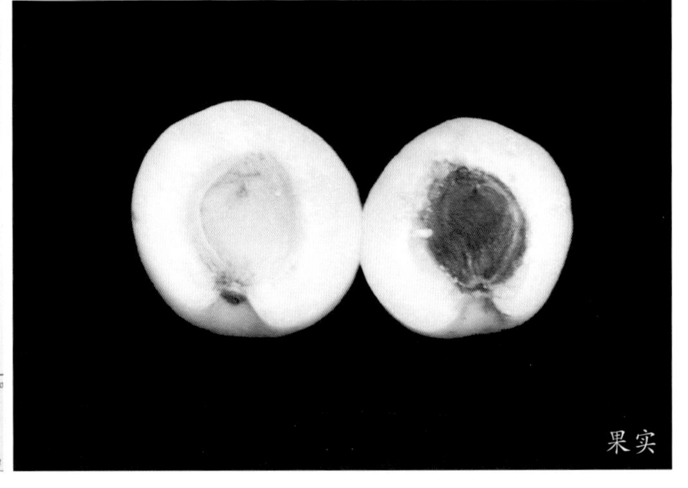

果实

# 常乐杏1号

*Armeniaca vulgaris* L.'Changlexing 1'

调查编号：CAOQFMYP101

所属树种：杏 *Armeniaca vulgaris* L.

提 供 人：戴常乐
电　　话：1348986337
住　　址：山西省运城市夏县泗交镇郭峪村

调 查 人：孟玉平、曹秋芬、张春芬、邓 舒、肖 蓉、聂园军、董艳辉、侯丽媛、王亦学
电　　话：13643696321
单　　位：山西省农业科学院生物技术研究中心

调查地点：山西省运城市夏县泗交镇郭峪村

地理数据：GPS数据（海拔：964m，经度：E111°23'58.2"，纬度：N35°05'11.9"）

## 生境信息

来源于当地，树种在庭院中，土壤为黄壤土，现存1株。

## 植物学信息

### 1. 植株情况

乔木；树势较强，树姿半开张，树冠圆锥形，树高8m，冠幅东西5m、南北7m，干高160cm，干周123cm，主干呈灰褐色，树皮丝状裂，枝条较密。

### 2. 植物学特性

1年生枝条红褐色，有光泽，平均长60cm，节间平均长1.9cm，粗细中等；皮孔较小，数量中等，椭圆形，明显；叶片卵圆形，较小，长5cm、宽3cm，叶柄长6.4cm，粗细中等；叶基宽楔形，叶尖急尖，叶缘锯齿圆钝，叶片平展，较薄，浅绿色；花形铃形；萼筒钟状，紫红色；萼片三角形，紫红色；花瓣倒卵圆形，5枚，白色；雌蕊1枚。

### 3. 果实性状

果实扁圆形，纵径4.42cm、横径4.25cm、侧径4.06cm；平均果重42g，最大果重65g；果顶平圆，顶微凹；梗洼深、窄；缝合线浅广，两侧对称；果皮底色浅绿，阳面有片状红晕；果面平滑，有光泽；果肉乳黄色，厚度较均匀，近核处颜色同肉色，果肉各部成熟度一致；果肉质地柔软，纤维稍粗，汁液少，风味甜，香味中，核较小，苦仁，离核。可溶性固形物含量10.9%。品质中等。

### 4. 生物学特性

树体高大，树姿直立，生长势较强，自然生长呈圆锥形，萌芽力中等，发枝力强，新梢一年平均生长量19～80cm。开始结果年龄3～4年，进入盛果期年龄5～7年。以短果枝和花束状短果枝结果为主。生理落果多，采前落果多，产量中等，有大小年结果现象。萌芽期3月中旬，开花期4月上旬，果实采收期6月下旬，落叶期11月上旬。

## 品种评价

该品种抗旱力、耐瘠薄力较强，对土壤的要求不严格，较耐盐碱。果实中等大，品质中等，制干率高，适宜于加工，产量中等，加强管理可提高产量。

生境

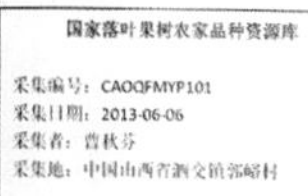
国家落叶果树农家品种资源库
采集编号：CAOQFMYP101
采集日期：2013-06-06
采集者：曹秋芬
采集地：中国山西省酒交镇郭峪村
经纬度：N35° 05′ 11.9″ E111° 23′ 58.2″
海拔高度：964m 坡度： 坡向：
生境：庭院
伴生物种：
其他描述：高m，乔木
地方名：常乐1号杏
野外鉴定：杏

采集编号（Coll.No.）：CAOQFMYP101
蔷薇科 Rosaceae
地方名 常乐1号杏
普通杏
Prunus armeniaca L.

叶片

植株

果实

# 贺家墓杏1号

*Armeniaca vulgaris* L. 'Hejiamuxing 1'

调查编号：CAOQFMYP104

所属树种：杏 *Armeniaca vulgaris* L.

提 供 人：娄夙亮
电　　话：13934724291
住　　址：山西省临汾市襄汾县大邓乡政府

调 查 人：孟玉平、曹秋芬、张春芬
邓 舒、肖 蓉、聂园军
董艳辉、侯丽媛、王亦学
电　　话：13643696321
单　　位：山西省农业科学院生物技术研究中心

调查地点：山西省临汾市襄汾县大邓乡裴家庄村

地理数据：GPS数据（海拔：903m，经度：E110°36'25.13"，纬度：N35°55'7.72"）

## 生境信息

来源于当地，树龄40年以上，现存1株。生长在丘陵坡地，背北向南，土壤为砂壤土，伴生植物为枣树、杏树、核桃树等，无人管理，杂草丛生。

## 植物学信息

### 1. 植株情况

乔木；树势较强，树姿直立，树冠圆头形；树高7m，冠幅东西9.4m、南北9m，干高1.6m，干周105cm。主干呈褐色，树皮块状裂，枝条较密，杂乱无章。

### 2. 植物学特性

1年生枝条红褐色，无光泽，平均长16cm，节间平均长1.8cm，粗细中等；皮孔较大，数量中等，近圆形，明显；叶片卵圆形，较大，长9.7cm、宽7.5cm，叶柄长7.7cm，较细，带红色；叶基平圆，叶尖渐尖，叶缘锯齿圆钝，叶片平展，中等厚度，浅绿色；花形铃形；萼筒钟状，紫红色；萼片三角形，紫红色；花瓣倒卵圆形，5枚，白色；雌蕊1枚。

### 3. 果实性状

果实卵圆形，纵径3.17cm、横径3.02cm、侧径2.91cm；平均果重17.3g，最大果重20g；果顶尖圆，梗洼深、窄；缝合线浅，两侧对称；果皮黄色，阳面有红晕；果面平滑，无光泽；果肉乳黄色，厚度0.85cm，较均匀，近核处颜色同肉色，果肉各部成熟度一致；果肉质地细软，纤维少，汁液中多，风味甜，香味浓，苦仁，离核。可溶性固形物含量21%。品质上等。

### 4. 生物学特性

树体高大，生长势中等。萌芽力中等，发枝力强，新梢一年平均生长量10～20cm。开始结果年龄3～4年，进入盛果期年龄5～7年。以短果枝和花束状短果枝结果为主。生理落果多，采前落果多，产量较低，大小年结果现象显著。萌芽期3月中旬，开花期4月上旬，果实采收期6月中旬，落叶期11月上旬。

## 品种评价

该品种对恶劣环境有较强抵抗能力，生长在贫瘠的坡地，几乎是半野生状态，仍能正常结果。尤其耐干旱和耐瘠薄能力突出。果实小，甜度大，口感好，品质上等，鲜食和加工皆宜。产量低和大小年结果与无人管理有关，加强管理可以克服。

生境

叶片

植株

果实

# 贺家墓杏 2 号

*Armeniaca vulgaris* L. 'Hejiamuxing 2'

调查编号：CAOQFMYP105

所属树种：杏 *Armeniaca vulgaris* L.

提 供 人：娄夙亮
电　　话：13934724291
住　　址：山西省临汾市襄汾县大邓乡政府

调 查 人：孟玉平、曹秋芬、张春芬、邓　舒、肖　蓉、聂园军、董艳辉、侯丽媛、王亦学
电　　话：13643696321
单　　位：山西省农业科学院生物技术研究中心

调查地点：山西省临汾市襄汾县大邓乡裴家庄村

地理数据：GPS数据（海拔：903m，经度：E111°36'25.13"，纬度：N35°55'7.72"）

## 生境信息

来源于当地，树龄60年以上，现存1株。生长在丘陵梯田的土崖边，坡向朝西南倾斜，土壤为黄砂壤土，伴生植物为枣树、杏树、核桃树等，无人管理。

## 植物学信息

### 1. 植株情况

乔木；树姿直立，树姿半开张，树冠圆头形；树高11m，冠幅东西9.2m、南北8m，干高1.75m，干周150cm。主干呈褐色，树皮丝状裂，枝条较密。

### 2. 植物学特性

1枝生枝条红褐色，无光泽，平均长18cm，节间平均长1.9cm，粗细中等；皮孔较大，数量中等，近圆形，明显；叶片卵圆形，较大，长9.2cm、宽7.2cm，叶柄长7.5cm，较细，带红色；叶基楔形，叶尖渐尖，叶缘锯齿圆钝，叶片平展，中等厚度，浅绿色；花形铃形；萼筒钟状，紫红色；萼片三角形，紫红色；花瓣倒卵圆形，5枚，白色；雌蕊1枚。

### 3. 果实性状

果实卵圆形，纵径3.7cm、横径3.35cm、侧径3.12cm；平均果重17.1g，最大果重19.6g；果顶尖圆，雌蕊残存；梗洼深、窄；缝合线浅，两侧对称；果皮黄色，阳面有红晕；果面平滑，无光泽；果肉乳黄色，果肉厚度0.86cm，较均匀，近核处颜色同肉色，果肉各部成熟度一致；果肉质地细软，纤维少，汁液中多，风味甜，香味浓，核小，苦仁，离核。可溶性固形物含量15%。品质上等。

### 4. 生物学特性

树体高大，树姿直立，自然生长情况下多为圆头形，生长势较强。萌芽力中等，发枝力较强，新梢一年平均生长量10～20cm。开始结果年龄3～4年，进入盛果期年龄5～7年。以短果枝和花束状短果枝结果为主。生理落果多，采前落果少，产量较低，大小年结果现象显著。萌芽期3月中旬，开花期4月上旬，果实采收期6月中旬，落叶期11月上旬。

## 品种评价

该品种对恶劣环境有较强抵抗能力，生长在贫瘠的坡地，几乎是半野生状态，仍能正常结果。尤其耐干旱和耐瘠薄能力突出。果实小，甜度大，口感好，品质上等，鲜食和加工皆宜。产量低和大小年结果与无人管理有关，加强管理可以克服。

生境

叶片

植株

果实

# 神沟杏 1 号

*Armeniaca vulgaris* L. ‘Shengouxing 1’

调查编号：CAOQFMYP106

所属树种：杏 *Armeniaca vulgaris* L.

提 供 人：曹铭阳
电　　话：13513651989
住　　址：山西省临汾市翼城县里砦镇神沟村

调 查 人：孟玉平、曹秋芬、张春芬
邓　舒、肖　蓉、聂园军
董艳辉、侯丽媛、王亦学
电　　话：13643696321
单　　位：山西省农业科学院生物技术研究中心

调查地点：山西省临汾市翼城县里砦镇神沟村

地理数据：GPS数据（海拔：859m，经度：E111°38'44.8"，纬度：N35°49'15.8"）

## 生境信息

来源于当地，树龄40年以上，现存1株。生长在丘陵山地的田间路旁，土壤为砂壤土，伴生植物为小麦、核桃树等，无人管理。

## 植物学信息

### 1. 植株情况

乔木；树势较强，树姿开张，树冠圆头形；树高8m，冠幅东西7m、南北7m，干高1.5m，干周76cm。主干呈褐色，树皮纵裂状，枝条密度中等。

### 2. 植物学特性

1年生枝条红褐色，无光泽，平均长26cm，节间平均长1.7cm，粗细中等；皮孔较大，数量中等，近圆形，明显；叶片卵圆形，较大，长11.5cm、宽9.3cm，叶柄长7.8cm，较细，带红色；叶基平圆，叶尖渐尖，叶缘锯齿圆钝，叶片平展，中等厚度，浅绿色；花形铃形；花蕾紫红色，萼筒钟状，紫红色；萼片三角形，紫红色；花瓣倒卵圆形，5枚，白色；雌蕊1枚。

### 3. 果实性状

果实卵圆形或近圆形，果实纵径2.74cm、横径2.68cm、侧径2.61cm；平均果重14.5g，最大果重16g；果顶尖圆，雌蕊残存；梗洼深、窄；缝合线浅，两侧对称；果皮黄色，无红晕；果面平滑，无光泽；果肉乳黄色，果肉厚度0.77cm，2侧厚度不对称，近核处颜色同肉色，果肉各部成熟度一致；果肉质地细软，纤维少，汁液中多，风味酸甜，香味淡，苦仁，离核。可溶性固形物含量21%。品质中等。

### 4. 生物学特性

树体高大，树姿直立，自然生长情况下多为圆头形，生长势中等。萌芽力中等，发枝力强。开始结果年龄3～4年，进入盛果期年龄5～7年。以短果枝和花束状短果枝结果为主。生理落果多，采前落果多，单株产量较高，大小年结果现象显著。萌芽期3月中旬，开花期4月上旬，果实采收期6月中旬，落叶期11月上旬。

## 品种评价

该品种对恶劣环境有较强抵抗能力，尤其耐干旱和耐瘠薄能力突出。生长在贫瘠的坡地，仍能正常结果，产量较高。果实小，品质中等，鲜食和加工皆宜。

生境

叶片

花

果实

# 俊文杏1号

*Armeniaca vulgaris* L.'Junwenxing 1'

调查编号：CAOQFMYP110

所属树种：杏 *Armeniaca vulgaris* L.

提 供 人：栗俊文
电　　话：13467034338
住　　址：山西省长治市襄垣县下良镇郝村

调 查 人：孟玉平、曹秋芬
电　　话：13643696321
单　　位：山西省农业科学院生物技术研究中心

调查地点：山西省长治市襄垣县下良镇牛龙嘴村

地理数据：GPS数据（海拔：1223m，经度：E113°05'29.8"，纬度：N36°37'36.8"）

## 生境信息

来源不详，树龄10年，生长在海拔1200m左右的山地，属于乡镇规划的经济林带，以仁用杏为主，伴生多种小灌木、野蒿，土壤为黄壤土，山野小生境，境内山峁沟谷纵横，半野生状态。

## 植物学信息

### 1. 植株情况

小乔木；树势生长中等，树姿开张，树冠杯状形，树高2.5m，冠幅东西3.5m、南北3.5m，干高1m，干周40cm。主干呈灰褐色，树皮丝状裂，枝条密度中等。

### 2. 植物学特性

1年生枝条红褐色，有光泽，长度23~93cm，节间平均长2.3cm，较粗壮，多斜生；皮孔较小，椭圆形，中密；多年生枝条浅灰色；叶片卵圆形，长9.5cm、宽4.2cm；浓绿色，叶面平整，无茸毛；叶基楔形，叶尖长渐尖或尾尖，叶缘锯齿圆钝；叶柄长4.8cm，红色；花单生，花较小，直径1.7cm；花梗长2.1cm；花萼紫红色，萼筒钟状；萼片长椭圆形，先端尖；花瓣白色，5枚，倒卵圆形；雌蕊和雄蕊等长；子房被短柔毛。

### 3. 果实性状

果实扁卵圆形，纵径3.14cm、横径2.38cm、侧径2.46cm；平均果重13g，最大果重16g；果顶尖圆、平滑；缝合线很深，近似两半，两侧不对称；梗洼中深、广；果皮橙黄色；果肉乳黄色，厚度较薄；果肉纤维粗，汁液极少，味苦涩，不适宜鲜食；成熟时果肉自然开裂；离核，核大，卵圆形，核面光滑，甜仁，饱满，干核重2.2g，干仁重0.91g，出仁率41.4%。核仁蛋白质含量23%，脂肪含量55%。

### 4. 生物学特性

中心主干生长弱，自然生长多为开心形或圆头形。萌芽力中等，发枝力中等。开始结果年龄3年，进入盛果期年龄6~7年；短果枝结果为主。单株产量较低，大小年显著；萌芽期3月下旬，开花期4月上旬，果实采收期7月中旬，落叶期11月上旬。

## 品种评价

抗旱力强，耐瘠薄力强，尤其是抗寒力极强。杏仁品质好，出仁率高36~37%，是一个优良的仁用杏品种。产量较低，且大小年明显，可能是因为疏于管理，加强科学管理能够提高产量。

植株

果实

叶片

# 俊文杏 2 号

*Armeniaca vulgaris* L.'Junwenxing 2'

调查编号：CAOQFMYP111

所属树种：杏 *Armeniaca vulgaris* L.

提 供 人：栗俊文
电　　话：13467034338
住　　址：山西省长治市襄垣县下良镇郝村

调 查 人：孟玉平、曹秋芬
电　　话：13643696321
单　　位：山西省农业科学院生物技术研究中心

调查地点：山西省长治市襄垣县下良镇牛龙嘴村

地理数据：GPS数据（海拔：1223m，经度：E113°05'29.8"，纬度：N36°37'36.8"）

## 生境信息

来源不详，树龄10年，生长在海拔1200m的山地，属于乡镇规划的经济林带，以仁用杏为主，伴生多种小灌木、野蒿，土壤为黄壤土，山野小生境，境内山峁沟谷纵横，半野生状态。

## 植物学信息

### 1. 植株情况

小乔木；树势生长中等，树姿开张，树冠自然开心形，树高2.3m，冠幅东西2.8m、南北2.8m，干高0.6m，干周27cm。主干呈灰褐色，树皮丝状裂，枝条密度中等。

### 2. 植物学特性

1年生枝条红褐色，有光泽，长度20～93cm，节间平均长2.5cm，较粗壮，多斜生；皮孔较小，椭圆形，中密；多年生枝条浅灰色；叶片长卵圆形，长10.1cm、宽8.1cm；浓绿色，叶面平整，无茸毛；叶基平圆，叶尖长渐尖或尾尖，叶缘锯齿圆钝；叶柄长4.4cm，红色；花单生，花较小，直径1.7cm；花梗长2.1cm；花萼紫红色，萼筒钟状；萼片长椭圆形，先端尖；花瓣白色，5枚，倒卵圆形；雌蕊和雄蕊等长；子房被短柔毛。

### 3. 果实性状

果实卵圆形，纵径3.32cm、横径2.13cm、侧径2.28cm；平均果重13.8g，最大果重16.6g；果顶尖圆、平滑；缝合线深广，两侧不对称；梗洼深、广；果皮橙黄色；果肉乳黄色，厚度较薄；果肉纤维粗，汁液极少，味苦涩，不适宜鲜食；成熟时果肉自然开裂；离核，核大，椭圆形，核面光滑，甜仁，有香味，饱满，干核重1.8g，干仁重0.71g，出仁率39.4%。

### 4. 生物学特性

中心主干生长弱，自然生长多为开心形或圆头形。萌芽力中等，发枝力中等。开始结果年龄3年，盛果期年龄6～7年；短果枝结果为主。单株产量较低，大小年不显著；萌芽期3月下旬，开花期4月上旬，果实采收期7月中旬，落叶期11月上旬。

## 品种评价

抗旱力强，耐瘠薄力强，耐寒力极强，较抗病虫危害。杏仁品质好，出仁率30%，是一个优良的仁用杏品种。在自然生长情况下，产量较低，且大小年明显，可能是因为疏于管理，需要加强科学管理。

生境
植株
叶片

# 俊文杏 3 号

*Armeniaca vulgaris* L.'Junwenxing 3'

调查编号：CAOQFMYP112

所属树种：杏 *Armeniaca vulgaris* L.

提 供 人：栗俊文
电　　话：13467034338
住　　址：山西省长治市襄垣县下良镇郝村

调 查 人：孟玉平、曹秋芬
电　　话：13643696321
单　　位：山西省农业科学院生物技术研究中心

调查地点：山西省长治市襄垣县下良镇牛龙嘴村

地理数据：GPS数据（海拔：1223m，经度：E113°05'29.8"，纬度：N36°37'36.8"）

## 生境信息

来源不详，树龄10年，生长在海拔1200m的山地，属于乡镇规划的经济林带，以仁用杏为主，伴生多种小灌木、野蒿，土壤为黄壤土，山野小生境，境内山峁沟谷纵横，半野生状态。

## 植物学信息

### 1. 植株情况

小乔木；树势生长中等，树姿开张，树冠多主枝圆头形，树高2.5m，冠幅东西2.9m、南北3.8m，干高1.13m，干周27cm。主干呈褐色，树皮丝状裂，枝条疏密适宜。

### 2. 植物学特性

1年生枝条红褐色，有光泽，平均长41cm，节间平均长2.3cm，较粗壮，多斜生；皮孔较小，圆形，稀，灰色；多年生枝条浅灰色；叶片近圆形或卵圆形，长8.5cm、宽6.0cm；叶片浅绿色，叶面平整，无茸毛；叶基圆形，叶尖长渐尖或尾尖，叶缘锯齿圆钝；叶柄长5.7cm，红色；花单生，花较小，直径2.3cm；花梗长2.4cm；花萼紫红色，萼筒钟状；萼片长椭圆形，先端尖；花瓣白色，5枚，倒卵圆形；雌蕊和雄蕊等长；子房被短柔毛。

### 3. 果实性状

果实近圆形，纵径3.1cm、横径3.08cm、侧径2.96cm；平均果重16g，最大果重20g；果顶平圆；缝合线较深，两侧对称；梗洼深、广；果皮绿黄色，果面有茸毛；果肉黄色，肉质细硬，汁液极少，味酸涩，不适宜鲜食；离核，核大，卵圆形，核面光滑，甜仁，饱满，出仁率31.4%。

### 4. 生物学特性

中心主干生长弱，自然生长多为开心形或圆头形。萌芽力中等，发枝力中等。开始结果年龄3年，进入盛果期年龄6～7年；短果枝和花束状短果枝结果为主。单株产量中等，大小年显著；萌芽期3月下旬，开花期4月上旬，果实采收期6月中旬，落叶期10月下旬。

## 品种评价

抗旱力强，耐瘠薄力强，较抗病虫危害。产量中等，杏仁品质好，出仁率高25%，是一个优良的仁用杏品种。

叶片
生境

# 俊文杏 4 号

*Armeniaca vulgaris* L.‘Junwenxing 4’

调查编号：CAOQFMYP113

所属树种：杏 *Armeniaca vulgaris* L.

提 供 人：栗俊文
电　　话：13467034338
住　　址：山西省长治市襄垣县下良镇赤附村

调 查 人：孟玉平、曹秋芬
电　　话：13643696321
单　　位：山西省农业科学院生物技术研究中心

调查地点：山西省长治市襄垣县下良镇牛龙嘴村

地理数据：GPS数据（海拔：1223m，经度：E113°05'29.8"，纬度：N36°37'36.8"）

## 生境信息

来源于当地，树龄12年，生长在海拔1200m的山地，伴生植物有其他仁用杏品种、多种小灌木、野蒿，土壤为黄壤土，山野小生境，境内山峁沟谷纵横，管理粗放。

## 植物学信息

### 1. 植株情况

小乔木；树势生长中等，树姿开张，树冠开心形，树高2.6m，冠幅东西3.4m、南北3.4m，干高0.7m，干周60cm。主干呈褐色，树皮丝状裂，枝条密度中等。

### 2. 植物学特性

1年生枝条红褐色，有光泽，长度25～80cm，节间平均长3.3cm，较粗壮，多斜生；皮孔较小，椭圆形，稀；多年生枝条浅灰色；叶片近圆形或卵圆形，长8.6cm、宽6.9cm；叶片浅绿色，叶面平整，无茸毛；叶基圆形，叶尖长渐尖或尾尖，叶缘锯齿圆钝；叶柄长5.6cm，红色；花单生，花较小，花萼紫红色，萼筒钟状；萼片长椭圆形，先端尖；花瓣白色，5枚，倒卵圆形；雌蕊和雄蕊等长；子房被短柔毛。

### 3. 果实性状

果实扁圆形，纵径3.76cm、横径3.82cm、侧径3.83cm；平均果重14.8g，最大果重20g；果顶尖圆、平滑；缝合线深、广，两侧对称；梗洼中深、广；果皮橙黄色；果肉乳黄色，厚度较薄；果肉质硬，纤维多，汁液少，味酸，无香味，鲜食品质差；成熟时果肉自然开裂；离核，核大，卵圆形，核面光滑，甜仁，饱满，干核重1.85g，干仁重0.62g，出仁率33.5%。

### 4. 生物学特性

中心主干生长弱，自然生长多为开心形或圆头形。萌芽力中等，发枝力中等。开始结果年龄3～4年，盛果期年龄6～7年；短果枝结果为主。单株产量较低，大小年显著；萌芽期3月下旬，开花期4月上旬，果实采收期7月中旬，落叶期11月上旬。

## 品种评价

该品种抗旱力强，耐瘠薄力强，较抗病虫危害。鲜食品质差，核仁品质好，出仁率高34%，产量中等，加强科学管理产量能够提高。

叶片

植株

# 俊文杏5号

*Armeniaca vulgaris* L.‘Junwenxing 5’

调查编号：CAOQFMYP114

所属树种：杏 *Armeniaca vulgaris* L.

提 供 人：栗俊文
电　　话：13467034338
住　　址：山西省长治市襄垣县下良镇郝村

调 查 人：孟玉平、曹秋芬
电　　话：13643696321
单　　位：山西省农业科学院生物技术研究中心

调查地点：山西省长治市襄垣县下良镇牛龙嘴村

地理数据：GPS数据（海拔：1223m，经度：E113°05′29.8″，纬度：N36°37′36.8″）

## 生境信息

来源于当地，树龄10年，生长在海拔1200m的山地，属于乡镇规划的经济林带，以仁用杏为主，伴生多种小灌木、野蒿，土壤为黄壤土，山野小生境，境内山峁沟谷纵横，管理粗放。

## 植物学信息

### 1. 植株情况

当地别名‘山杏’‘毛杏’；小乔木；树势生长中等，树姿开张，树冠开心形，树高2.8m，冠幅东西3.6m、南北3.5m，干高0.83m，干周65cm。主干呈褐色，树皮丝状裂，枝条密度中等。

### 2. 植物学特性

1年生枝条红褐色，有光泽，长度16～71cm，节间平均长1.6cm，较粗壮，多斜生；皮孔较小，椭圆形，稀疏；多年生枝条浅灰色；叶片椭圆形或长卵圆形，长8.3cm、宽6.6cm；叶片浅绿色，叶两侧向上微卷，无茸毛；叶基楔形，叶尖长渐尖或尾尖，叶缘锯齿圆钝；叶柄长6.4cm，红色；花单生，花较小，直径1.8cm；花梗长2.2cm；花萼紫红色，萼筒钟状；萼片长椭圆形，先端尖；花瓣白色，5枚，倒卵圆形；雌蕊和雄蕊等长；子房被短柔毛。

### 3. 果实性状

果实卵圆形，纵径1.9cm、横径1.8cm、侧径1.8cm；平均果重3.4g，最大果重5g；果顶尖圆；缝合线浅、广，两侧对称；梗洼浅、广；果皮绿黄色，密被灰白色茸毛；果肉薄，乳黄色；肉质沙面，汁液极少，味酸苦涩，不适宜鲜食；成熟时果肉自然开裂；离核，卵圆形，核面光滑，甜仁，饱满，干核平均重0.56g，干仁平均重0.18g，出仁率32.1%。

### 4. 生物学特性

中心主干生长弱，自然生长多为开心形或圆头形。萌芽力中等，发枝力中等。开始结果年龄3年，盛果期年龄7～8年；短果枝结果为主。单株产量较中等；萌芽期3月下旬，开花期4月上旬，果实采收期7月中旬，落叶期11月上旬。

## 品种评价

抗旱力极强，耐瘠薄力强，较抗病虫危害。杏仁品质好，出仁率高，28～30%，适宜于山地发展，是一个优良的仁用杏品种。产量较中，加强科学管理能够提高产量。

生境
叶片
植株

# 俊文杏6号

*Armeniaca vulgaris* L. 'Junwenxing 6'

调查编号：CAOQFMYP115

所属树种：杏 *Armeniaca vulgaris* L.

提 供 人：栗俊文
电　　话：13467034338
住　　址：山西省长治市襄垣县下良镇郝村

调 查 人：孟玉平、曹秋芬
电　　话：13643696321
单　　位：山西省农业科学院生物技术研究中心

调查地点：山西省长治市襄垣县下良镇牛龙嘴村

地理数据：GPS数据（海拔：1223m，经度：E113°05'29.8"，纬度：N36°37'36.8"）

## 生境信息

来源于当地，树龄10年，生长在海拔1200m的山地，属于乡镇规划的经济林带，以仁用杏为主，伴生多种小灌木、野蒿，土壤为黄壤土，山野小生境，境内山峁沟谷纵横，管理粗放。

## 植物学信息

### 1. 植株情况

小乔木；树势生长中等，树姿开张，树冠开心形，树高3m，冠幅东西2.3m、南北2.4m，干高1m，干周30cm。主干呈褐色，树皮丝状裂，枝条密度中等。

### 2. 植物学特性

1年生枝条红褐色，有光泽，长度14～73cm，节间平均长1.7cm，较粗壮，多斜生；皮孔较小，椭圆形，稀疏；多年生枝条浅灰色；叶片卵圆形，长9.3cm、宽7.3cm；叶片浅绿色，叶面光滑，无茸毛；叶基圆形，叶尖长渐尖，叶缘锯齿圆钝；叶柄长7.4cm，红色；花单生，较小；花萼紫红色，萼筒钟状；萼片长椭圆形，先端尖；花瓣白色，5枚，倒卵圆形；雌蕊和雄蕊等长；子房被短柔毛。

### 3. 果实性状

果实卵圆形，纵径3.23cm、横径2.92cm、侧径2.71cm；平均果重14g，最大果重19g；果顶尖圆；缝合线浅广，两侧不对称；梗洼浅、广；果皮绿黄色；果肉乳黄色，肉厚0.4cm；肉质细硬，纤维多，汁液少，味酸涩，不适宜鲜食；成熟时果肉自然开裂；离核，核卵圆形，核面光滑，甜仁，饱满，干核平均重1.66g，干仁平均重0.6g，出仁率36.1%。

### 4. 生物学特性

中心主干生长弱，自然生长多为开心形或圆头形。萌芽力中等，发枝力中等。开始结果年龄3年，进入盛果期年龄7～8年；短果枝结果为主；单株产量较中等。萌芽期3月下旬，开花期4月上旬，果实采收期7月中旬，落叶期11月上旬。

## 品种评价

抗旱力、耐瘠薄力极强，较抗病虫危害。杏仁品质好，出仁率高，适宜于山地发展。

生境

叶片

植株

# 阳高大接杏

*Armeniaca vulgaris* L.'Yanggaodajiexing'

调查编号：CAOQFMYP119

所属树种：杏 *Armeniaca vulgaris* L.

提 供 人：孟明
电　　话：13403603888
住　　址：山西省大同市阳高县农业局

调 查 人：曹秋芬、孟玉平、张春芬
　　　　　邓 舒、肖 蓉
电　　话：13753480017
单　　位：山西省农业科学院生物技术研究中心

调查地点：山西省大同市阳高县王官屯镇张家庄村

地理数据：GPS数据（海拔：1082m，经度：E113°41'35.4"，纬度：N40°18'28"）

## 生境信息

来源于当地，树龄10年，田间小生境，地形平坦，土壤为砂壤土，成片栽培，树行间间作菜类作物。

## 植物学信息

### 1. 植株情况

乔木；树势中庸，树姿开张，树冠开心形；树高3.0m，冠幅东西4.37m、南北3.48m，干高0.5m，干周48cm。主干呈褐色，树皮丝状裂，枝条密度中等。

### 2. 植物学特性

1年生枝条红褐色，有光泽，长度中等，节间平均长6.8cm，粗度中等；皮孔椭圆形，较小，分布稀疏；叶片椭圆形，长8.6cm、宽7.4cm；叶片中等厚度，浅绿色，叶柄长7.2cm，背面红色；叶基平圆或宽楔形，叶尖渐尖，叶缘锯齿圆钝，叶片平展；花形铃形；萼筒钟状，紫红色；萼片三角形，紫红色；花瓣倒卵圆形，5枚，白色；雌蕊1枚。

### 3. 果实性状

果实大，短圆形，纵径5.47cm、横径6.68cm、侧径6.22cm；平均果重114.1g，最大果重138g；果面底色绿黄，阳面有点状红晕，果面光滑，美观；缝合线宽浅，两侧对称；果顶平齐；顶凹浅广；梗洼浅、广；果肉乳黄色，肉厚度2.2cm，厚薄均匀，近核处颜色同肉色，果肉各部成熟度一致；果肉质地致密，纤维中，粗，汁液多，风味甜，香味淡。核中大，甜仁，离核，核不裂。品质极上。

### 4. 生物学特性

萌芽力、发枝力中等，新梢一年平均生长量47cm；开始结果年龄3年，进入盛果期年龄6~7年；以短果枝和花束状短果枝结果为主，采前落果较多，产量中等，大小年不显著。萌芽期3月中旬，开花期4月上旬，果实采收期7月中旬，落叶期11月上旬。

## 品种评价

该品种抗旱力、耐瘠薄力较强，对土壤的要求不严格，较耐盐碱。果实大，品质极上，鲜食和加工皆宜，经济价值较高。

植株

叶片

果实

果实

# 阳高香白杏

*Armeniaca vulgaris* L.‘Yanggaoxiangbaixing’

调查编号：CAOQFMYP120

所属树种：杏 *Armeniaca vulgaris* L.

提 供 人：孟明
电　　话：13403603888
住　　址：山西省大同市阳高县农业局

调 查 人：曹秋芬、孟玉平、张春芬
　　　　　邓 舒、肖 蓉
电　　话：13753480017
单　　位：山西省农业科学院生物技术研究中心

调查地点：山西省大同市阳高县王官屯镇张家庄村

地理数据：GPS数据（海拔：1082m，经度：E113°41'35.4"，纬度：N40°18'28"）

## 生境信息

来源于当地，树龄11年，田间小生境，地形平坦，土壤为砂壤土，成片栽培，树行间作菜类、玉米等作物。

## 植物学信息

### 1. 植株情况

乔木；树势中庸，树姿开张，树冠开心形；树高3.85m，冠幅东西3.3m、南北3.9m，干高0.8m，干周44cm。主干呈褐色，树皮丝状裂，枝条密度中等。

### 2. 植物学特性

1年生枝条红褐色，有光泽，长度中等，节间平均长4.8cm，粗度中等；皮孔椭圆形，较小，分布稀疏；叶片椭圆形，长8.4cm、宽6.7cm；叶片中等厚度，浅绿色，叶柄长6.5cm，背面红色；叶基平圆或宽楔形，叶尖渐尖，叶缘锯齿圆钝，叶片平展；花形铃形；萼筒钟状，紫红色；萼片三角形，紫红色；花瓣倒卵圆形，5枚，白色；雌蕊1枚。

### 3. 果实性状

果实大，近圆形，纵径5.17cm、横径5.1cm、侧径5.1cm；平均果重60.6g，最大果重77g；果面底色白绿，阳面彩色呈玫瑰红；缝合线细，两侧对称；果顶平圆，顶凹浅；梗洼深、窄；果肉白色，厚度1.68cm，近核处颜色同肉色，果肉各部成熟度一致；果肉质地致密，纤维少，细，汁液多，风味甜，香味中。品质极上。核中大；甜仁，离核。可溶性固形物含量12.7%。

### 4. 生物学特性

萌芽力、发枝力中等，新梢一年平均生长量47cm；开始结果年龄3年，进入盛果期年龄6～7年；以短果枝和花束状短果枝结果为主，采前落果较多，产量中等，大小年不显著。萌芽期3月中旬，开花期4月上旬，果实采收期7月中旬，落叶期11月上旬。

## 品种评价

该品种抗旱力、耐瘠薄力较强，也较抗冻害，对土壤的要求不严格，较耐盐碱。果实大，品质极上，鲜食和加工皆宜，经济价值较高。有些年份果实成熟后核周围容易变黑。

植株
枝条
花
叶片
果实

# 阳高假京杏

*Armeniaca vulgaris* L. ‘Yanggaojiajingxing’

调查编号：CAOQFMYP121

所属树种：杏 *Armeniaca vulgaris* L.

提 供 人：孟明
电　　话：13403603888
住　　址：山西省大同市阳高县农业局

调 查 人：曹秋芬、孟玉平、张春芬
邓 舒、肖 蓉
电　　话：13753480017
单　　位：山西省农业科学院生物技术研究中心

调查地点：山西省大同市阳高县王官屯镇张家庄村

地理数据：GPS数据（海拔：1082m，经度：E113°41'35.4"，纬度：N40°18'28"）

## 生境信息

来源于当地，树龄60年生，田间小生境，平整的耕地，土壤为砂壤土，成片栽培。

## 植物学信息

### 1. 植株情况

乔木；树体高大，树势健壮，树姿直立，树冠圆头形；树高8m，冠幅东西6.5m、南北7m，干高0.9m，干周95cm。主干呈褐色，树皮丝状裂，枝条密度中等。

### 2. 植物学特性

1年生枝条红褐色，有光泽，长度中等，节间平均长4.8cm，粗度中等；皮孔椭圆形，较大，凸起，分布明显；叶片椭圆形，长8.2cm、宽6.8cm；叶片中等厚度，浅绿色，叶柄长6.7cm，红色；叶基宽楔形，叶尖渐尖，叶缘锯齿圆钝，叶片平展；花形铃形；萼筒钟状，紫红色；萼片三角形，紫红色；花瓣倒卵圆形，5枚，白色；雌蕊1枚。

### 3. 果实性状

果实中大，近圆形，上下不正，略有歪斜；纵径4.43cm、横径4.91cm、侧径4.8cm；平均果重54g，最大果重65g；果面底色橙黄，阳面彩色呈玫瑰红；缝合线细，两侧对称；果顶平齐，顶凹浅；梗洼深、广；果肉橙黄色，厚度1.53cm，近核处颜色同肉色，果肉各部成熟度一致；果肉质地松软，纤维中多，粗，汁液多，风味甜酸，香味浓。苦仁，离核。可溶性固形物含量16.2%。品质极上。

### 4. 生物学特性

树姿半开张，自然生长一般为圆头形；新梢一年平均生长量42cm；开始结果年龄3年，进入盛果期年龄6～7年；以短果枝和花束状短果枝结果为主，采前落果较多，产量较高，大小年不显著。萌芽期3月中旬，开花期4月上旬，果实采收期7月中旬，落叶期11月上旬。

## 品种评价

该品种主要优点是产量高而稳定。果实大，品质优，鲜食或加工皆宜，经济价值高。

生境

叶片

花

果实

# 阳高硬条京杏

*Armeniaca vulgaris* L.
'Yanggaoyingtiaojingxing'

调查编号：CAOQFMYP122

所属树种：杏 *Armeniaca vulgaris* L.

提 供 人：孟明
电　　话：13403603888
住　　址：山西省大同市阳高县农业局

调 查 人：曹秋芬、孟玉平、张春芬
　　　　　邓　舒、肖　蓉
电　　话：13753480017
单　　位：山西省农业科学院生物技术研究中心

调查地点：山西省大同市阳高县王官屯镇张家庄村

地理数据：GPS数据（海拔：1082m，经度：E113°41'35.4"，纬度：N40°18'28"）

## 生境信息

来源于当地，树龄6年生，田间小生境，平整的耕地，土壤为砂壤土，成片栽培，树行间间作农作物。在当地栽培较多，是主要品种之一。

## 植物学信息

### 1. 植株情况

乔木；树姿较直立，树冠圆头形，树高3.3m，冠幅东西2.65m、南北3.3m，干高0.7m，干周30cm。主干呈褐色，树皮丝状裂，枝条密度中等。

### 2. 植物学特性

1年生枝条红褐色，有光泽，长度20～80cm，节间平均长2.1cm，粗度中等；皮孔稀少，椭圆形，较大，凸起，分布明显；叶片椭圆形，长8.5cm、宽7.5cm；叶片中等厚度，叶片浅绿色，叶柄长6.8cm，红色；叶基平圆，叶尖渐尖，叶缘锯齿圆钝，叶片平展；花形铃形；萼筒钟状，紫红色；萼片三角形，紫红色；花瓣倒卵圆形，5枚，白色；雌蕊1枚。

### 3. 果实性状

果实小，圆形；纵径3.47cm、横径3.82cm、侧径3.63cm；平均果重26.8g，最大果重31g；果面底色乳黄，着色呈玫瑰红，外观漂亮；缝合线较浅，两侧对称；果顶平圆，顶凹浅；梗洼深、广；果肉橙黄色，厚度1.18cm，近核处颜色同肉色，果肉各部成熟度一致；果肉质地松软，纤维中，细，汁液多，风味甜，香味浓。甜仁，半离核。可溶性固形物含量16.2%。品质极上。

### 4. 生物学特性

树姿半开张，新梢一年平均生长量47cm；开始结果年龄3年，进入盛果期年龄6～7年；以短果枝和花束状短果枝结果为主，采前落果较多，产量中等，大小年不显著。萌芽期3月中旬，开花期4月上旬，果实采收期7月中旬，落叶期11月上旬。

## 品种评价

主要优点是较抗旱，适应性强；果实鲜食品质好，外观漂亮，经济价值高。

生境

植株

花

叶片

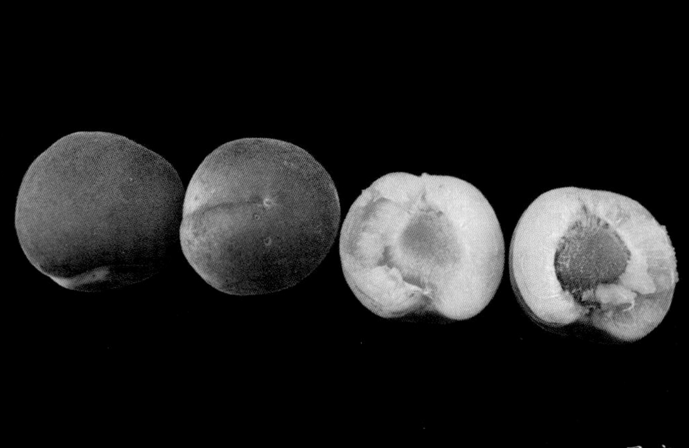
果实

# 阳高软条京杏

*Armeniaca vulgaris* L.
'Yanggaoruantiaojingxing'

调查编号：CAOQFMYP123

所属树种：杏 *Armeniaca vulgaris* L.

提 供 人：孟明
电　　话：13403603888
住　　址：山西省大同市阳高县农业局

调 查 人：曹秋芬、孟玉平、张春芬
邓　舒、肖　蓉
电　　话：13753480017
单　　位：山西省农业科学院生物技术研究中心

调查地点：山西省大同市阳高县王官屯镇张家庄村

地理数据：GPS数据（海拔：1082m，经度：E113°41'35.4"，纬度：N40°18'28"）

## 生境信息

来源于当地，树龄50年，田间小生境，地形平坦，土壤为砂壤土，成片栽培，树行间间作菜类作物。种植农户较多，为当地主栽品种之一。

## 植物学信息

### 1. 植株情况

乔木；树体高大，树姿直立，树冠圆头形，树高5m，冠幅东西6m、南北5m，干高1.2m，干周66cm。主干呈褐色，树皮丝状裂，枝条密度中等。

### 2. 植物学特性

1年生枝条红色，有光泽，长度中等，节间平均长6.8cm，粗细中等；皮孔较大，数量中等，椭圆形，凸起明显；叶片椭圆形或卵圆形，大小中等，长8.3cm、宽6.3cm；叶片中等厚度，浅绿色；叶柄长7.5cm，粗细中等，带红色；叶基平圆或宽楔形，叶尖渐尖，叶缘锯齿圆钝，叶片平展；花形铃形；萼筒钟状，紫红色；萼片三角形，紫红色；花瓣倒卵圆形，5枚，白色；雌蕊1枚。

### 3. 果实性状

果实中大，近圆形；纵径4.6cm、横径4.48cm、侧径4.06cm；平均果重38.5g，最大果重48g；果面底色橙黄，阳面彩色呈玫瑰红；缝合线细浅，两侧对称；果形不正，果顶向一侧歪；果顶短圆，顶微凹，雌蕊残存；梗洼深、广；果肉厚度1.5cm，两侧厚度不对称；肉质细软，纤维少，汁液多，风味甜酸，香味中。品质极上。甜仁，离核。可溶性固形物含量14～16%。

### 4. 生物学特性

树势生长中等，萌芽力、发枝力中等，新梢一年平均生长量27cm；开始结果年龄3年，进入盛果期年龄6～7年；以短果枝和花束状短果枝结果为主，采前落果较多，产量中等，大小年不显著。萌芽期3月上旬，开花期4月下旬，果实采收期7月中旬，落叶期11月上旬。

## 品种评价

该品种抗旱力、耐瘠薄力较强。对土壤的要求不严格，较耐盐碱。果实大，品质极上，鲜食和加工皆宜，经济价值较高。

生境
地方名：软条京杏
野外鉴定：杏
叶片
植株
花
花
果实

# 阳高桃接杏

*Armeniaca vulgaris* L.'Yanggaotaojiexing'

调查编号：CAOQFMYP124

所属树种：杏 *Armeniaca vulgaris* L.

提 供 人：刘革
电　　话：13934769517
住　　址：山西省大同市阳高县罗文皂镇政府

调 查 人：曹秋芬、孟玉平、张春芬、邓　舒、肖　蓉
电　　话：13753480017
单　　位：山西省农业科学院生物技术研究中心

调查地点：山西省大同市阳高县王官屯镇张家庄村

地理数据：GPS数据（海拔：1082m，经度：E113°41'35.4"，纬度：N40°18'28"）

## 生境信息

来源于当地，树11年，田间小生境，地形平坦，土壤为砂壤土，成片栽培，树行间间作菜类、玉米等作物。有少量栽培。

## 植物学信息

### 1. 植株情况

乔木；树势中等，树姿半开张，树冠圆头形，树高3.2m，冠幅东西4.3m、南北4.4m，干高0.6m，干周30cm。主干呈褐色，树皮丝状裂，枝条密度中等。

### 2. 植物学特性

1年生枝条红色，有光泽，长度中等，节间平均长6.8cm，粗细中等；皮孔较大，数量中等，椭圆形，凸起明显；叶片椭圆形或卵圆形，大小中等，长9.2cm、宽7.2cm；叶片中等厚度，浅绿色；叶柄长7.5cm，粗细中等，带红色。叶基平圆，叶尖渐尖，叶缘锯齿圆钝，叶片平展；花形铃形；萼筒钟状，紫红色；萼片三角形，紫红色；花瓣倒卵圆形，5枚，白色；雌蕊1枚。

### 3. 果实性状

果实大，卵圆形，纵径5.18cm、横径4.74cm、侧径4.88cm；平均果重55.6g，最大果重69g；果面底色橙黄，阳面彩色呈玫瑰红；缝合线浅，两侧不对称；果顶尖圆，顶部向一侧歪斜；梗洼浅、广；果肉厚度1.59cm，橙黄色；近核处颜色同肉色，果肉各部成熟度一致；肉质纤维多，粗，汁液多，香味浓，品质极上；甜仁，离核；可溶性固形物含量13.3%。

### 4. 生物学特性

萌芽力、发枝力中等，新梢一年平均长40cm；开始结果年龄3～4年，进入盛果期年龄6～7年；以短果枝和花束状短果枝结果为主；全树坐果，生理落果多，采前落果多，产量较低，大小年显著；萌芽期3月中旬，开花期4月上旬，果实采收期7月中旬，落叶期11月上旬。

## 品种评价

该品种抗旱力、耐瘠薄力较强。对土壤的要求不严格，较耐盐碱。果实大，品质极上，鲜食和加工皆宜，经济价值较高。

生境
叶片
植株
果实

# 阳高蜜杏

*Armeniaca vulgaris* L.'Yanggaomixing'

调查编号：CAOQFMYP125

所属树种：杏 *Armeniaca vulgaris* L.

提 供 人：刘革
电　　话：13934769517
住　　址：山西省大同市阳高县罗文皂镇政府

调 查 人：曹秋芬、孟玉平、张春芬
邓　舒、肖　蓉
电　　话：13753480017
单　　位：山西省农业科学院生物技术研究中心

调查地点：山西省大同市阳高县王官屯镇张家庄村

地理数据：GPS数据（海拔：1082m，经度：E113°41'35.4"，纬度：N40°18'28"）

## 生境信息

来源于当地，树龄10年，田间小生境，地形平坦，土壤为砂壤土，成片栽培，树行间作菜类、玉米等作物。有少量栽培。

## 植物学信息

### 1. 植株情况

乔木；树势中等，树姿半开张，树冠圆头形，树高3.9m，冠幅东西3.5m、南北3.7m，干高0.6m，干周30cm。主干呈褐色，树皮丝状裂，枝条密度中等。

### 2. 植物学特性

1年生枝条红色，有光泽，长度中等，节间平均长6.8cm，粗细中等；皮孔较大，分布稀疏，椭圆形，凸起明显；叶片椭圆形或卵圆形，大小中等，长8.5cm、宽6.6cm；叶片中等厚度，浅绿色；叶柄长6.7cm，粗细中等，带红色；叶基平圆，叶尖渐尖，叶缘锯齿圆钝，叶片平展。花形铃形；萼筒钟状，紫红色；萼片三角形，紫红色；花瓣倒卵圆形，5枚，白色；雌蕊1枚。

### 3. 果实性状

果实中大，近圆形；纵径3.55cm、横径3.92cm、侧径4.06cm；平均果重26.8g，最大果重34g；果面乳黄色，阳面彩色呈紫色；缝合线宽浅，两侧不对称；果顶短圆，顶凹浅；梗洼深、窄；果肉厚度1.34cm，橙黄色，近核处颜色同肉色，果肉各部成熟度一致；果肉质地致密，纤维多，汁液多，风味甜，香味浓；品质极上；核中大，甜仁，半离核；可溶性固形物含量11.1%。

### 4. 生物学特性

萌芽力、发枝力中等，新梢一年平均长43cm；开始结果年龄3～4年，进入盛果期年龄6～7年；以短果枝和花束状短果枝结果为主；全树坐果，采前落果较多，产量中等，大小年显著；成熟期易裂果。萌芽期3月中旬，开花期4月上旬，果实采收期6月下旬，落叶期11月上旬。

## 品种评价

该品种抗旱力、耐瘠薄力较强。对土壤的要求不严格，较耐盐碱。果实大，品质极上，主要用于鲜食，成熟期易裂果。

植株

枝条

果实

叶片

# 阳高优一1号

*Armeniaca vulgaris* L.'Yanggaoyouyi 1'

调查编号：CAOQFMYP126

所属树种：杏 *Armeniaca vulgaris* L.

提 供 人：刘苹
电　　话：13934769517
住　　址：山西省大同市阳高县罗文皂镇政府

调 查 人：曹秋芬、孟玉平、张春芬
　　　　　邓　舒、肖　蓉
电　　话：13753480017
单　　位：山西省农业科学院生物技术研究中心

调查地点：山西省大同市阳高县王官屯镇张家庄村

地理数据：GPS数据（海拔：1082m，经度：E113°41'35.4"，纬度：N40°18'28"）

## 生境信息

来源于当地从'优一'中发现的自然变异，本植株是变异的繁殖后代，树龄7年，有少量成片栽植。田间小生境，土壤为砂壤土，非耕地，土质较差。

## 植物学信息

### 1. 植株情况

小乔木；树势生长中等，树姿开张，树冠自然开心形，树高2.3m，冠幅东西3.0m、南北3.1m，干高0.7m，干周20cm。主干呈褐色，树皮丝状裂，枝条密度中等。

### 2. 植物学特性

1年生枝条红褐色，有光泽，长25～60cm，节间平均长2.3cm，较粗壮，多斜生；皮孔较小，椭圆形，稀；多年生枝条浅灰色；叶片近圆形或椭圆形，长8.3cm、宽6.2cm；叶片浅绿色，叶面平整，无茸毛；叶基圆形，叶尖长渐尖或尾尖，叶缘锯齿圆钝；叶柄长6.8cm，红色；花单生，花较小，花萼紫红色，萼筒钟状；萼片长椭圆形，先端尖；花瓣白色，5枚，倒卵圆形；雌蕊和雄蕊等长；子房被短柔毛。

### 3. 果实性状

果实小，扁卵圆形，纵径3.08cm、横径2.90cm、侧径2.37cm；平均果重8.5g，最大果重10g；果顶尖圆、平滑，有雌蕊残存；缝合线细浅，两侧对称；梗洼较浅、广；果皮浅绿色，阳面着片状红晕；果肉乳黄色，厚度较薄；果肉质硬，纤维少，汁液少，味酸，无香味，鲜食品质差；成熟时果肉自然开裂；核卵圆形，大而扁，核面光滑，甜仁，饱满，离核，干核重1.80g，干仁重0.82g，出仁率45.5%

### 4. 生物学特性

中心主干生长弱，自然生长多为开心形或圆头形。萌芽力中等，发枝力中等，新梢一年平均长45cm。开始结果年龄3年，进入盛果期年龄6～7年；短果枝结果为主。单株产量较高，大小年不显著；萌芽期3月下旬，开花期4月中旬，果实采收期7月中旬，落叶期11月上旬。

## 品种评价

该品种抗旱力强，耐瘠薄力强，较抗病虫危害。鲜食品质差，核仁品质好，出仁率高，产量较高。是当地从'优一'中选出的自然变异，可作为当地仁用杏主要栽培品种之一。

生境

叶片

果实

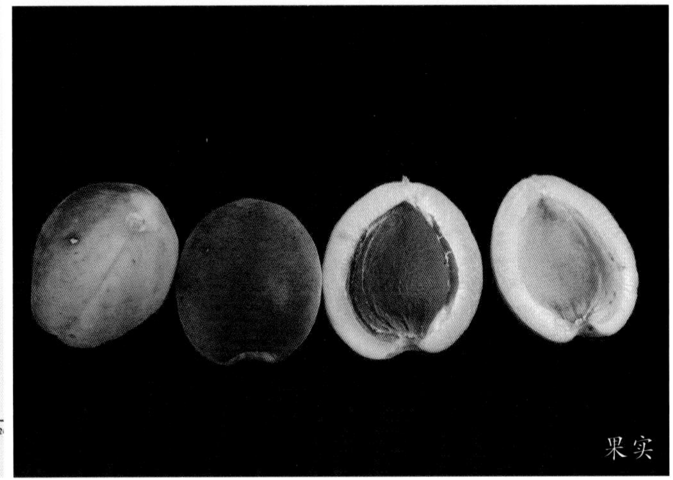

果实

# 阳高龙王帽

*Armeniaca vulgaris* L.
'Yanggaolongwangmao'

调查编号：CAOQFMYP127

所属树种：杏 *Armeniaca vulgaris* L.

提 供 人：刘革
电　　话：13934769517
住　　址：山西省大同市阳高县罗文皂镇政府

调 查 人：曹秋芬、孟玉平、张春芬、邓 舒、肖 蓉
电　　话：13753480017
单　　位：山西省农业科学院生物技术研究中心

调查地点：山西省大同市阳高县王官屯镇张家庄村

地理数据：GPS数据（海拔：1082m，经度：E113°41'35.4"，纬度：N40°18'28"）

## 生境信息

来源于当地从'龙王帽'中发现的自然变异，本植株是变异的繁殖后代，树龄8年，有少量成片栽植。田间小生境，土壤为砂壤土，非耕地，土质较差。

## 植物学信息

### 1. 植株情况

小乔木；树势生长中等，树姿开张，树冠自然圆头形，树高2.3m，冠幅东西3.2m、南北3.3m，干高0.7m，干周21cm。主干呈褐色，树皮丝状裂，枝条密度中等。

### 2. 植物学特性

1年生枝条红褐色，有光泽，平均长49cm，节间平均长2.5cm，较粗壮，多斜生；皮孔较大，椭圆形，稀；多年生枝条浅灰色；叶片近圆形或椭圆形，长9.4cm、宽7.7cm；叶片浅绿色，叶面平整，无茸毛；叶基宽楔形，叶尖长渐尖，叶缘锯齿粗钝；叶柄长7.5cm，红色；花单生，花较小，花萼紫红色，萼筒钟状；萼片长椭圆形，先端尖；花瓣白色，5枚，倒卵圆形；雌蕊和雄蕊等长；子房被短柔毛。

### 3. 果实性状

果实小，扁卵圆形；纵径3.88cm、横径3.28cm、侧径2.70cm；平均果重19.2g，最大果重22g；果面绿黄色，阳面彩色呈玫瑰红；缝合线深、细，两侧不对称；果顶尖圆，顶凹不明显，有雌蕊残存；梗洼浅、狭，不平滑，有皱。果肉质硬，纤维多而粗，汁液极少，味酸涩，无香味；鲜食品质差；成熟时果肉自然开裂；核卵圆形，大而扁，离核，甜仁，饱满；干核平均重2.4g，干仁平均重0.96g，出仁率40.0%。

### 4. 生物学特性

中心主干生长弱，自然生长多为开心形或圆头形。萌芽力中等，发枝力中等，新梢一年生长量20～62cm。开始结果年龄3年，进入盛果期年龄6～7年；短果枝结果为主。单株产量较高，大小年不显著；萌芽期3月中旬，开花期4月上旬，果实采收期7月中旬，落叶期11月上旬。

## 品种评价

该品种抗旱力强，耐瘠薄力强，较抗病虫危害。鲜食品质差，核仁品质好，出仁率高，产量较高。是当地从'龙王帽'中选出的自然变异，可作为当地仁用杏主要栽培品种之一。

生境
叶片
果实
果实

# 襄垣大红杏

*Armeniaca vulgaris* L.
'Xiangyuandahongxing'

调查编号：CAOQFMYP148

所属树种：杏 *Armeniaca vulgaris* L.

提 供 人：常金柱
电　　话：134467090635
住　　址：山西省长治市襄垣县桃树村

调 查 人：曹秋芬、孟玉平、张春芬
　　　　　邓 舒、肖 蓉
电　　话：13753480017
单　　位：山西省农业科学院生物技术研究中心

调查地点：山西省长治市襄垣县古韩镇桃树村

地理数据：GPS数据（海拔：981m，经度：E112°58'59.06"，纬度：N36°33'0.42"）

## 生境信息

来源于当地，树龄16年生，生长在苹果园，田间小生境，平整的耕地，土壤为砂壤土，当地有零星栽培。

## 植物学信息

### 1. 植株情况

乔木；树势健壮，树姿较直立，树冠圆头形；树高4m，冠幅东西3.65m、南北3.5m，干高0.7m，干周50cm。主干呈褐色，树皮丝状裂，枝条密度中等。

### 2. 植物学特性

1年生枝条红褐色，有光泽，长度27～47cm，节间平均长2.6cm，粗度中等。皮孔稀少，椭圆形，较大，凸起，分布明显。叶片椭圆形，长9.2cm、宽7.2cm；叶片中等厚度，浅绿色，叶柄长度7.5cm，黄绿色；叶基平圆，叶尖渐尖，叶缘锯齿圆钝，叶片平展。花形铃形；萼筒钟状，紫红色；萼片三角形，紫红色；花瓣倒卵圆形，5枚，白色；雌蕊1枚。

### 3. 果实性状

果实大，近圆形；纵径4.68cm、横径4.89cm、侧径4.67cm；平均果重62.9g，最大果重92g；果面底色橙黄，阳面彩色呈玫瑰红；缝合线浅、广，两侧对称；果顶平圆、顶凹浅、广；梗洼中深、中广，梗洼处平整不皱；果梗短；果皮中厚，茸毛无；果肉橙黄色，近核处颜色同肉色，果肉各部成熟度一致；果肉质地松软，纤维少，细，汁液中多，风味酸甜，香味浓；品质极上。核中等，甜仁，离核，核不裂；可溶性固形物含量14%～15%。

### 4. 生物学特性

新梢一年平均生长量47cm；开始结果年龄3年，进入盛果期年龄6～7年；以短果枝和花束状短果枝结果为主，采前落果较多，产量中等，大小年不显著。萌芽期3月中旬，开花期4月上旬，果实采收期6月下旬，落叶期11月上旬。

## 品种评价

主要优点是较抗旱，适应性强；果实鲜食品质好，外观漂亮，经济价值高。

生境

植株

枝条

果实

果实

# 秦州大接杏1号

*Armeniaca vulgaris* L. 'Qinzhoudajiexing 1'

调查编号：CAOQFMYP173

所属树种：杏 *Armeniaca vulgaris* L.

提 供 人：刘海全
电　　话：18993807182
住　　址：甘肃省天水市果树研究所

调 查 人：曹秋芬、孟玉平、王亦学
电　　话：13753480017
单　　位：山西省农业科学院生物技术研究中心

调查地点：甘肃省天水市秦州区关子镇西北村

地理数据：GPS数据（海拔：1500m，经度：E105°22'13.97"，纬度：N34°37'56.20"）

## 生境信息

来源来源于当地，生长在庭院中，树龄30年，土壤为黄壤土；当地有少量零星栽培。

## 植物学信息

### 1. 植株情况

乔木；树姿半开张，树冠半圆形；树高5～6m，冠幅东西5m、南北6m，干高2m，干周75cm，主干呈褐色，树皮丝状裂；枝条稀密适中。

### 2. 植物学特性

1年生枝条红褐色，有光泽，平均长46cm，节间平均长3.8cm，粗度中等。皮孔椭圆形，较小，分布稀疏。叶片椭圆形或卵圆形，长8.2cm、宽7.7cm；叶片中等厚度，浅绿色，叶柄长6.3cm，黄绿色；叶基平圆或宽楔形，叶尖渐尖，叶缘锯齿圆钝，叶片平展。花形铃形；萼筒钟状，紫红色；萼片三角形，紫红色；花瓣倒卵圆形，5枚，白色；雌蕊1枚。

### 3. 果实性状

果实中大，扁圆形，纵径4.3cm、横径4.8cm、侧径4.2cm；平均果重45.3g，最大果重60g；果面黄色，光滑，美观；缝合线宽浅，两侧不对称；果顶平圆，顶凹浅、广；梗洼浅、广；果肉乳黄色，近核处颜色同肉色，果肉各部成熟度一致；肉质致密，纤维中，粗，汁液多，风味甜，香味淡。核甜仁，离核，核不裂。品质中等。

### 4. 生物学特性

树势中庸，萌芽力、发枝力较弱，新梢一年生长量中等；开始结果年龄3年，进入盛果期年龄6～7年；以短果枝和花束状短果枝结果为主，采前落果较多，产量中等，大小年不显著。萌芽期3月中旬，开花期4月上旬，果实采收期7月中旬，落叶期11月上旬。

## 品种评价

该品种抗旱力、耐瘠薄力较强，对土壤的要求不严格，较耐盐碱。果实中等大，品质中等，鲜食和加工皆宜。

生境

叶片

果实

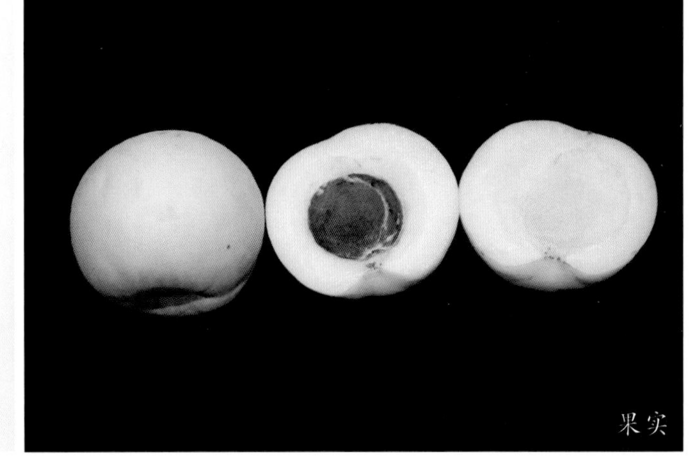
果实

# 秦州张果园杏1号

*Armeniaca vulgaris* L.
'Qinzhouxzhangguoyuanxing 1'

调查编号：CAOQFMYP174

所属树种：杏 *Armeniaca vulgaris* L.

提 供 人：刘海全
电　　话：18993807182
住　　址：甘肃省天水市果树研究所

调 查 人：曹秋芬、孟玉平、王亦学
电　　话：13753480017
单　　位：山西省农业科学院生物技术研究中心

调查地点：甘肃省天水市秦州区关子镇西北村

地理数据：GPS数据（海拔：1500m，经度：E105°22'26"，纬度：N34°38'0.9"）

## 生境信息

来源于当地，生长于庭院，树龄30年，土壤为砂壤土，现存1株。

## 植物学信息

### 1. 植株情况

乔木；树势中庸，树姿开张，树冠残缺不全，半面树冠被砍掉（因为影响庭院光照）；树高4m，冠幅东西4m、南北4m，干高2m，干周70cm。主干呈褐色，树皮丝状裂；枝条密度稀疏。

### 2. 植物学特性

1年生枝条红褐色，有光泽，长度8～15cm，节间平均长2.1cm，粗度中等。皮孔稀少，椭圆形，较大，凸起，分布明显。叶片椭圆形，长10.5cm、宽7.5cm；叶片中等厚度，浅绿色，叶柄长6.6cm，黄绿色；叶基平圆，叶尖渐尖，叶缘锯齿圆钝，叶片平展。花形铃形；萼筒钟状，紫红色；萼片三角形，紫红色；花瓣倒卵圆形，5枚，白色；雌蕊1枚。

### 3. 果实性状

果实中大，扁圆形；纵径5.0cm、横径4.5cm、侧径4.1cm；平均果重64.7g，最大果重72g；果面底色黄绿，阳面彩色呈玫瑰红；缝合线浅、广，两侧不对称；果顶尖圆、顶凹浅、广；梗洼中深、中广；梗洼处平整不皱；果梗短；果皮中厚，茸毛无；果肉橙黄色，近核处颜色同肉色，果肉各部成熟度一致；果肉质地致密，纤维中，汁液中，风味酸甜，香味中；核中大，甜仁，离核，核不裂；可溶性固形物含量8～10%。品质中等。

### 4. 生物学特性

新梢生长势弱，年生长量小；开始结果年龄3年，进入盛果期年龄6～7年；以短果枝和花束状短果枝结果为主，采前落果较多，产量中等，大小年显著。萌芽期3月中旬，开花期4月上旬，果实采收期7月下旬，落叶期11月上旬。

## 品种评价

主要优点是较抗旱，适应性强；果实鲜食和加工皆宜。

生境
期：2014-07-15
：曹秋芬
：中国甘肃省天水市秦州区关子镇西北村
：N33° 38′ 0.9″ E105° 22′ 26″
度：1500m 坡度： 坡向：
庭院
种：
述：高 4m，乔木
：秦州张果园杏 1 号
定：杏
叶片
果实
果实

# 张家川胭脂红杏

*Armeniaca vulgaris* L. 'Zhangjiachuanyanzhihongxing'

调查编号：CAOQFMYP181

所属树种：杏 *Armeniaca vulgaris* L.

提 供 人：王耀锋
电　　话：13893825055
住　　址：甘肃省天水市张家川县果树站

调 查 人：曹秋芬、孟玉平、王亦学
电　　话：13753480017
单　　位：山西省农业科学院生物技术研究中心

调查地点：甘肃省天水市张家川县木河乡店子村水沟

地理数据：GPS数据（海拔：1645m，经度：E106°07′48.8″，纬度：N35°01′40.0″）

## 生境信息

来源于当地，树龄40年，生长在庭院，土壤为砂壤土。当地有零星种植，现存最大树龄100年以上。

## 植物学信息

### 1. 植株情况

乔木；树势中等，树姿半开张，树形半圆形；树高5m，冠幅东西5m、南北7m，干高1.6m，干周65cm；树皮丝状裂；枝条密度中等。

### 2. 植物学特性

1年生枝条红色，无光泽，平均长12cm，节间平均长2.8cm，粗细中等。皮孔稀疏，椭圆形，大小中等，凸起明显。叶片椭圆形或卵圆形，大小中等，长8cm、宽6.5cm；叶片中等厚度，浅绿色；叶柄长5.7cm，粗细中等，黄绿色；叶基平圆和宽楔形，叶尖渐尖，叶缘锯齿圆钝，叶片平展。花形铃形；萼筒钟状，紫红色；萼片三角形，紫红色；花瓣倒卵圆形，5枚，白色；雌蕊1枚。

### 3. 果实性状

果实中大，近圆形；纵径4.5cm、横径4.7cm、侧径4.5cm；平均果重32.8g，最大果重37g；果面底色黄绿，阳面彩色呈紫色；果面光滑，有光泽；缝合线细浅，两侧对称；果顶圆形，顶凹浅；梗洼浅、窄，无皱；果肉橙黄色，近核处颜色同肉色，果肉各部成熟度一致；果肉质地松软，纤维多，粗，汁液多，风味甜，香味中；品质上等；核中等大，甜仁，粘核，核不裂；可溶性固形物含量9%。

### 4. 生物学特性

萌芽力、发枝力中等，新梢生长量小；开始结果年龄3～4年，进入盛果期年龄6～7年；以短果枝和花束状短果枝结果为主；全树坐果，采前落果较多，产量中等，大小年显著；成熟期易裂果。萌芽期3月中旬，开花期4月上旬，果实采收期7月中旬，落叶期11月上旬。

## 品种评价

该品种抗旱力、耐瘠薄力较强，对土壤的要求不严格，较耐盐碱。果实品质极上，主要用于鲜食，成熟期易裂果。

生境
植株
叶片
果实

# 伊吾杏1号

*Armeniaca vulgaris* L. ‘Yiwuxing 1’

调查编号：CAOQFZTJ007

所属树种：杏 *Armeniaca vulgaris* L.

提 供 人：张团结
电　　话：18999687316
住　　址：新疆维吾尔自治区哈密市伊吾县下马崖乡

调 查 人：曹秋芬、孟玉平
电　　话：13753480017
单　　位：山西省农业科学院生物技术研究中心

调查地点：新疆维吾尔自治区哈密市伊吾县苇子峡乡伊淖公路旁

地理数据：GPS数据（海拔：1256m，经度E94°49'37.9"，纬度：N43°24'28.5"）

## 生境信息

来源于当地，树龄7年，生长于人工杏树林，面积7500亩，地形为山谷砾石滩，土质差，非耕地。

## 植物学信息

### 1. 植株情况

小乔木；树势中庸，树姿开张，树冠半圆形，树高2.2m，冠幅东西2m、南北2m，干高0.4m，干周20cm；主干呈灰褐色，树皮丝状裂；全树枝条密度疏。

### 2. 植物学特性

1年生枝条红褐色，有光泽，平均长14cm，节间平均长2.1cm，粗细中等。皮孔较大，数量中等，近圆形，明显。叶片卵圆形，长8cm、宽6.5cm；叶柄长7.5cm，较细，带红色；叶基楔形，叶尖渐尖，叶缘锯齿圆钝，叶片平展，中等厚度，浅绿色。花形铃形；花直径2～3cm；萼筒钟状，紫红色；萼片三角形，紫红色；花瓣倒卵圆形，5枚，白色；雌蕊1枚。

### 3. 果实性状

果实小，圆形，纵径2.2cm、横径2.35cm、侧径2.12cm；平均果重10.2g，最大果重12.3g。果顶尖圆，顶凹不明显，雌蕊残存；梗洼深、窄；缝合线浅，两侧对称；果皮黄色；果肉黄色，近核处颜色同肉色，果肉各部成熟度一致；果肉质地细软，纤维少，汁液少，味酸甜，香味浓，核小，苦仁，离核。

### 4. 生物学特性

萌芽力中等，发枝力强，新梢一年平均长43cm；开始结果年龄4～5年，进入盛果期年龄6～7年；以短果枝和花束状短果枝结果为主。生理落果多，采前落果多，产量低，萌芽期3月中旬，开花期4月上旬，果实采收期6月中下旬，落叶期10月上旬。

## 品种评价

该品种对恶劣环境有较强抵抗能力，特别是耐干旱、耐瘠薄、耐寒冷，生长在贫瘠的坡地、山地、乱石滩地均能正常生长。可用于普通杏的砧木。果实小，品质差，果实可用于果脯加工。

生境
植株
叶片
花
枝条

# 伊吾杏 2 号

*Armeniaca vulgaris* L.'Yiwuxing 2'

调查编号：CAOQFZTJ008

所属树种：杏 *Armeniaca vulgaris* L.

提 供 人：张团结
电　　话：18999687316
住　　址：新疆维吾尔自治区哈密市伊吾县下马崖乡

调 查 人：曹秋芬、孟玉平
电　　话：13753480017
单　　位：山西省农业科学院生物技术研究中心

调查地点：新疆维吾尔自治区哈密市伊吾县苇子峡乡伊淖公路旁

地理数据：GPS数据（海拔：1256m，经度：E94°49'37.9"，纬度：N43°24'28.5"）

## 生境信息

来源于当地，树龄7年，生长于人工杏树林，面积7500亩，地形为山谷砾石滩，土质差，非耕地。

## 植物学信息

### 1. 植株情况

小乔木；树势中庸，树姿开张，树冠半圆形，树高2.2m，冠幅东西2m、南北2m，干高0.4m，干周20cm；主干呈灰褐色，树皮丝状裂；树冠枝条密度疏。

### 2. 植物学特性

1年生枝条红褐色，有光泽，长度15~33cm，节间平均长2.5cm，较粗壮；皮孔较小，椭圆形，中密；多年生枝条浅灰色；叶片近圆形或卵圆形，长10.1cm、宽8.1cm；叶片浓绿色，叶面平整，无茸毛；叶基平圆，叶尖渐尖，叶缘锯齿圆钝；叶柄长4.4cm，黄绿色；花单生，花较小，直径1.7cm；花梗长2.1cm；花萼紫红色，萼筒钟状；萼片长椭圆形，先端尖；花瓣白色，5~6枚，倒卵圆形；雌蕊和雄蕊等长；子房被短柔毛。

### 3. 果实性状

果实卵圆形，纵径3.32cm、横径2.13cm、侧径2.28cm；平均果重13.8g，最大果重16.6g；果顶尖圆、平滑；缝合线深广，两侧不对称；梗洼深、广；果皮橙黄色；果肉乳黄色，厚度较薄；果肉纤维粗，汁液极少，鲜食品质差；果核较大，离核，核面光滑，椭圆形，甜仁，有香味，饱满，干核重0.9g。

### 4. 生物学特性

中心主干生长弱，自然生长多为开心形或圆头形。萌芽力中等，发枝力中等。开始结果年龄4~5年，盛果期年龄7~8年；短果枝结果为主。单株产量较低，大小年不显著。萌芽期3月下旬，开花期4月上旬，果实采收期7月上旬，落叶期11月上旬。

## 品种评价

该品种对干旱、瘠薄、寒冷等恶劣环境有较强抵抗能力，生长在贫瘠的坡地、山地、乱石滩地均能正常生长。该品种可作为普通杏和西伯利亚杏的砧木利用，也可作为绿化和观赏用。果实小，品质差，果实没有鲜食价值。核仁饱满，品质好，可用于食品加工。

生境
植株
叶片
花
芽

# 庙儿沟杏 1 号

*Armeniaca vulgaris* L. ‘Miaoergouxing 1’

调查编号：CAOQFYZY009

所属树种：杏 *Armeniaca vulgaris* L.

提 供 人：杨志颜
电　　话：13031216780
住　　址：新疆维吾尔自治区哈密市林果业技术推广中心

调 查 人：曹秋芬
电　　话：13753480017
单　　位：山西省农业科学院生物技术研究中心

调查地点：新疆维吾尔自治区哈密市黄田农场庙儿沟连队

地理数据：GPS数据（海拔：1107m，经度：E93°44'26.20"，纬度：N42°47'43.90"）

## 生境信息

来源于当地，生长在路旁，树龄30年，土壤为砂壤土，自然实生种，现存1株。

## 植物学信息

### 1. 植株情况

乔木；树势中庸，树姿半直立，树冠半圆形；树高9m，冠幅东西7m、南北7m，干高1.7m，干周68cm；主干呈灰褐色，树皮丝状裂；树冠枝条较密。

### 2. 植物学特性

1年生枝条紫红色，有光泽，长度15cm，节间平均长1.2cm；皮孔大而稀，椭圆形，灰色，凸起。花芽中大，顶端尖，着生角度30°。叶片中大，椭圆形，长5.2cm、宽4.6cm，浓绿色，叶柄长2.9cm，较细，叶柄颜色稍带紫红。花形铃形；花直径2～3cm；萼筒钟状，紫红色；萼片三角形，紫红色；花瓣倒卵圆形，5枚，白色；雌蕊1枚。

### 3. 果实性状

果实近圆形，纵径2.8cm、横径2.67m、侧径2.63cm，平均果重13g，最大果重16g；果皮底色橙黄，阳面彩色呈紫红，缝合线浅、两侧对称；果顶平圆；果肉黄色，各部成熟度一致，质地软，纤维中粗，汁液中多；离核；可溶性固形物含量16.5%。

### 4. 生物学特性

树体高大，中心主干生长势强；萌芽率高，成枝力中，新梢一年平均长20cm；开始结果年龄4年，进入盛果期年龄6年；以短果枝结果为主，生理落果中，采前落果中，产量中；萌芽期3月下旬，开花期4月上旬，果实采收期7月下旬，落叶期11月上旬。

## 品种评价

该品种抗旱、抗寒、抗瘠薄力强，果实较小，品质中等。

植株

叶片

花

# 庙儿沟杏 2 号

*Armeniaca vulgaris* L. 'Miaoergouxing 2'

调查编号：CAOQFYZY013

所属树种：杏 *Armeniaca vulgaris* L.

提 供 人：杨志颜
电　　话：13031216780
住　　址：新疆维吾尔自治区哈密市林果业技术推广中心

调 查 人：曹秋芬
电　　话：13753480017
单　　位：山西省农业科学院生物技术研究中心

调查地点：新疆维吾尔自治区哈密市黄田农场庙儿沟连队

地理数据：GPS数据（海拔：1107m，经度：E93°44′26.20″，纬度：N42°47′43.90″）

## 生境信息

来源于当地，树龄60多年，生长在非耕地，伴生植物为核桃等树木，土壤质地为砂石土，现存1株。

## 植物学信息

### 1. 植株情况

乔木；树势强，树姿直立，树形半圆形；树高12.5m，冠幅东西7m、南北7m，干高1.6m，干周170cm；主干呈灰色，树皮丝状裂；枝条中等密度。

### 2. 植物学特性

1年生枝条紫红色，有光泽，长度15cm，节间平均长2.4cm；花芽中大，顶端尖，着生角度30°。叶片卵圆形，长4.5cm、宽4.6cm，叶片较厚，浓绿色，叶柄长2.6cm，中粗，紫红色。花形铃形；萼筒钟状，紫红色；萼片三角形，紫红色；花瓣倒卵圆形，5枚，白色；雌蕊1枚。

### 3. 果实性状

果实近圆形，纵径2.7cm、横径2.66m、侧径2.65cm，平均果重14g，最大果重20g；果皮底色橙黄，彩色呈紫红；缝合线浅、两侧对称，果顶平圆。果肉黄色，果肉厚度较均匀，近核处颜色同肉色，果肉各部成熟度一致；果肉质地柔软，纤维中粗，汁液多，风味甜，香味中，核较小，苦仁，离核。可溶性固形物含量17.9%。品质上等。

### 4. 生物学特性

生长势较强，自然生长呈圆锥形，萌芽力中等，发枝力强。开始结果年龄3～4年，进入盛果期年龄5～7年。以短果枝和花束状短果枝结果为主。生理落果多，采前落果多，产量中等，有大小年结果现象。萌芽期3月中旬，开花期4月上旬，果实采收期6月下旬，落叶期11月上旬。

## 品种评价

该品种抗旱力、耐瘠薄力较强，对土壤的要求不严格，较耐盐碱。果实较小，鲜食品质上等，也可加工果脯。

生境

植株

叶片

花

# 五堡红杏子1号

*Armeniaca vulgaris* L. 'Wubuhongxingzi 1'

调查编号：CAOQFYZY015

所属树种：杏 *Armeniaca vulgaris* L.

提 供 人：杨志颜
电　　话：13031216780
住　　址：新疆维吾尔自治区哈密市林果业技术推广中心

调 查 人：曹秋芬
电　　话：13753480017
单　　位：山西省农业科学院生物技术研究中心

调查地点：新疆维吾尔自治区哈密市五堡镇四堡村三大队

地理数据：GPS数据（海拔：586m，经度：E92°53'49.4"，纬度：N42°55'16.8"）

## 生境信息

来源于当地，树龄50～60年。田间小生境，人工杏树园，土壤质地为砂砾混合土。

## 植物学信息

### 1. 植株情况

乔木；树势中强，树姿开张，树冠圆头形；树高8～10m，冠幅东西7m、南北7m，干高1.1m，干周101cm；主干呈褐色，树皮丝状裂；枝条较密。

### 2. 植物学特性

1年生枝条红褐色，有光泽，平均长30cm，节间平均长1.9cm，粗细中等。皮孔较小，数量中等，椭圆形，明显。叶片卵圆形，较小，长5cm、宽3cm，叶柄长6.4cm，粗细中等；叶基宽楔形，叶尖急尖，叶缘锯齿圆钝，叶片平展，较薄，浅绿色。花形铃形；萼筒钟状，紫红色；萼片三角形，紫红色；花瓣倒卵圆形，5枚，白色；雌蕊1枚。

### 3. 果实性状

果实扁圆形，纵径4.42cm、横径4.25cm、侧径4.06cm；平均果重42g，最大果重65g。果顶平圆，顶凹浅、广；梗洼深、窄；缝合线浅、广，两侧对称；果皮底色浅绿黄，阳面有片状红晕；果面平滑，有光泽；果肉乳黄色，果肉厚度较均匀，近核处颜色同肉色，果肉各部成熟度一致；果肉质地柔软，纤维稍粗，汁液多，风味甜，香味中，核较小，苦仁，离核。可溶性固形物含量18.9%。品质中等。

### 4. 生物学特性

萌芽力中等，发枝力强。开始结果年龄3～4年，进入盛果期年龄5～7年。以短果枝和花束状短果枝结果为主。全树坐果，坐果力强，生理落果少，采前落果多，产量高，大小年不显著。萌芽期3月中旬，开花期4月上旬，果实采收期6月下旬，落叶期11月上旬。

## 品种评价

该品种抗旱力、耐瘠薄力较强，对土壤的要求不严格，较耐盐碱。果实中等大，品质中等，鲜食和加工皆宜。产量高，可适量发展。

生境
植株
叶片
花

# 托克逊杏 4 号

*Armeniaca vulgaris* L. ‘tuokexunxing 4’

调查编号：CAOQFMHTE004

所属树种：杏 *Armeniaca vulgaris* L.

提 供 人：木合塔尔·艾乃吐拉
电　　话：13289953886
住　　址：新疆农业科学院吐鲁番农业科学院研究所

调 查 人：木合塔尔·艾乃吐拉
电　　话：13289953886
单　　位：新疆农业科学院吐鲁番农业科学院研究所

调查地点：新疆维吾尔自治区吐鲁番市托克逊县盘吉尔塔格

地理数据：GPS数据（海拔：831.76m，经度：E88°12'49"，纬度：N43°07'01"）

## 生境信息

来源于当地，树龄60年，生长在院落中，土壤为砂壤土。当地有零星栽培。

## 植物学信息

### 1. 植株情况

乔木；树势强，树冠半圆形，树姿半开张；树高8.5m，冠幅东西5m、南北6m，干高1.1m，干周158cm；主干呈褐色，树皮丝状裂；枝条较密。

### 2. 植物学特性

1年生枝条红褐色，无光泽，平均长16cm，节间平均长1.8cm，粗细中等。皮孔较大，数量中等，近圆形，明显。叶片卵圆形，长5.5cm、宽4.8cm，叶柄长4.7cm，较细，带红色；叶基平圆，叶尖渐尖，叶缘锯齿圆钝，叶片平展，中等厚度，浅绿色。花形铃形；萼筒钟状，紫红色；萼片三角形，紫红色；花瓣倒卵圆形，5枚，白色；雌蕊1枚。

### 3. 果实性状

果实近圆形，纵径3.17cm、横径3.02cm、侧径2.91cm；平均果重17.3g，最大果重20g。果顶尖圆；梗洼浅、窄；缝合线浅，两侧对称；果皮黄色，果面平滑，有光泽；果肉黄色，近核处颜色同肉色，果肉各部成熟度一致；果肉质地细软，纤维少，汁液中多，风味甜，香味浓，苦仁，离核。可溶性固形物含量16%。品质上等。

### 4. 生物学特性

树体高大，树姿直立，自然生长情况下多为圆头形，生长势中等。萌芽力中等，发枝力强，新梢一年平均生长量10～20cm。开始结果年龄3～4年，进入盛果期年龄5～7年。以短果枝和花束状短果枝结果为主；生理落果少，采前落果少，产量较高。萌芽期3月中旬，开花期4月上旬，果实采收期6月中旬，落叶期11月上旬。

## 品种评价

抗旱、抗寒，丰产；果实柔软多汁，味甜，适口性好，适宜鲜食。

生境
植株
叶片
花
果实

# 新疆吐鲁番杏1号

*Armeniaca vulgaris* L.‘Xinjiangtulufanyxing 1’

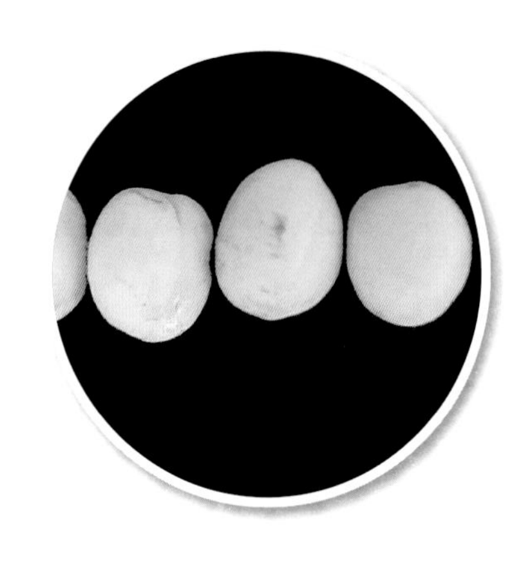

调查编号：CAOQFMHTE031

所属树种：杏 *Armeniaca vulgaris* L.

提 供 人：木合塔尔·艾乃吐拉
电　　话：13289953886
住　　址：新疆农业科学院吐鲁番农农业科学研究所

调 查 人：木合塔尔·艾乃吐拉
电　　话：13289953886
单　　位：新疆农业科学院吐鲁番农农业科学研究所

调查地点：新疆维吾尔自治区吐鲁番市托克逊县盘吉尔塔格

地理数据：GPS数据（海拔：831.76m，经度：E88°12'49"，纬度：N43°07'01"）

## 生境信息

来源于当地，生长在葡萄园地头，土壤为砂壤土。树龄40年，现存1株。

## 植物学信息

### 1. 植株情况

乔木；树势强，树姿直立，树冠半圆形，树高8.4m，冠幅东西4m、南北3.8m，干高2.6m，干周118cm；主干呈褐色，树皮丝状裂；枝条较密。

### 2. 植物学特性

1年生枝条红褐色，无光泽，平均长26cm，节间平均长1.7cm，粗细中等；皮孔较大，数量中等，近圆形，明显。叶片卵圆形，长7.6cm、宽6.4cm，叶柄长5.6cm，较细，带红色；叶基平圆，叶尖渐尖，叶缘锯齿圆钝，叶片平展，中等厚度，浅绿色；花形铃形；花蕾紫红色，萼筒钟状，紫红色；萼片三角形，紫红色；花瓣倒卵圆形，5枚，白色；雌蕊1枚。

### 3. 果实性状

果实卵圆形或近圆形，纵径2.2cm、横径2.1cm、侧径2.1cm；平均果重12g，最大果重14g；果顶尖圆，无顶凹，雌蕊残存；梗洼浅、窄；缝合线浅，两侧对称；果皮黄色；果面平滑，有光泽；果肉乳黄色，近核处颜色同肉色，果肉各部成熟度一致；果肉质地细软，纤维中，汁液多；仁甜，离核；可溶性固形物含量16.5%。品质上等。

### 4. 生物学特性

树体高大，自然生长情况下多为圆头形。萌芽力中等，发枝力强。开始结果年龄3～4年，进入盛果期年龄5～7年。以短果枝和花束状短果枝结果为主。生理落果少，采前落果多，单株产量较高，大小年结果现象显著。萌芽期3月中旬，开花期4月上旬，果实采收期6月中旬，落叶期11月上旬。

## 品种评价

抗旱、抗寒；果实柔软多汁，味甜，适口性好，适宜鲜食。

生境

植株

果实

# 树上干杏

*Armeniaca vulgaris* L.‘Shushangganxing’

调查编号：CAOQFNJX026

所属树种：杏 *Armeniaca vulgaris* L.

提 供 人：牛建新
电　　话：13999533176
住　　址：新疆维吾尔自治区石河子市北四路221号

调 查 人：牛建新
电　　话：13999533176
单　　位：石河子大学

调查地点：新疆维吾尔自治区伊犁哈萨克自治州62团中信酒厂院内

地理数据：GPS数据（海拔：830.68m，经度：E80°27'28.83"，纬度：N44°10'21.88"）

## 生境信息

来源于当地，树龄40年，生长在住宅区院落，土壤为砂壤土。当地有较多栽培。

## 植物学信息

### 1. 植株情况

乔木；树势强，树姿直立，树冠半圆形；树高5.5m，冠幅东西4.5m、南北4.0m，干高1.3m，干周58cm；主干呈褐色，树皮丝状裂；枝条较密。

### 2. 植物学特性

1年生枝条红褐色，有光泽，长度25cm，节间平均长3.8cm，粗度中等；皮孔椭圆形，较小，分布稀疏；叶片椭圆形，长8.2cm、宽6.4cm；叶片中等厚度，浅绿色，叶柄长7.2cm，带红色；叶基平圆或宽楔形，叶尖渐尖，叶缘锯齿圆钝，叶片平展；花形铃形；萼筒钟状，紫红色；萼片三角形，紫红色；花瓣倒卵圆形，5枚，白色；雌蕊1枚。

### 3. 果实性状

果实圆形，纵径2.8cm、横径2.7cm、侧径2.65cm，平均果重15g，最大果重24g，果面光滑无毛，底色橙黄，阳面有红晕；缝合线浅，两侧对称；果顶平圆；梗洼浅、窄；果肉黄色，果肉各部成熟度一致，肉质细软，纤维中，汁液多；仁甜，离核；可溶性固形物含量16%～18%。品质上等。

### 4. 生物学特性

自然生长为圆头形，萌芽力、发枝力中等，新梢生长量大；开始结果年龄3年，进入盛果期年龄6～7年；以短果枝和花束状短果枝结果为主，采前落果较多，产量中等，大小年不显著。萌芽期3月中旬，开花期4月上旬，果实采收期7月中旬，落叶期11月上旬。

## 品种评价

抗旱、抗寒力强；果实味甜，适口性好，品质优。因成熟后不脱落，能在树上自然失水干燥，因此得名“树上干”，鲜食和制干兼用。

生境

花

叶片

果实

# 武乡梅杏1号

*Armeniaca vulgaris* L.'Wuxiangmeixing 1'

调查编号：CAOQFMYP168

所属树种：杏 *Armeniaca vulgaris* L.

提 供 人：白雪
电　　话：15110334859
住　　址：山西省长治市武乡县贾豁乡石泉村

调 查 人：曹秋芬、孟玉平、张春芬、邓　舒、肖　蓉、聂园军、董艳辉、侯丽媛、王亦学
电　　话：13753480017
单　　位：山西省农业科学院生物技术研究中心

调查地点：山西省长治市武乡县贾豁乡石泉村

地理数据：GPS数据（海拔：928m，经度：E113°01'16.10"，纬度：N36°54'45.09"）

## 生境信息

来源于本地，生长在丘陵山地成片栽培的杏树林，土质为砂壤土，树龄20年以上。当地有零星分布和集中栽培，是主要栽培品种之一。

## 植物学信息

### 1. 植株情况

乔木；树势强，树姿直立，树形圆头形，树高6.0m，平均冠幅6.0m，主干呈灰褐色，树皮丝状裂，枝条密度适中。

### 2. 植物学特性

1年生枝条红褐色，有光泽，平均长45cm，节间平均长4.8cm，粗度中等；皮孔椭圆形，较小，分布稀疏；叶片椭圆形，长7.2cm、宽4.65cm；叶片中等厚度，浅绿色，叶柄长6.5cm，带红色；叶基平圆或宽楔形，叶尖渐尖，叶缘锯齿圆钝，叶片平展；花形铃形；萼筒钟状，紫红色；萼片三角形，紫红色；花瓣倒卵圆形，5枚，白色；雌蕊1枚。

### 3. 果实性状

果实近圆形，纵径2.4cm、横径2.3cm、侧径2.3cm，平均果重13.5g，最大果重16g，果面底色白绿，阳面彩色呈玫瑰红；缝合线细，两侧对称；果顶平圆，顶凹浅；梗洼浅、窄；果肉橙黄色，肉厚度0.7cm，近核处颜色同肉色，果肉各部成熟度一致；果肉质地松软，纤维数量少、细，汁液多，风味甜，有香味，品质优，核中等大小，离核，不裂；可溶性固形物含量15%。

### 4. 生物学特性

主干强，萌芽力、发枝力中等；开始结果年龄3年，进入盛果期年龄6～7年；以短果枝和花束状短果枝结果为主，采前落果少，产量高，大小年不显著，单株平均产量45kg；萌芽期3月中旬，开花期4月上旬，果实采收期7月中旬，落叶期10月中下旬。

## 品种评价

该品种抗旱力、耐瘠薄力较强，也较抗冻害，对土壤的要求不严格，较耐盐碱。果实汁多味甜，品质上等，鲜食和加工皆宜。适宜于山区发展。

生境
叶片
植株
花
果实

# 武乡梅杏 2 号

*Armeniaca vulgaris* L. 'Wuxiangmeixing 2'

调查编号：CAOQFMYP169

所属树种：杏 *Armeniaca vulgaris* L.

提 供 人：白雪
电　　话：15110334859
住　　址：山西省长治市武乡县贾豁乡石泉村

调 查 人：曹秋芬、孟玉平、张春芬
邓　舒、肖　蓉、聂园军
董艳辉、侯丽媛、王亦学
电　　话：13753480017
单　　位：山西省农业科学院生物技术研究中心

调查地点：山西省长治市武乡县贾豁乡石泉村

地理数据：GPS数据（海拔：928m，经度：E113°01'16.10"，纬度：N36°54'45.09"）

## 生境信息

来源于本地，生长在丘陵山地成片栽培的杏树林，土质为砂壤土，树龄20年以上。当地有零星分布和集中栽培，是主要栽培品种之一。

## 植物学信息

### 1. 植株情况

乔木；树势强，树姿直立，树形圆头形，树高6.5m，冠幅东西5.2m、南北5.0m，主干呈灰褐色，树皮丝状裂，枝条密度较密。

### 2. 植物学特性

1年生枝条红褐色，有光泽，平均长25cm，节间平均长2.8cm，粗度中等。皮孔椭圆形，较小，分布稀疏。叶片椭圆形，长7.4cm、宽4.66cm；叶片中等厚度，浅绿色，叶柄长6.5cm，红色；叶基平圆或宽楔形，叶尖渐尖，叶缘锯齿圆钝，叶片平展；花形铃形；萼筒钟状，紫红色；萼片三角形，紫红色；花瓣倒卵圆形，5枚，白色；雌蕊1枚。

### 3. 果实性状

果实近圆形，纵径2.4cm、横径2.35cm、侧径2.34cm，平均果重14g，最大果重16.6g，果面底色黄色，彩色呈玫瑰红，可达到全红；缝合线细，两侧对称；果顶平圆；顶凹浅；梗洼浅、窄；果肉橙黄色，近核处颜色同肉色，果肉各部成熟度一致；果肉质地松软，纤维数量少、细，汁液多，风味甜，有香味，品质优，核中等大小，离核，不裂；可溶性固形物含量15.5%。

### 4. 生物学特性

主干强，萌芽力、发枝力中等；开始结果年龄3年，进入盛果期年龄6～7年；以短果枝和花束状短果枝结果为主，采前落果少，产量高，大小年不显著，单株平均产量45kg；萌芽期3月中旬，开花期4月上旬，果实7月上旬成熟，落叶期10月中下旬。

## 品种评价

该品种抗旱力、耐瘠薄力较强，也较抗冻害，对土壤的要求不严格，较耐盐碱。果实汁多味甜，品质上等，鲜食和加工皆宜。适宜于山区发展。

生境
叶片
植株
花
枝条
果实

# 三二六杏

*Armeniaca vulgaris* L. 'Sanerliuxing'

调查编号：CAOQFMYP144

所属树种：杏 *Armeniaca vulgaris* L.

提 供 人：孟明
电　　话：13403603888
住　　址：山西省大同市阳高县农业局

调 查 人：曹秋芬、孟玉平、张春芬
邓 舒、肖 蓉
电　　话：13753480017
单　　位：山西省农业科学院生物技术研究中心

调查地点：山西省大同市阳高县王官屯镇张家庄村

地理数据：GPS数据（海拔：1082m，经度：E113°41'35.4"，纬度：N40°18'28"）

## 生境信息

来源于当地，树龄6年，生长在田间小生境，成片栽培杏园，土壤质地砂壤土，树行间间作玉米等农作物。是当地果农在果园中发现的芽变类型。

## 植物学信息

### 1. 植株情况

乔木；树势健壮，树姿半开张，树冠开心形，树高2.3m，冠幅东西4.2m、南北3.8m，干高0.5m，干周36cm。主干呈褐色，树皮丝状裂，枝条密度中等。

### 2. 植物学特性

1年生枝条红褐色，有光泽，平均长60cm，节间平均长3.9cm，粗细中等；皮孔较小，数量中等，椭圆形，明显；叶片卵圆形，长8.9cm、宽7.4cm，叶柄长7.2cm，粗细中等；叶基宽楔形，叶尖渐尖，叶缘锯齿圆钝，叶片平展，较薄，浅绿色。花形铃形；萼筒钟状，紫红色；萼片三角形，紫红色；花瓣倒卵圆形，5枚，白色；雌蕊1枚。

### 3. 果实性状

果实圆形，纵径4.47cm、横径3.68cm、侧径3.22cm；平均果重54.1g，最大果重68g；果面底色乳黄，阳面有点状红晕；缝合线宽浅，两侧对称；果顶平齐；梗洼浅、广；果肉颜色乳黄，近核处颜色同肉色，果肉各部成熟度一致；果肉质地致密，纤维中，粗，汁液多，风味甜，香味淡，品质极上。核中大，甜仁，离核，核不裂。

### 4. 生物学特性

自然生长呈圆锥形，萌芽力中等，发枝力强。开始结果年龄3～4年，进入盛果期年龄5～7年。以短果枝和花束状短果枝结果为主。生理落果少，采前落果轻，产量高。萌芽期3月中旬，开花期4月上旬，果实采收期7月中旬，落叶期11月上旬。

## 品种评价

该品种抗旱力、耐瘠薄力较强，对土壤的要求不严格，较耐盐碱。果实较大，品质上等，鲜食和加工皆宜。产量高，可以适量发展。

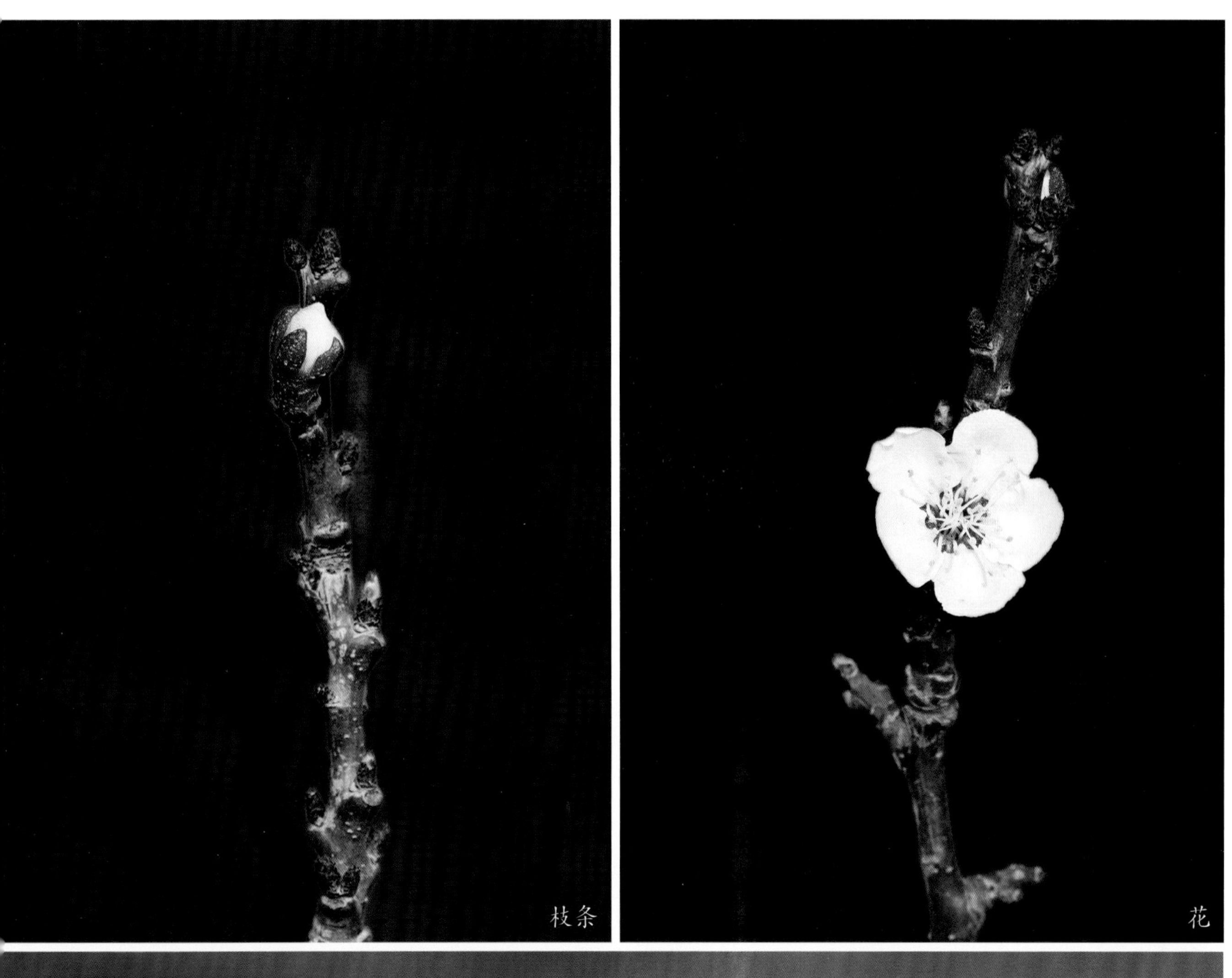
枝条
花

花

# 淳化梅杏

*Armeniaca vulgaris* L.'Chunhuameixing'

调查编号：CAOQFXSY024

所属树种：杏 *Armeniaca vulgaris* L.

提 供 人：张小弟
电　　话：029－32772296
住　　址：陕西省咸阳市淳化县园艺站

调 查 人：徐世彦、张小弟
电　　话：029－32772296
单　　位：陕西省果树良种苗木繁育中心

调查地点：陕西省咸阳市淳化县

地理数据：GPS数据（海拔：1043m，经度：E108°43'44.17"，纬度：N34°49'27.60"）

## 生境信息

来源于当地，树龄20年，生长在农家庭院，土壤为砂壤土，现存6株。

## 植物学信息

### 1. 植株情况

乔木；树势强，树姿直立，树冠乱头形；树高7m，冠幅东西3m、南北4m，干高1.1m，干周70cm；主干呈灰褐，树皮丝状裂；枝条密度中。

### 2. 植物学特性

1年生枝条灰褐色，长10～30cm，节间平均长2.34cm，粗度中等；皮孔较小，数量中等，椭圆形，明显；叶片卵圆形，长8.9cm、宽7.4cm，叶柄长7.2cm，粗细中等；叶基宽楔形，叶尖渐尖，叶缘锯齿圆钝，叶片平展，较薄，浅绿色。花形铃形；萼筒钟状，紫红色；萼片三角形，紫红色；花瓣倒卵圆形，5枚，白色；雌蕊1枚。

### 3. 果实性状

果实圆形，纵径3cm、横径2.6m、侧径3.5cm，平均果重20g，最大果重25.3g；果皮底色绿黄，彩色呈玫瑰红色，缝合线浅、两侧对称，果顶平圆，顶凹浅；果肉黄色，近核处颜色同肉色，果肉各部成熟度一致；肉质细，纤维少，汁液多，香味清淡；离核，甜仁；可溶性固形物含量13.8%。

### 4. 生物学特性

自然生长呈圆头形，萌芽力中等，发枝力强。开始结果年龄3～4年，进入盛果期年龄5～7年。以短果枝和花束状短果枝结果为主。生理落果少，采前落果轻，较丰产。萌芽期3月中旬，开花期4月中旬，果实采收期6月下旬，落叶期11月上旬。

## 品种评价

该品种抗寒力、耐瘠薄力较强。对土壤的要求不严格，较耐盐碱。果实较小，鲜食和加工皆宜。产量高，可以适量发展。

植株
叶片
枝条
花
果实
果实

# 三原曹杏

*Armeniaca vulgaris* L.'Sanyuancaoxing'

调查编号：CAOQFXSY027

所属树种：杏 *Armeniaca vulgaris* L.

提 供 人：刘永朝
电　　话：13201939500
住　　址：陕西省咸阳市三原县园艺蚕桑工作站

调 查 人：刘永朝
电　　话：13201939500
单　　位：陕西省咸阳市三原县园艺蚕桑工作站

调查地点：陕西省咸阳市三原县鲁桥镇余家坡村

地理数据：GPS数据（海拔：481m，经度：E108°56'0.6"，纬度：N34°41'21.66"）

## 生境信息

来源于当地，树龄20多年，生长在平坦的田间，土壤为砂壤土，伴生植物有小麦、蔬菜等，现存数株。

## 植物学信息

### 1. 植株情况

乔木；树势强，树姿半开张，树冠半圆形；树高4.3m，冠幅东西6.5m、南北3.76m，干高1.1m，干周84.78cm；主干呈褐色，树皮丝状裂，枝条密度中等。

### 2. 植物学特性

1年生枝条红褐色，无光泽，平均长22cm，节间平均长2.5cm，粗细中等；皮孔较大，数量中等，近圆形，明显；叶片卵圆形，长7.8cm、宽5.1cm，叶柄长5.5cm，较细，带红色；叶基楔形，叶尖渐尖，叶缘锯齿圆钝，叶片平展，中等厚度，浅绿色；花形铃形；萼筒钟状，紫红色；萼片三角形，紫红色；花瓣倒卵圆形，5枚，白色；雌蕊1枚。

### 3. 果实性状

果实圆形，纵径2.6cm、横径2.2m、侧径2.3cm，平均果重15g，最大果重24.5g；果皮底色橙黄，阳面彩色呈红色，缝合线深、两侧对称，果顶平圆，顶凹浅；果肉黄色，近核处颜色同肉色，果肉各部成熟度一致；肉质较细，纤维少，汁液多，香味淡；离核，甜仁；可溶性固形物含量13.3%。

### 4. 生物学特性

树体中等大小，生长势中等，自然生长情况下多为圆头形。萌芽力中等，发枝力较强。开始结果年龄3～4年，进入盛果期年龄5～7年。以短果枝和花束状短果枝结果为主。生理落果少，采前落果少，较产量，大小年明显。萌芽期3月下旬，开花期4月上旬，果实采收期6月底，落叶期11月初。

## 品种评价

抗旱、抗寒，丰产；果实较小，味甜，品质中等，适宜鲜食，也可加工。

生境

花

# 阳高黄杏

*Armeniaca vulgaris* L.'Yanggaohuangxing'

调查编号：CAOQFMYP146

所属树种：杏 *Armeniaca vulgaris* L.

提 供 人：孟明
电　　话：13403603888
住　　址：山西省大同市阳高县农业局

调 查 人：曹秋芬、孟玉平、张春芬
邓　舒、肖　蓉
电　　话：13753480017
单　　位：山西省农业科学院生物技术研究中心

调查地点：山西省大同市阳高县王官屯镇张家庄村

地理数据：GPS数据（海拔：1082m，经度：E113°41'35.4"，纬度：N40°18'28"）

## 生境信息

来源当地，树龄10年，生长在成片栽培的杏树园，土壤为砂壤土；是当地的主要栽培品种之一，现存最大树树龄30年。

## 植物学信息

### 1. 植株情况

乔木；树势健壮，生长量大，树姿直立，树冠圆锥形；树高2m，冠幅东西1.5m、南北2m，干高0.4m，干周20cm。主干呈褐色，树皮丝状裂，枝条密度中等。

### 2. 植物学特性

1年生枝条红褐色，有光泽，平均长37cm，节间平均长3.8cm，粗度中等；皮孔椭圆形，较小，分布稀疏；叶片椭圆形，长8.2cm、宽6.8cm；叶片中等厚度，浅绿色，叶柄长6.5cm，红色；叶基平圆或宽楔形，叶尖渐尖，叶缘锯齿圆钝，叶片平展；花形铃形；萼筒钟状，紫红色；萼片三角形，紫红色；花瓣倒卵圆形，5枚，白色；雌蕊1枚。

### 3. 果实性状

果实近圆形，中等大；纵径4.83cm、横径4.71cm、侧径4.69cm，平均果重54g，最大果重102g；果面底色橙黄，阳面有红晕；缝合线宽浅，两侧对称；果顶平圆，顶凹浅；梗洼深、广；果肉厚度1.49cm，颜色橙黄，近核处颜色同肉色，果肉各部成熟度一致；果肉质地较硬，纤维中多，粗，汁液中多，风味酸甜，香味浓，品质极上；离核；可溶性固形物含量15%。

### 4. 生物学特性

萌芽力、发枝力中等，新梢生长量大；开始结果年龄3年，进入盛果期年龄6～7年；以短果枝和花束状短果枝结果为主，生理落果少，采前落果少，产量较高，大小年不显著；3月中旬萌芽，4月中旬开花，7月上中旬果实成熟，10月中旬落叶。

## 品种评价

主要优点是丰产、果个较大、外观美、较耐贮运；鲜食或加工皆宜，品质极上。

生境

花

植株

# 关中红杏

*Armeniaca vulgaris* L.'Guanzhonghongxing'

调查编号：CAOQFXSY092

所属树种：杏 *Armeniaca vulgaris* L.

提 供 人：赵振国
电　　话：0913－2109536
住　　址：陕西省渭南市果业管理局

调 查 人：徐世彦、赵振国
电　　话：0913－2109536
单　　位：陕西省果树良种苗木繁育中心

调查地点：陕西省渭南市蒲城县椿林镇护难村三组

地理数据：GPS数据（海拔：459m，经度：E109°39'30.58"，纬度：N34°56'41.43"）

## 生境信息

来源源于当地，树龄18年，田间果园小生境，土壤为砂壤土，现存数株。

## 植物学信息

### 1. 植株情况

乔木；树势强，树姿半开张，树冠半圆形；树高6m，冠幅东西8.3m、南北3.8m，干高40cm，干周91.06cm；主干呈褐色，树皮块状裂；枝条密度中等。

### 2. 植物学特性

1年生枝条红褐色，无光泽，平均长21cm，节间平均长1.9cm，粗细中等。皮孔较大，数量中等，近圆形，明显。叶片卵圆形，长7.8cm、宽6.3cm，叶柄长5.1cm，较细，带红色；叶基平圆，叶尖渐尖，叶缘锯齿圆钝，叶片平展，中等厚度，浅绿色。花形铃形；花蕾紫红色，萼筒钟状，紫红色；萼片三角形，紫红色；花瓣倒卵圆形，5枚，白色；雌蕊1枚。

### 3. 果实性状

果实扁圆形，纵径3.9cm、横径3.5cm、侧径4.5cm，平均果重30g，最大果重52.8g；果皮底色黄色，阳面彩色呈红色；缝合线深、广，两侧不对称；果顶圆，顶凹不明显。果肉黄色，各部成熟度一致，果肉质地致密，纤维多而粗，汁液多，离核，核小，苦仁；可溶性固形物含量13.5%。

### 4. 生物学特性

主枝生长力强，发枝力强。开始结果年龄3年，进入盛果期年龄5年；以短果枝和花束状短果枝结果为主。生理落果少，采前落果多，单株产量较高，大小年结果现象显著。萌芽期4月上旬，开花期4月下旬，果实采收期6月上旬，落叶期11月中下旬。

## 品种评价

树势强健，树姿半开张，对不良环境适应性强。果实中等，品质上等，鲜食和加工皆宜。

生境

植株

枝条

花

# 麦黄杏

*Armeniaca vulgaris* L.‘Maihuangxing’

调查编号：CAOQFXSY097

所属树种：杏 *Armeniaca vulgaris* L.

提 供 人：赵振国
电　　话：0913－2109536
住　　址：陕西省渭南市果业管理局

调 查 人：徐世彦、赵振国
电　　话：0913－2109536
单　　位：陕西省果树良种苗木繁育中心

调查地点：陕西省渭南市大荔县官池镇拜家村

地理数据：GPS数据（海拔：335m，经度：E109°57'42.72"，纬度：N34°40'39.20"）

## 生境信息

来源于当地，树龄10年，田间果园生境，土壤为砂壤土。是当地的主栽品种，现有栽培面积大约3.33hm$^2$，也有零星分布，最大树龄60年。

## 植物学信息

### 1. 植株情况

乔木；树势强，树姿开张，树冠半圆形；树高2m，冠幅东西3.9m、南北2.8m，干高40m，干周31.4cm；主干呈褐色；树皮块状裂；枝条密度中等。

### 2. 植物学特性

1年生枝条黄褐色，较粗壮，有光泽，平均长39.5cm，节间平均长2.38cm；皮孔较大，数量中等，近圆形，明显；叶片卵圆形，长8.7cm、宽6.5cm，叶柄长6.1cm，较细，带红色；叶基楔形，叶尖渐尖，叶缘锯齿圆钝，叶片平展，中等厚度，浅绿色；花形铃形；萼筒钟状，紫红色；萼片三角形，紫红色；花瓣倒卵圆形，5枚，白色；雌蕊1枚。

### 3. 果实性状

果实扁圆形，纵径4.5cm、横径4.1cm、侧径5.2cm，平均果重40g，最大果重65g；果皮底色淡黄色，阳面彩色呈微红；缝合线中广、深，两侧不对称；梗洼深、狭，果顶平圆，微突；果皮薄，不易剥离；果肉各部成熟度不一致，果肉松软，纤维少，汁液较多，离核，核大，苦仁；可溶性固形物含量12.0%。

### 4. 生物学特性

生长力强，发枝力强；开始结果年龄3年，盛果期年龄5~6年；以短果枝和花束状短果枝结果为主。采前落果少，产量较高，大小年显著；萌芽期3月上旬，开花期4月上旬，果实采收期5月下旬，落叶期11月。

## 品种评价

树势强健，极早熟，品质中等，定植第3年结果，产量较高。

生境

花

# 包子杏

*Armeniaca vulgaris* L.'Baozixing'

调查编号：CAOQFXSY098

所属树种：杏 *Armeniaca vulgaris* L.

提 供 人：赵振国
电　　话：0913－2109536
住　　址：陕西省渭南市果业管理局

调 查 人：徐世彦、赵振国
电　　话：0913－2109536
单　　位：陕西省果树良种苗木繁育中心

调查地点：陕西省渭南市大荔县官池镇石槽村

地理数据：GPS数据（海拔：336m，经度：E109°58'39.42"，纬度：N34°44'26.1"）

## 生境信息

来源于当地，树龄15年，田间果园生境，地势平坦，土壤为砂壤土。现存5株。

## 植物学信息

### 1. 植株情况

乔木；树势强，树姿开张，树冠开心形；树高3.8m，冠幅东西3.7m、南北4.5m，干高3.5m，干周62.8cm；主干呈灰褐色，树皮块状裂；枝条密度中等。

### 2. 植物学特性

1年生枝条红褐色，有光泽，长36cm，节间平均长3.1cm，粗度中等；皮孔椭圆形，较小，分布稀疏；叶片椭圆形，长8.5cm、宽6.7cm；叶片中等厚度，浅绿色，叶柄长6.2cm，带红色；叶基平圆或宽楔形，叶尖渐尖，叶缘锯齿圆钝，叶片平展；花形铃形；萼筒钟状，紫红色；萼片三角形，紫红色；花瓣倒卵圆形，5枚，白色；雌蕊1枚。

### 3. 果实性状

果实卵圆形，纵径5.1cm、横径4.9.cm、侧径5.6cm，平均果重60g，最大果重100g；果面光滑无毛，底色橙黄，阳面有红色晕斑；缝合线浅，缝合线两侧对称；果顶平圆；梗洼浅、窄。果肉黄色，果肉各部成熟度一致，质地致密，纤维少，汁液多，有芳香，离核；可溶性固形物含量13.7%。

### 4. 生物学特性

自然生长为圆头形，萌芽力、发枝力中等，新梢生长量大；开始结果年龄3年，进入盛果期年龄6～7年；以短果枝和花束状短果枝结果为主，采前落果较多，产量中等，大小年显著。萌芽期3月上旬，开花期4月上中旬，果实采收期6月上旬，落叶期11月中下旬。

## 品种评价

该品种果实品质好，鲜食和加工皆宜。比较耐瘠薄，耐干旱，对土壤的要求不严。

生境

花

花

# 穆家杏

*Armeniaca vulgaris* L.‘Mujiaxing’

调查编号：CAOQFXSY099

所属树种：杏 *Armeniaca vulgaris* L.

提 供 人：赵振国
电　　话：0913－2109536
住　　址：陕西省渭南市果业管理局

调 查 人：徐世彦、赵振国
电　　话：0913－2109536
单　　位：陕西省果树良种苗木繁育中心

调查地点：陕西省渭南市大荔县下寨镇马家洼村

地理数据：GPS数据（海拔：367m，经度：E109°45'37.68"，纬度：N34°38'15.3"）

## 生境信息

来源于当地，树龄15年，田间果园生境，地势平坦，土壤为砂壤土。现存4株。

## 植物学信息

### 1. 植株情况

乔木；树势强，树姿开张，树冠开心形；树高4m，冠幅东西6.25m、南北7m，干高50cm，干周100.48cm；主干呈灰黑色，树皮块状裂；枝条密度中等。

### 2. 植物学特性

1年生枝条红褐色，有光泽，长度75.6cm，节间平均长2.1cm，粗度中等；皮孔椭圆形，较小，分布稀疏；叶片椭圆形，长8.3cm、宽6.2cm；叶片中等厚度，浅绿色，叶柄长5.2cm，带红色；叶基平圆或宽楔形，叶尖渐尖，叶缘锯齿圆钝，叶片平展；花形铃形；萼筒钟状，紫红色；萼片三角形，紫红色；花瓣倒卵圆形，5～6枚，白色；雌蕊1枚。

### 3. 果实性状

果实近圆形，纵径4.5cm、横径4.3m、侧径5.2cm，平均果重45g，最大果重60g；果面光滑无毛，底色橙黄，阳面有红色晕斑；缝合线浅，缝合线两侧对称；果顶平圆；梗洼浅、窄。果肉黄色，果肉各部成熟度不一致，果肉质地致密，纤维少，汁液多；离核，核小，苦仁；可溶性固形物含量13.2%。

### 4. 生物学特性

自然生长为圆头形，萌芽力、发枝力中等，新梢生长量大；开始结果年龄3年，进入盛果期年龄6～7年；以短果枝和花束状短果枝结果为主；生理落果少，采前落果少，丰产，大小年不明显；萌芽期3月上旬，开花期4月上中旬，果实采收期6月中旬，落叶期11月中下旬。

## 品种评价

树势强健，耐寒、耐旱，丰产，早果性强。果实品质中等，鲜食和加工皆宜。

生境

植株

枝条

花

# 端午黄杏

*Armeniaca vulgaris* L.'Duanwuhuangxing'

调查编号：CAOQFXSY117

所属树种：杏 *Armeniaca vulgaris* L.

提 供 人：赵振国
电　　话：0913－2109536
住　　址：陕西省渭南市果业管理局

调 查 人：徐世彦、赵振国
电　　话：0913－2109536
单　　位：陕西省果树良种苗木繁育中心

调查地点：陕西省渭南市华州区高塘镇北候村

地理数据：GPS数据（海拔：524m，经度：E109°36'58.8"，纬度：N34°25'52.8"）

## 生境信息

来源于当地，树龄10年，田间果园生境，土壤为砂壤土，地势平坦，现存5株。

## 植物学信息

### 1. 植株情况

乔木；树势强，树姿开张，树冠半圆形；树高3.5m，冠幅东西2.95m、南北4.3m，干高29m，干周37.68cm；主干呈灰褐色，树皮块状裂；枝条密度中等。

### 2. 植物学特性

1年生枝条黄褐色，较粗壮，有光泽，平均长49.3cm，节间平均长2.3cm；皮孔较大，数量中等，近圆形，明显；叶片卵圆形，长7.7cm、宽6.2cm，叶柄长6.6cm，较细，带红色；叶基楔形，叶尖渐尖，叶缘锯齿圆钝，叶片平展，中等厚度，浅绿色；花形铃形；萼筒钟状，紫红色；萼片三角形，紫红色；花瓣倒卵圆形，5枚，白色；雌蕊1枚。

### 3. 果实性状

果实扁圆形，纵径5.2cm、横径5.5cm、侧径6.5cm，平均果重80g，最大果重110g；果皮底色橙黄，阳面彩色呈蜡黄色，部分红晕；缝合线广、浅，两侧不对称；梗洼深、狭，果顶平圆；果皮薄，不易剥离；果肉各部成熟度不一致，果肉松软，纤维少，汁液较多，味甜，香味淡，离核，核小，甜仁；可溶性固形物含量15%。

### 4. 生物学特性

生长力强，发枝力强；开始结果年龄3年，盛果期年龄5～6年；以短果枝和花束状短果枝结果为主；生理落果少，采前落果少，丰产，大小年不明显。萌芽期3月初，开花期3月下旬，果实采收期6月初，落叶期11月中下旬。

## 品种评价

早果丰产、早熟、形美质优。抗霜冻能力强、抗逆性强。

生境

花

植株

# 白沙杏

*Armeniaca vulgaris* L.'Baishaxing'

调查编号：CAOQFXSY118

所属树种：杏 *Armeniaca vulgaris* L.

提 供 人：赵振国
电　　话：0913－2109536
住　　址：陕西省渭南市果业管理局

调 查 人：徐世彦、赵振国
电　　话：0913－2109536
单　　位：陕西省果树良种苗木繁育中心

调查地点：陕西省渭南市大荔县官池镇拜家村

地理数据：GPS数据（海拔：335m，经度：E109°58'39.24"，纬度：N34°44'26.22"）

## 生境信息

来源于当地，生长于成片栽培的果园，树下间作农作物，地形平坦，土壤为砂壤土，属于退耕还林土地。种植年限15年，现存20余株。

## 植物学信息

### 1. 植株情况

乔木；树势中强，树姿开张，树冠开心形；树高3m，冠幅东西4.7m、南北3.8m，干高65cm，干周59.6cm；主干呈褐色，树皮块状裂；枝条密度中等。

### 2. 植物学特性

1年生枝条红褐色，有光泽，长10～30cm，节间平均长2.4cm，平均粗0.72cm；结果枝上花芽多，叶芽少，花芽肥大，顶端圆锥形，与枝条角度离生；叶片椭圆形，长7.1cm、宽5.2cm，叶片中等厚度；叶片正绿色，叶柄长3.5cm，粗细中等，叶柄正面绿色，背面紫红色；花单生，花蕾紫红色，开后白色，花瓣5枚。

### 3. 果实性状

果实扁圆形，纵径3.41cm、横径3.20cm、侧径4.00cm，平均果重20.1g，最大果重30.2g；果皮底色黄白色，阳面彩色呈浅黄色，茸毛少，皮不易剥离；缝合线浅而明显，缝合线两侧对称；果顶平圆；梗洼浅、广；果肉各部成熟一致，乳白色，肉质细，纤维少，汁液少，味香甜；离核，甜仁，仁饱满；可溶性固形物含量14.8%。

### 4. 生物学特性

发枝力中等，人工修剪等管理下，骨干枝开张，树冠呈开心形。开始结果年龄3年，进入盛果期年龄5年；短果枝占75.2%，腋花芽结果16.2%；生理落果少，采前落果少，产量中等，大小年不显著。萌芽期3月下旬，开花期4月上旬，果实采收期6月上旬，10月中旬开始落叶。

## 品种评价

本品种果实色泽美观，果型漂亮，口感好，品质上等，对环境的适应性一般。

生境

植株

花

# 华县大接杏

*Armeniaca vulgaris* L.'Huaxiandajiexing'

调查编号：CAOQFXSY119

所属树种：杏 *Armeniaca vulgaris* L.

提 供 人：赵振国
电　　话：0913－2109536
住　　址：陕西省渭南市果业管理局

调 查 人：徐世彦、赵振国
电　　话：0913－2109536
单　　位：陕西省果树良种苗木繁育中心

调查地点：陕西省渭南市华州区高塘镇北候村

地理数据：GPS数据（海拔：517m，经度：E109°36'51.25"，纬度：N34°24'52.26"）

## 生境信息

来源于当地，生长于成片栽培的杏树园，土壤质地为黏壤土。属于退耕还林地，地形较平，梯田台地，种植年限30多年，有零星分布和成片栽培，是当地的主要栽培品种。

## 植物学信息

### 1. 植株情况

乔木；树势中等，树姿开张，树冠开心形；树高3.5m，冠幅东西4.7m、南北7.0m，干高80cm，干周84.7cm；主干呈褐色，树皮纵状裂；枝条密度适中。

### 2. 植物学特性

1年生枝条红褐色，有光泽，平均长15.6cm，节间平均长2.15cm，平均粗0.85cm；结果枝上花芽多，叶芽少，花芽肥大，圆锥形，与枝条角度贴生；叶片椭圆形，长9.4cm、宽7.1cm，厚度中等，叶片正绿色；叶柄长4.5cm，叶柄棕红色；花为单生，花蕾紫红色，开后白色，花瓣5枚，倒卵圆形。

### 3. 果实性状

果实扁圆形，纵径5cm、横径5.5cm、侧径6.8cm，平均果重82g，最大果重120g；果皮底色乳黄色，彩色呈斑状紫红色；缝合线浅，缝合线两侧对称；果顶平圆，顶凹浅；果肉各部成熟度一致，质地细软，汁液多，味甜，具芳香；甜仁，离核；可溶性固形物含量9.5%～12%。

### 4. 生物学特性

萌芽力和成枝力中等，在人工修剪和管理下，枝条开张，冠内枝条稀疏，呈开心形。开始结果年龄3～4年，进入盛果期年龄6～7年。产量高，可连年丰产；以短果枝为主，腋花芽结果21.8%；生理落果少，采前落果多，大小年不显著，单株平均产量110kg。萌芽期3月上旬，开花期3月下旬，果实采收期6月中旬，落叶期11月上旬。

## 品种评价

本品种果实品质优良，果实大，外观漂亮，产量高且稳定，经济价值较高，是当地鲜食品种中著名的品种。

生境
植株
枝条
花
果实

# 房山二白杏

*Armeniaca vulgaris* L.'Fangshanerbaixing'

调查编号：LITZLJS001

所属树种：杏 *Armeniaca vulgaris* L.

提 供 人：郑仲明
电　　话：13693616996
住　　址：北京市房山区林果服务中心

调 查 人：刘佳棽
电　　话：010－51503910
单　　位：北京市农林科学院综合所

调查地点：北京市房山区青龙湖镇坨里村

地理数据：GPS数据（海拔：94m，经度：E116°020.70"，纬度：N39°46'33.64"）

## 生境信息

来源于当地，生长于牧场；受耕地影响，地形为坡地；土质为砂壤土，种植年限为10年，现存2株。

## 植物学信息

### 1. 植株情况

乔木；树势强，树姿开张，树形半圆形，树高3.7m、冠幅东西3.9m、南北3.8m、干高45cm、干周52cm；主干呈褐色，树皮丝状裂，枝条密度中等。

### 2. 植物学特性

1年生枝条紫红色，有光泽，长度中等，节间平均长6.8cm，粗度中等，平均粗细1.1cm；结果枝上花芽多、花芽中等大小，顶端圆锥形；叶片卵圆形，大小中等，长9.2cm、宽7.2cm，中等厚度，绿色；叶柄长7.5cm，粗细中等；花为单生，花蕾紫红色，开后白色，花瓣5枚，倒卵圆形。

### 3. 果实性状

果实椭圆形，中等大小，纵径7.3cm、横径5.5cm、侧径4.8cm，平均果重58g，最大果重60.5g；果面底色橙黄，阳面彩色呈玫瑰红，部分有斑点状晕；缝合线不显著，两侧不对称；果顶尖圆；果肉黄白色，各部成熟度一致，肉质松软，纤维细少，汁液少，香味较淡，品质中等；核大苦仁，离核，核不裂；可溶性固形物含量10.0%。

### 4. 生物学特性

生长势强，发枝力强，新梢一年平均长45cm；开始结果年龄4～5年，进入盛果期年龄15年；生理落果多，采前落果多，产量中等，大小年显著；萌芽期3月中旬，开花期4月上旬，果实采收期6月下旬，落叶期11月上旬。

## 品种评价

抗病、抗旱、耐贫瘠、适应性强；果实鲜食。

小生境
叶片
树干
果实

# 大巴达杏

*Armeniaca vulgaris* L. 'Dabadaxing'

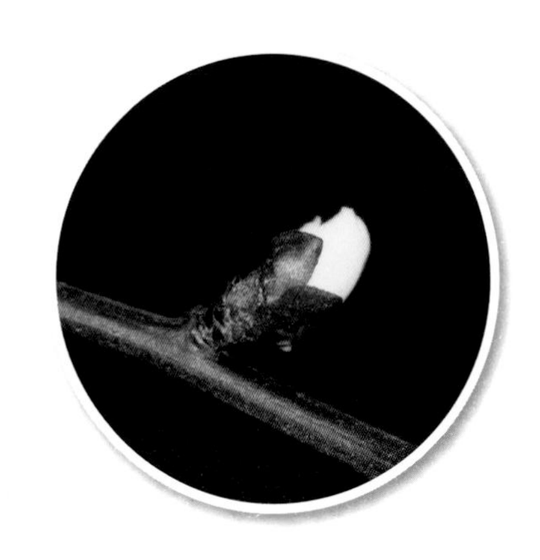

调查编号：LITZLJS009

所属树种：杏 *Armeniaca vulgaris* L.

提 供 人：郑仲明
电　　话：13693616996
住　　址：北京市房山区林果服务中心

调 查 人：刘佳棽、王尚德、蒋海月
电　　话：010－51503910
单　　位：北京市农林科学院综合所

调查地点：北京市房山区青龙湖镇北车营村

地理数据：GPS数据（海拔：184m，经度：E116°0'47.26"，纬度：N39°49'4.44"）

## 生境信息

来源于当地，最大树龄12年，地形为平地，土地利用为人工林地，土质为壤土；种质年限10～12年，现存7株，种植面积0.5亩，一户种植。

## 植物学信息

### 1. 植株情况

乔木；树势强，树姿直立，树形圆头形，树高7.1m，冠幅东西6.2m、南北5.2m，干高75cm，干周63cm；主干呈褐色，树皮丝状裂，枝条较密。

### 2. 植物学特性

1年生枝条红褐色，有光泽，长度较短，节间平均长1.2cm，较细，平均粗0.3cm；皮孔大小中等，数量中等；花芽肥大，顶端锐尖形，着生角度中等，茸毛数量中等；叶片卵圆形，大小中等，长10.6cm、宽9.4cm，较厚，浓绿色，近叶基部褶皱少，叶边锯齿圆钝，齿间有腺体；叶柄较长，粗细中等，花形普通形，花冠直径3.0cm。

### 3. 果实性状

果实圆形，中等大小，纵径3.13cm、横径3.25cm、侧径3.25cm，平均果重42g，最大果重55g；果面底色橙黄，阳面彩色呈朱红色，部分有点状晕；缝合线不显著，两侧对称；果顶短圆，顶洼浅，梗洼较深；果皮薄，茸毛少；果肉厚度1.5cm，乳黄色，近核处颜色同果肉，果肉各部成熟度一致，肉质松软，有韧性，纤维细少，汁液中等，风味酸甜，香味中等，品质偏上；苦仁，离核，核不裂；可溶性固形物含量9.5%；酸含量3.55%；每百克果肉中含有维生素C2.35mg/100g。

### 4. 生物学特性

生长势中等，骨干枝分枝角度30°，徒长枝数目少，萌芽力强，发枝力强，新梢一年平均长44cm；开始结果年龄4年，进入盛果期年龄5～6年；全树坐果，坐果率强，生理落果少，采前落果少，产量较高，大小年不显著；萌芽期3月上旬，开花期4月上、中旬，果实采收期7月下旬，落叶期11月下旬。

## 品种评价

丰产、稳产，耐旱、耐瘠薄，适应性强。果实鲜食，也可制干。

植株

花

枝条

叶片

# 北寨红杏

*Armeniaca vulgaris* L. 'Beizhaihongxing'

调查编号：LITZLJS079

所属树种：杏 *Armeniaca vulgaris* L.

提 供 人：于广水
电　　话：13716005006
住　　址：北京市平谷区大华山镇林业站

调 查 人：刘佳棽
电　　话：010－51503910
单　　位：北京市农林科学院综合所

调查地点：北京市平谷区南独乐河镇北寨村

地理数据：GPS数据（海拔：59m，经度：E117°11'50.83"，纬度：N40°13'38.45"）

## 生境信息

来源于当地，生长于田间果园，最大树龄50年；该土地为耕地，土质为壤土，土壤pH7.8；种质年限50年，种植面积666.67hm$^2$。

## 植物学信息

### 1. 植株情况

乔木；树势强，树姿开张，树形圆头形，树高5.1m，冠幅东西4.0m、南北5.1m，干高2.3m，干周60cm；主干呈褐色，树皮块裂状，枝条较密。

### 2. 植物学特性

1年生枝条红褐色，有光泽，长度中等；花芽肥大，顶端圆锥形；叶片卵圆形，长7.73cm、宽6.48cm，浓绿色，近叶基部褶皱少，叶边锯齿圆钝形，齿尖有腺体；叶柄长，较粗；花形铃形，花冠直径3.8cm，色泽较浓，花瓣褶皱多，雄蕊茸毛少。

### 3. 果实性状

果实卵圆形，中等大小，纵径3.83cm、横径3.5cm、侧径3.48cm，平均果重37g，最大果重45g；果面底色乳黄色，阳面彩色呈朱红色；缝合线宽、浅，两侧对称；果顶平齐，顶微凹，果梗茸毛少；果肉厚度1.07cm，乳黄色，各部成熟度一致，肉质致密，纤维细少，汁液中等，风味较甜，香味淡，品质上等；甜仁，离核，核不裂；可溶性固形物含量为12.6%。

### 4. 生物学特性

生长势强，徒长枝数目较少，萌芽力中等，发枝力中等，新梢一年平均长19.2cm；开始结果年龄为3年，盛果期7年；长果枝占8%，中果枝占6%，短果枝占66%，腋花芽结果率20%；生理落果少。萌芽期3月中旬，开花期4月上旬，果实采收期6月中旬，落叶期11月上旬。

## 品种评价

果实外观美丽，肉质细，风味甜，品质优良，鲜食加工兼用品种。抗旱、耐贫瘠，适应性强。

生境

植株

花

叶片

果实

# 大黄扁杏

*Armeniaca vulgaris* L. 'Dahuangbianxing'

调查编号：LITZLJS080

所属树种：杏 *Armeniaca vulgaris* L.

提 供 人：高自起
电　　话：13716280587
住　　址：北京市延庆区大庄科乡慈母川村

调 查 人：刘佳棽
电　　话：010-51503910
单　　位：北京市农林科学院综合所

调查地点：北京市延庆区大庄科乡慈母川村

地理数据：GPS数据（海拔：636m，经度：116°11'44.76"，纬度：N40°24'56.73"）

## 生境信息

来源于当地，生长于田间果园；最大树龄50年；该土地为耕地，受砍伐影响，土质为壤土，土壤pH7.8；种质年限50年，种植面积666.67hm$^2$。

## 植物学信息

### 1. 植株情况

乔木；树势强，树姿直立，树形半圆形，树高4.8m，冠幅东西3.5m、南北4.3m，干高33cm，干周58cm；主干呈灰色，树皮块裂状，枝条较密。

### 2. 植物学特性

1年生枝条红褐色，有光泽，长度中等；皮孔大，形状不规则，灰白色，微凸起；花芽大小中等，顶端圆锥形；叶片卵圆形，长8.8cm、宽7.4cm，较厚，浓绿色，近叶基部褶皱少，叶边锯齿圆钝形，齿尖有腺体；叶柄长，较粗；花形铃形，花冠直径3.8cm，色泽极淡，花瓣褶皱多，雄蕊茸毛少。

### 3. 果实性状

果实扁圆形，中等大小，纵径3.3cm、横径3.5cm、侧径2.9cm，平均果重21.3g，最大果重30g；果面底色乳黄色，阳面呈朱红色；缝合线不显著，两侧对称；果顶平齐，果梗茸毛少；果皮中等厚度；果肉厚度0.9cm，乳黄色，各部成熟度一致，肉质松软，较脆，纤维较细，数量中等，汁液较少，风味酸甜，香味淡，品质中等；甜仁，离核，核不裂；可溶性固形物含量为12.9%。

### 4. 生物学特性

生长势强，徒长枝数目较少，萌芽力中等，发枝力中等，新梢一年平均长19.2cm；开始结果年龄为3年，进入盛果期年龄7年；长果枝占8%，中果枝占6%，短果枝占66%，腋花芽结果率20%；生理落果少。萌芽期3月中旬，开花期4月上旬，果实采收期6月中旬，落叶期11月上旬。

## 品种评价

抗旱、耐贫瘠，适应性强；果实乳黄色，品质中等，鲜食品种。

生境
植株
主干
叶片片

# 柴扁杏

*Armeniaca vulgaris* L. ‘Chaibianxing’

调查编号：LITZLJS081

所属树种：杏 *Armeniaca vulgaris* L.

提 供 人：高自起
电　　话：13716280587
住　　址：北京市延庆区大庄科乡慈母川村

调 查 人：刘佳棽
电　　话：010-51503910
单　　位：北京市农林科学院综合所

调查地点：北京市延庆区大庄科乡慈母川村

地理数据：GPS数据（海拔：636m，经度：E116°11'44.76"，纬度：N40°24'56.73"）

## 生境信息

来源于当地，生长于果园；最大树龄50年；该土地为耕地，地形为坡地；土质为壤土，土壤pH7.8；种质年限30年，种植面积0.67hm$^2$。

## 植物学信息

### 1. 植株情况

乔木；树势强，树姿开张，树形圆头形，树高4.7m，冠幅东西3.5m、南北3.5m，干高20cm，干周59cm；主干呈灰褐色，树皮块裂状，枝条较密。

### 2. 植物学特性

1年生枝条红褐色，有光泽，长度中等；皮孔稀小，凸起，近圆形；花芽肥大，顶端圆锥形；叶片卵圆形，长8.5cm、宽7.3cm，较厚，浓绿色；近叶基部褶皱无，叶边锯齿圆钝，齿尖有腺体；叶柄较长、较粗；花为单生，花蕾紫红色，开后白色，花瓣5枚，倒卵圆形。

### 3. 果实性状

果实卵圆形，果个较小，纵径2.8cm、横径3.1cm、侧径2.3cm，平均果重14.1g，最大果重22g；果面橙黄色；缝合线明显，两侧对称；果实顶部平齐，梗洼较浅；果皮中厚，果肉厚度0.3～0.5cm，橙黄色，果肉各部成熟度一致，质地松软，纤维较多，较细，汁液较少，风味较酸，香味较淡，品质偏下；甜仁，离核，核不裂。

### 4. 生物学特性

生长势强，徒长枝数目较少，萌芽力中等，发枝力中等，新梢一年平均长547cm；开始结果年龄为3～5年，进入盛果期5～8年，短果枝占70%～80%，生理性落果较少，产量较高，大小年不显著；萌芽期4月中旬，开花期4月下旬，果实采收期7月上旬，落叶期11月上旬。

## 品种评价

高产，抗旱、耐贫瘠，适应性广；果实鲜食。

生境
植株
枝组
叶片

# 慈母川龙王杏

*Armeniaca vulgaris* L.
'Cimuchuanlongwangxing'

调查编号：LITZLJS082

所属树种：杏 *Armeniaca vulgaris* L.

提 供 人：高自起
电　　话：13716280587
住　　址：北京市延庆区大庄科乡慈母川村

调 查 人：刘佳棽
电　　话：010－51503910
单　　位：北京市农林科学院综合所

调查地点：北京市延庆区大庄科乡慈母川村

地理数据：GPS数据（海拔：636m，经度：E116°11'44.76"，纬度：N40°24'56.73"）

## 生境信息

来源于当地，生长于田间果园；最大树龄30年以上；土地为耕地，地形为坡地；土质为壤土，土壤pH7.8；种质年限30年，种植面积6.67hm$^2$。

## 植物学信息

### 1. 植株情况

乔木；树势强，树姿开张，树形圆头形，树高5m、冠幅东西4.0m、南北5.8m、干高18cm、干周60cm；主干呈灰色，树皮纵裂状，枝条较密。

### 2. 植物学特性

1年生枝条红褐色，有光泽，长度中等；皮孔稀小，凸起，近圆形；花芽大小中等，顶端圆锥形；叶片大，卵圆形，长7.8cm、宽6.8cm，较厚，浓绿色，近叶基部无褶皱，叶边锯齿圆钝，齿尖有腺体；叶柄长度中等、较粗；花为单生，花蕾紫红色，开后白色，花瓣5枚，倒卵圆形。

### 3. 果实性状

果实卵圆形，较小，纵径3.94cm、横径3.57cm、侧径2.71cm，平均果重20g，最大果重28g；果面底色橙黄，阳面有朱红色晕；缝合线两侧对称；果实顶部平齐，梗洼较浅；果皮中厚，果肉厚0.4～0.7cm，橙黄色，果肉各部成熟度一致，肉质松软，纤维较多，较粗，汁液较少，风味较酸，品质偏下；甜仁，离核，核大。仁用杏。

### 4. 生物学特性

生长势较强，徒长枝数目较少，萌芽力强，发枝力强，新梢一年平均长88cm。开始结果年龄为3年，盛果期5～8年，短果枝占89%，生理性落果较少，产量较高，大小年不显著，单株平均产量（盛果期）50kg；萌芽期3月下旬，开花期4月中旬，果实采收期7月上旬，落叶期11月上旬。

## 品种评价

生长势强，高产，抗旱、耐贫瘠，适应性强；晚熟，仁用杏品种。

生境
植株
叶片
果仁
果实

# 苹果白杏

*Armeniaca vulgaris* L. 'Pingguobaixing'

调查编号：LITZLJS083

所属树种：杏 *Armeniaca vulgaris* L.

提 供 人：高自起
电　　话：13716280587
住　　址：北京市延庆区大庄科乡慈母川村

调 查 人：刘佳棽
电　　话：010－51503910
单　　位：北京市农林科学院综合所

调查地点：北京市房山区阎村镇大紫草坞村

地理数据：GPS数据（海拔：52m，经度：E116°4'20.37"，纬度：N39°43'12.54"）

## 生境信息

来源于当地，田间生境，地形为平地，土质为砂壤土；种质年限20年，现存100株，种植面积0.17hm$^2$。

## 植物学信息

### 1. 植株情况

乔木；树势中等，树姿半开张，树形半圆形，树高5.6m，冠幅东西4.8m、南北6.0m，干高20cm，干周59cm；主干呈灰褐色，树皮纵裂状，枝条较密。

### 2. 植物学特性

1年生枝条暗褐色，有光泽，节间平均长2.2cm；皮孔较大，较密，椭圆形；叶片卵圆形，大小中等，长7.0cm、宽5.5cm，浓绿色，近叶基部无褶皱，叶边锯齿圆钝，齿尖有腺体；叶柄较长。

### 3. 果实性状

果实扁圆形，果个较大，纵径4.29cm、横径4.94cm、侧径4.66cm，平均果重69.2g，最大果重80g；果面底色绿白色，阳面彩色呈朱红色；缝合线浅、广，两侧对称；梗洼深、广；果肉白色，厚度1.31cm，肉质松软，纤维较少，较细，汁液较多，风味甜酸，香味较浓；甜仁，离核；可溶性固形物含量12.2%。

### 4. 生物学特性

生长势中等，萌芽力强，发枝力强，新梢一年平均长127cm。开始结果年龄为4年，盛果期年龄10年；腋花芽结果率90%，产量较高，大小年不显著；萌芽期3月中旬，开花期4月上旬，果实采收期6月下旬，落叶期11月中旬。

## 品种评价

高产、优质、抗旱、耐贫瘠、广适性；果实较大，鲜食优良品种。

植株

主干

叶片

枝组

# 延庆香白杏

*Armeniaca vulgaris* L. ‘Yanqingxiangbaixing’

调查编号：LITZLJS084

所属树种：杏 *Armeniaca vulgaris* L.

提 供 人：高自起
电　　话：13716280587
住　　址：北京市延庆区大庄科乡慈母川村

调 查 人：刘佳棽
电　　话：010－51503910
单　　位：北京市农林科学院综合所

调查地点：北京市延庆区大庄科乡慈母川村

地理数据：GPS数据（海拔：636m，经度：E116°11′44.76″，纬度：N40°24′56.73″）

## 生境信息

来源于当地，生长于田间，人工栽培的杏园；地形为坡地，土质为砂壤土；成片种质年限30年，种植面积0.53hm$^2$，零星分布较多，最大树龄100年。

## 植物学信息

### 1. 植株情况

乔木；树势强，树姿半开张，树形圆头形，树高5.2m，冠幅东西4.9m、南北5.8m，干高18cm，干周61cm；主干呈褐色，树皮丝状裂，枝条较密。

### 2. 植物学特性

1年生枝条红褐色，有光泽，节间平均长2.0cm；皮孔稀小，凸起，近圆形；叶片卵圆形，大小中等，长7.8cm、宽6.8cm，浓绿色，近叶基部无褶皱，叶边锯齿锐状，齿尖有腺体；叶柄长度中等；花形铃形，花瓣白色，卵圆形，5枚；萼片5枚，紫红色；雌蕊1枚。

### 3. 果实性状

果实较小，纵径3.94cm、横径3.57cm、侧径2.71cm，平均果重20g，最大果重28g，形状卵圆形；果面淡黄色；缝合线较深，两侧对称；果顶短圆，梗洼较浅；果肉黄色，厚度0.4～0.7cm，肉质松软，纤维较多，汁液较少，风味较酸，品质中等；甜仁，离核；中可溶性固形物含量15.5%。

### 4. 生物学特性

生长势强，发枝力强，新梢一年平均长150cm；大小年不显著；开始结果年龄4～5年，进入盛果期年龄7～8年；以短果枝结果为主，采前落果多，产量中等，大小年显著；萌芽期3月下旬，开花期4月中旬，果实采收期7月上旬，落叶期11月上旬。

## 品种评价

抗旱、耐贫瘠、广适性；果实鲜食。

植株
主干
枝条
叶片

# 苏家坨串铃杏

*Armeniaca vulgaris* L.
'Sujiatuochuanlingxing'

调查编号：LITZLJS085

所属树种：杏 *Armeniaca vulgaris* L.

提 供 人：徐振强
电　　话：010－80692508
住　　址：北京市海淀区苏家坨镇

调 查 人：刘佳棽
电　　话：010－51503910
单　　位：北京市农林科学院综合所

调查地点：北京市海淀区苏家坨镇聂各庄村

地理数据：GPS数据（海拔：61m，经度：E116°07'13"，纬度：N40°06'37"）

## 生境信息

来源于当地，生长在山间坡地，最大树龄为50年，伴生树种为各种灌木，土质为壤土；当地有零星分布，也有成片栽培，种植面积1hm$^2$。

## 植物学信息

### 1. 植株情况

乔木；树势强，树姿半开张，树形圆头形，树高4.0m、冠幅东西3.8m、南北3.5m、干高45cm、干周52cm；主干呈褐色，树皮块裂状，枝条密度中等。

### 2. 植物学特性

1年生枝条红褐色，有光泽，长度中等；花芽大小中等，顶端圆锥形；叶片卵圆形，长9.8cm、宽8.0cm，厚度中等，浓绿色，叶边锯齿钝状，齿尖有腺体；花形铃形，花瓣白色，卵圆形，5枚；萼片5枚，紫红色；雌蕊1枚。

### 3. 果实性状

果实纵径4.1cm、横径4.4cm、侧径4.3cm，平均果重45.5g，最大果重70g，果实形状扁圆形；果面底色乳黄色，阳面彩色呈朱红色；缝合线较深，两侧对称；果顶平齐，顶微凹，梗洼较广；果肉黄色，各部成熟度一致，肉质松软，纤维较多、较粗，汁液较多，风味酸甜，香味较浓，品质上等；苦仁，离核，核不裂；可溶性固形物含量10.5%，可溶性糖含量7.03%，酸含量2.75%。

### 4. 生物学特性

生长势强，徒长枝数量较少，萌芽力中等，发枝力较弱，新梢一年平均长49cm；开始结果年龄7～8年，盛果期年龄20年；以短果枝结果为主，产量较高，大小年不显著，单株平均产量50kg；萌芽期3月中旬，开花期4月中旬，果实采收期6月上旬，落叶期11月上旬。

## 品种评价

高产、抗病、抗旱、耐贫瘠、适应性强；果实色泽鲜艳，品质上等，鲜食优良品种。

植株
主干
果实
叶片

# 房山杏2号

*Armeniaca vulgaris* L. ‘Fangshanxing 2’

调查编号：LITZLJS086

所属树种：杏 *Armeniaca vulgaris* L.

提 供 人：郑仲明
电　　话：13693616996
住　　址：北京市房山区林果服务中心

调 查 人：刘佳棽
电　　话：010－51503910
单　　位：北京市农林科学院综合所

调查地点：北京市房山区青龙湖镇坨里村

地理数据：GPS数据（海拔：94m，经度：E116°2'0.7"，纬度：N39°46'33.64"）

## 生境信息

来源于当地，生长于山间梯田；最大树龄为100年，土壤为砂壤土，现存20株。

## 植物学信息

### 1. 植株情况

乔木；树势强，树姿半开张，树形圆头形，树高5.2m、冠幅东西5.0m、南北6.5m，干高45cm，干周52cm；主干呈褐色，树皮丝状裂，枝条密度中等。

### 2. 植物学特性

1年生枝条紫红色，有光泽，长度中等；皮孔小，椭圆形，分布较密。花芽大小中等，顶端圆锥形；叶片椭圆形，大小中等，长8.5cm、宽7.6cm，浅绿色，近叶基部无褶皱，叶尖渐尖，叶边锯齿圆钝状；叶柄长度中等，长7.9cm，较粗；花形普通形，花冠直径3.2cm。

### 3. 果实性状

果实扁圆形，大小中等，纵径4.01cm、横径4.19cm、侧径3.97cm，平均果重47g，最大果重58g；果面底色乳黄色，阳面彩色呈朱红色；缝合线较深，两侧不对称；果顶尖圆，梗洼中等，果肉各部成熟度一致，质地松软，果肉较脆，纤维细少，汁液较少，风味甜酸，香味较淡，品质偏上；苦仁，离核，核不裂；可溶性固形物含量13%，可溶性糖含量6.88%，酸含量2.5%。

### 4. 生物学特性

生长势强，萌芽力强，发枝力强，新梢一年平均长110cm，开始结果年龄4～5年，进入盛果期年龄8～10年；以短果枝结果为主，产量较高，大小年不显著，单株平均产量40kg；萌芽期3月上、中旬，开花期4月上旬，果实采收期6月上、中旬，落叶期11月上旬。

## 品种评价

高产、抗病、抗旱、耐贫瘠、广适性；果实甜酸，鲜食品种。

植株
果实
叶片
花

# 房山红桃杏

*Armeniaca vulgaris* L. 'Fangshanhongtaoxing'

调查编号：LITZLJS087

所属树种：杏 *Armeniaca vulgaris* L.

提 供 人：郑仲明
电　　话：13693616996
住　　址：北京市房山区林果服务中心

调 查 人：刘佳棽
电　　话：010－51503910
单　　位：北京市农林科学院综合所

调查地点：北京市房山区青龙湖镇北车营村

地理数据：GPS数据（海拔：184m，经度：E116°0'47.26"，纬度：N39°49'4.44"）

## 生境信息

来源于当地，生长于丘陵坡地的人工林，土质为砂壤土，种质年限40年，种植面积0.33hm$^2$。

## 植物学信息

### 1. 植株情况

乔木；树势强，树姿半开张，树冠乱头形，树高4.0m，冠幅东西3.8m、南北3.8m，干高50cm，干周45cm；主干呈褐色，树皮纵裂状，枝条较密。

### 2. 植物学特性

1年生枝条紫红色，有光泽，长度30cm左右，节间平均长2.6cm，粗度中等；皮孔大小中等，数量中等，近圆形；叶片椭圆形或卵圆形，长9.7cm、宽7.5cm，浓绿色，近叶基部无褶皱，叶边锯齿锐状，齿间无腺体；叶柄较短、较细，红紫色；花形普通形，花冠直径3.6cm，花蕾粉红色，花瓣白色。

### 3. 果实性状

果实纵径4.65cm、横径4.66cm、侧径4.45cm，平均果重54.3g，最大果重69.2g，形状卵圆形；果面底色橙黄；缝合线较深，两侧不对称；果顶尖圆，顶微凹，梗洼较广，果肉黄色，各部成熟度一致，果肉质地松软，纤维细少，汁液较多，风味酸甜，香味中等，品质偏上；核大小中等，苦仁，半离核，核不裂；可溶性固形物含量14～15%，酸含量2.5%。

### 4. 生物学特性

生长势中等，徒长枝数目少，萌芽力中等，发枝力中等，新梢一年平均长80cm；开始结果年龄4～5年，进入盛果期年龄10年；以短果枝结果为主，大小年显著，单株平均产量45kg；萌芽期3月中旬，开花期4月上旬，果实采收期6月中旬，落叶期11月上旬。

## 品种评价

抗旱、适应性强；果实鲜红，风味酸甜，鲜食加工兼用。

植株

主干

叶片

果实

# 房山黄桃杏

*Armeniaca vulgaris* L.
'Fangshanhuangtaoxing'

调查编号：LITZLJS088

所属树种：杏 *Armeniaca vulgaris* L.

提 供 人：郑仲明
电　　话：13693616996
住　　址：北京市房山区林果服务中心

调 查 人：刘佳棽
电　　话：010－51503910
单　　位：北京市农林科学院综合所

调查地点：北京市房山区青龙湖镇北车营村

地理数据：GPS数据（海拔：184m，经度：E116°0'47.26"，纬度：N39°49'4.44"）

## 生境信息

来源于当地，生长于丘陵梯田的人工林中，树龄为40年，伴生植物有乔木、灌木；土质为砂壤土；种质年限40年，种植面积0.67hm$^2$。

## 植物学信息

### 1. 植株情况

乔木；树势强，树姿开张，树形半圆形，树高6.1m、冠幅东西6.0m、南北6.8m，干高45cm，干周75cm；主干呈褐色，树皮纵裂状，枝条密度中等。

### 2. 植物学特性

1年生枝条褐色，有光泽，长度中等；皮孔大小中等，数量中等，椭圆形；花芽中等大小，顶端圆锥形；叶片卵圆形，较大，长9.5cm、宽8.3cm，黄绿色；叶片近叶基部无褶皱，叶基圆，叶边锯齿圆钝，齿间有腺体；叶柄长3.6cm，中等粗细、带红色；花形铃形。

### 3. 果实性状

果实圆形或卵圆形，纵径4.65cm、横径4.66cm、侧径4.45cm，平均果重54.3g，最大果重69.2g；果面底色淡黄色，阳面稍有红晕；缝合线较深、显著，两侧不对称；果顶尖圆，梗洼较广；果肉浅黄色，质地松软，纤维细少，汁液较少，风味酸甜，香味中等，品质上等；核大小中等，苦仁，半离核，核不裂；可溶性固形物含量14～15%，酸含量2.5%。

### 4. 生物学特性

生长势中等，萌芽力中等，发枝力中等，新梢一年平均长80cm；开始结果年龄4～5年，进入盛果期年龄7～8年；以短果枝结果为主，单株平均产量45kg；萌芽期3月中旬，开花期4月上旬，果实采收期6月中旬，落叶期11月上旬。

## 品种评价

抗旱、耐瘠薄，适应性强；果实整齐，肉质细，鲜食加工兼用。

生境
植株
主干
叶片

# 龙泉务香白杏

*Armeniaca vulgaris* L.
'Longquanwuxiangbaixing'

调查编号：LITZLJS089

所属树种：杏 *Armeniaca vulgaris* L.

提 供 人：张志忠
电　　话：13261719455
住　　址：北京市门头沟区龙泉雾村

调 查 人：刘佳棽
电　　话：010-51503910
单　　位：北京市农林科学院综合所

调查地点：北京市门头沟区龙泉雾村

地理数据：GPS数据（海拔：116m，经度：E116°04'44.01"，纬度：N39°58'51.78"）

## 生境信息

来源于当地，生长于山地，树龄为50年，土质为砂壤土；现存1株。

## 植物学信息

### 1. 植株情况

乔木；树势中庸，树姿半开张，树形圆头形，树高4.5m，冠幅东西3.2m、南北3.5m，干高120cm，干周45cm；主干呈灰褐色，树皮丝状裂，枝条密度稀疏。

### 2. 植物学特性

1年生枝条红褐色，有光泽，长度较长，节间平均长2.1cm，较粗；皮孔较大，数量较少，椭圆形；叶片卵圆形，长9.5cm、宽7.5cm，浓绿色，叶边锯齿圆钝，齿间有腺体；叶柄长4.7cm，红色。

### 3. 果实性状

果实圆形，果个较大，纵径3.96cm、横径4.42cm、侧径4.27cm，平均果重41.3g，最大果重50.5g；果面底色黄白色，部分有点状或斑点状红晕；缝合线不显著，两侧对称；果顶平齐，顶洼较浅，梗洼深、狭；果皮薄，茸毛少；果肉厚度1.33cm，黄白色，果肉质地松软，纤维细少，汁液较多，风味酸甜，香味浓，品质上等；核大小中等，甜仁，离核，核不裂；可溶性固形物含量18%，可溶性糖含量8.71%，酸含量1.53%，维生素C含量12.42mg/100g。

### 4. 生物学特性

生长势强，萌芽力中等，发枝力中等，新梢一年平均生长量33cm。开始结果年龄4年，进入盛果期年龄7~10年；短果枝结果占85%；大小年不显著，单株平均产量40~50kg；萌芽期3月下旬，开花期4月上旬，果实采收期6月中旬，落叶期11月上旬。

## 品种评价

丰产，优质，抗旱，耐瘠薄，适应性强；果实较大，果面光滑，漂亮；果肉细，味酸甜，鲜食优良品种。

植株

果实

叶片

主干

# 龙泉务骆驼黄杏

*Armeniaca vulgaris* L. 'Longquanwuluotuohuangxing'

调查编号：LITZLJS090

所属树种：杏 *Armeniaca vulgaris* L.

提 供 人：张志忠
电　　话：13261719455
住　　址：北京市门头沟区龙泉雾村

调 查 人：刘佳棽
电　　话：010－51503910
单　　位：北京市农林科学院综合所

调查地点：北京市门头沟区龙泉雾村

地理数据：GPS数据（海拔：433m，经度：E116°04'44.01"，纬度：N39°58'51.79"）

## 生境信息

来源于当地，生长于丘陵梯田，伴生树种为刺槐树，土质为砂壤土；种质年限50年，当地有大面积种植。

## 植物学信息

### 1. 植株情况

乔木；树势中庸，树姿半开张，树形圆头形，树高6.5m，冠幅东西6.1m、南北6.3m，干高150cm，干周67cm；主干呈灰褐色，树皮丝状裂，枝条密度较密。

### 2. 植物学特性

1年生枝条红褐色，有光泽，长度较长，节间平均长2.1cm，粗细中等；皮孔较大，椭圆形，凸起，分布稀疏。花芽肥大；叶片卵圆形，较大，长10.1cm、宽8.1cm，浓绿色，叶基楔形，叶尖渐尖，叶边锯齿圆钝，齿间有腺体；叶柄长度为4.3cm，花形铃形，花瓣白色，5枚，萼筒和萼片紫红色。

### 3. 果实性状

果实近圆形，较大，纵径4.29cm、横径4.49cm、侧径4.46cm，平均果重49.5g，最大果重78g，果面底色橙黄，阳面有红晕；缝合线较深，两侧对称；果顶平齐，微凹；梗洼较广；果肉橙黄色，厚度1.61cm，肉质松软，纤维中等、较细，汁液较多，风味酸甜，香味中等，品质上等；核大小中等，甜仁，离核，核不裂；可溶性固形物含量11.5%，可溶性糖含量6.69%，酸含量2.04%，维生素C含量5.80mg/100g。

### 4. 生物学特性

中心主干生长力强，发枝力中等，新梢一年平均长40cm；开始结果年龄4年，进入盛果期年龄7~10年；短果枝占85%；大小年不显著，单株平均产量50~75kg；萌芽期3月下旬，开花期4月上旬，果实采收期6月初旬，落叶期11月上旬。

## 品种评价

高产，优质，抗旱，耐瘠薄，适应性强；果肉松软，汁液多，酸甜适口，鲜食品种。

植株
叶片
果实
主干

# 房山拳杏

*Armeniaca vulgaris* L. ‘Fangshanquanxing’

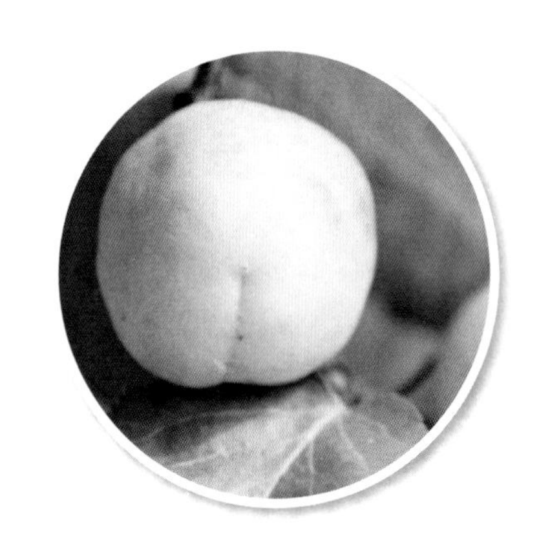

调查编号：LITZLJS091

所属树种：杏 *Armeniaca vulgaris* L.

提 供 人：郑仲明
电　　话：13693616996
住　　址：北京市房山区林果服务中心

调 查 人：刘佳棽
电　　话：010－51503910
单　　位：北京市农林科学院综合所

调查地点：北京市房山区青龙湖镇北车营村

地理数据：GPS数据（海拔：184m，经度：E116°0'47.26"，纬度：N39°49'4.44"）

## 生境信息

来源于当地，生长于山地人工林，与其他杏品种混生，土地利用为退耕还林，土质为壤土；种质年限12年，现存20株。

## 植物学信息

### 1. 植株情况

乔木；树势中等，树姿半开张，树形圆头形，树高5.9m、冠幅东西4.9m、南北5.8m，干高45cm，干周52cm；主干呈褐色，树皮纵裂状，枝条密度中等。

### 2. 植物学特性

1年生枝条灰褐色，有光泽，长度中等；皮孔较大，数量中等，椭圆形；花芽大小中等，顶端性状圆锥形；叶片圆形或卵圆形，中等大，长8.6cm、宽8.4cm，较厚，浓绿色，叶基圆，近叶基部褶皱少，叶边锯齿圆钝，齿间有腺体，叶尖突尖；叶柄长3.2cm，粗细中等；花形普通形，花冠直径3.0cm。

### 3. 果实性状

果实圆形，果个较大，纵径4.05cm、横径4.35cm、侧径4.53cm，平均果重58.5g，最大果重78g；果面底色黄色，阳面稍有部分红晕；果顶平圆，微凹；梗洼深、广；缝合线浅、明显，两侧稍有不对称；果肉橙黄色，厚度1.58cm，果肉各部成熟度一致，质地致密，有韧性，纤维细少，汁液中多，风味甜酸，香味淡，品质上等；甜仁，离核，核不裂；可溶性固形物含量13.2%。

### 4. 生物学特性

生长势中等，萌芽力弱，发枝力强，新梢一年平均长39cm；开始结果年龄4～5年，进入盛果期年龄7～8年；短果枝结果为主，连续结果能力差；萌芽期3月下旬，开花期4月上旬，果实成熟期6月中、下旬，落叶期11月上旬。

## 品种评价

抗旱，耐贫瘠，适应性强；果实大，肉质细，风味甜酸，鲜食加工兼用。

植株

叶片

果实

主干

# 通榆县麦黄杏

*Armeniaca vulgaris* L.
'Tongyuxianmaihuangxing'

调查编号：LITZSHW001

所属树种：杏 *Armeniaca vulgaris* L.

提 供 人：李春海
电　　话：15597963516
住　　址：吉林省白城市通榆县双岗镇新发村

调 查 人：宋宏伟
电　　话：13843426693
单　　位：吉林省农业科学院果树研究所

调查地点：吉林省白城市通榆县双岗镇新发村

地理数据：GPS数据（海拔：150m，经度：E123°01'27.02"，纬度：N45°04'21.49"）

## 生境信息

来源于当地，生长于丘陵梯田，土地利用为退耕还林，土质为砂壤土；种植年限为8年，现存2株。

## 植物学信息

### 1. 植株情况

乔木；树势中等，树姿半开张，树形半圆形，树高4.6m，冠幅东西3.4m、南北3.5m，干高120cm，干周36cm；主干呈褐色，树皮丝状裂，枝条密度中等。

### 2. 植物学特性

1年生枝条褐色，有光泽，长度中等，节间平均长1.3cm，粗度中等，平均粗细0.4cm；皮孔明显，椭圆形，小，分布较密；叶片卵圆形，大小中等，长6.7cm、宽5.8cm，中等厚度，浅绿色；叶柄长为2.8cm，较细，绿色；花形铃形。

### 3. 果实性状

果实圆扁形，纵径3.5cm、横径3.2cm、侧径2.8cm，平均果重25.4g，最大果重30.5g；果皮鲜黄色；缝合线不显著，两侧不对称；果顶尖圆形；果肉橙黄色，肉质松软，纤维中多、中粗，汁液中多，风味甜酸，无香味，品质中等；核大小中等，苦仁，离核；可溶性固形物含量11.2%。

### 4. 生物学特性

生长势中等，萌芽力弱，发枝力弱，新梢一年平均长40cm；开始结果年龄4～5年，进入盛果期年龄7～8年；短果枝和腋花芽结果为主；坐果率较高，单株平均产量40kg；萌芽期3月中旬，开花期4月上旬，果实成熟期6月中下旬，落叶期11月上旬。

## 品种评价

抗旱，耐瘠薄；果实鲜黄漂亮，甜酸，鲜食品种。

果实

果实

# 通榆红杏

*Armeniaca vulgaris* L. ‘Tongyuhongxing’

调查编号：LITZSHW002

所属树种：杏 *Armeniaca vulgaris* L.

提 供 人：李春海
电　　话：15597963516
住　　址：吉林省白城市通榆县双岗镇新发村

调 查 人：宋宏伟
电　　话：13843426693
单　　位：吉林省农业科学院果树研究所

调查地点：吉林省白城市通榆县双岗镇新发村

地理数据：GPS数据（海拔：150m，经度：E123°01'27.02"，纬度：N45°04'21.49"）

## 生境信息

来源于当地，生长于成片栽培的果园；地形为平地，土质为砂壤土；种植年限为8年，现存2株。

## 植物学信息

### 1. 植株情况

乔木；树势中等，树姿半开张，树形半圆形，树高4.8m，冠幅东西3.6m、南北3.7m，干高80cm，干周37cm；主干呈褐色，树皮丝状裂，枝条密度中等。

### 2. 植物学特性

1年生枝条褐色，有光泽，长度中等，节间平均长1.7cm，粗度中等，平均粗细0.6cm；皮孔较大，椭圆形，灰白色，排列不规则；叶片椭圆形，大小中等，长8.7cm、宽6.9cm，中等厚度，深绿色；叶柄较长，长4.6cm，粗细中等，带红色；花形铃形。

### 3. 果实性状

果实圆形，纵径3.9cm、横径3.8cm、侧径3.9cm，平均果重39.2g，最大果重45.8g；果皮底色橙黄，阳面呈朱红色；缝合线较浅，两侧不对称；果顶尖圆形；果肉橙黄色，质地松软，纤维中等，汁液中多，风味甜酸，无香味，品质中等；核大小中等，苦仁，离核；可溶性固形物含量10.8%。

### 4. 生物学特性

生长势弱，萌芽力弱，发枝力弱，新梢一年平均长47cm；开始结果年龄4~5年，进入盛果期年龄7~8年；短果枝和腋花芽结果为主；丰产性较好；萌芽期3月中旬，开花期4月上旬，果实采收期6月下旬，落叶期11月上旬。

## 品种评价

抗旱，耐寒，适应性强；果实甜酸，鲜食。

果实
叶片
果实

# 通榆大杏

*Armeniaca vulgaris* L. 'Tongyudaxing'

调查编号：LITZSHW003

所属树种：杏 *Armeniaca vulgaris* L.

提 供 人：李春海
电　　话：15597963516
住　　址：吉林省白城市通榆县双岗镇新发村

调 查 人：宋宏伟
电　　话：13843426693
单　　位：吉林省农业科学院果树研究所

调查地点：吉林省白城市通榆县双岗镇新发村

地理数据：GPS数据（海拔：150m，经度：E123°01'27.02"，纬度：N45°04'21.49"）

## 生境信息

来源于当地，生长于成片栽培的果园中；地形为平地，土质为砂壤土，种植年限为8年，当地有较大栽培。

## 植物学信息

### 1. 植株情况

乔木；树势中等，树姿半开张，树形半圆形，树高3.7m，冠幅东西2.4m、南北2.5m、干高80cm、干周31cm；主干呈褐色，树皮丝状裂，枝条密度中等。

### 2. 植物学特性

1年生枝条红褐色，有光泽，长度中等，节间平均长1.8cm，粗度中等，平均粗细0.4cm；皮孔大而稀，椭圆形，灰白色，凸起；叶片圆形或卵圆形，大小中等，长6.9cm、宽6.4cm，中等厚度，绿色；叶柄长3.2cm，粗细中等，稍带红色；花形铃形。

### 3. 果实性状

果实圆形，纵径5.8cm、横径4.9cm、侧径4.3cm，平均果重50.2g，最大果重60.0g；果皮底色橙黄，大部分着玫瑰红色；缝合线浅、不显著，两侧对称；果顶尖圆形；果肉橙黄色，质地松软，纤维细、少，汁液中多等，风味甜酸，无香味，品质上等；核大小中等，苦仁，离核；可溶性固形物含量11.2%。

### 4. 生物学特性

生长势较弱，萌芽力弱，发枝力弱，新梢一年平均生长量45cm；开始结果年龄4～5年，进入盛果期年龄7～8年；以短果枝和腋花芽结果为主；坐果率高，丰产，单株平均产量30kg；萌芽期3月中旬，开花期4月上旬，果实采收期6月下旬，落叶期11月上旬。

## 品种评价

抗旱，耐寒，适应性强；果实个大、美观，甜酸适口，质优。

果实
叶片
果实

# 新发杏

*Armeniaca vulgaris* L. 'Xinfaxing'

调查编号：LITZSHW004

所属树种：杏 *Armeniaca vulgaris* L.

提 供 人：李春海
电　　话：15597963516
住　　址：吉林省白城市通榆县双岗镇新发村

调 查 人：宋宏伟
电　　话：13843426693
单　　位：吉林省农业科学院果树研究所

调查地点：吉林省白城市通榆县双岗镇新发村

地理数据：GPS数据（海拔：150m，经度：E123°01'27.02"，纬度：N45°04'21.49"）

## 生境信息

来源于当地，生长于果园；地形为平地，土质为砂壤土；种植年限为20年以上，现存2株。

## 植物学信息

### 1. 植株情况

乔木；树势中等，树姿半开张，树形半圆形，树高5.2m，冠幅东西4.6m、南北4.4m，干高100cm，干周53cm；主干呈褐色，树皮丝状裂，枝条密度中等。

### 2. 植物学特性

1年生枝条红褐色，有光泽，长度中等，节间平均长1.8cm，粗度中等，平均粗细0.56cm；皮孔稀疏，椭圆形，较大，排列不规则；叶片卵圆形，大小中等，长8.4cm、宽6.7cm，中等厚度，浅绿色；叶柄长度中等，长3.5cm，粗细中等，带红色；花形铃形。

### 3. 果实性状

果实椭圆形，纵径3.5cm、横径3.1cm、侧径3.1cm，平均果重16.7g，最大果重22.5g；果皮底色橙黄，呈玫瑰红色晕；缝合线浅、不显著，两侧不对称；果顶尖圆，梗洼浅、广；果肉质地松软，纤维细、中多，汁液中多，风味甜酸，无香味，品质中等；核大小中等，苦仁，离核；可溶性固形物含量9.3%。

### 4. 生物学特性

生长势中等，萌芽力弱，发枝力弱，新梢一年平均长35cm；开始结果年龄4～5年，进入盛果期年龄6～7年；以短果枝和腋花芽结果为主；萌芽期3月中旬，开花期4月上旬，果实采收期6月中下旬，落叶期11月上旬。

## 品种评价

抗旱，抗寒，适应性广；果实甜酸，鲜食。

植株
叶片
果实

# 四条腿杏

*Armeniaca vulgaris* L. 'Sitiaotuixing'

调查编号：LITZSHW005

所属树种：杏 *Armeniaca vulgaris* L.

提 供 人：李春海
电　　话：15597963516
住　　址：吉林省白城市通榆县双岗镇新发村

调 查 人：宋宏伟
电　　话：13843426693
单　　位：吉林省农业科学院果树研究所

调查地点：吉林省白城市通榆县双岗镇新发村

地理数据：GPS数据（海拔：150m，经度：E123°01'27.02"，纬度：N45°04'21.49"）

## 生境信息

来源于当地，生长于果园；地形为平地，土质为砂壤土；种植年限为25年，现存2株。

## 植物学信息

### 1. 植株情况

乔木；树势中等，树姿半开张，树形乱头形，树高5.8m，冠幅东西5.6m、南北4.6m，干高100cm，干周55cm；主干呈褐色，树皮丝状裂，枝条密度中等。

### 2. 植物学特性

1年生枝条红褐色，有光泽，长度中等，节间平均长2.1cm，粗度中等，平均粗细0.6cm；叶片卵圆形，大小中等，长6.3cm、宽5.5cm，中等厚度，绿色；叶柄长3.3cm，粗细中等，带红色；花形普通形，花冠直径3.0cm，花瓣白色，卵圆形，5枚。

### 3. 果实性状

果实椭圆形，纵径3.8cm、横径3.2cm、侧径3.3cm，平均果重20.5g，最大果重25.7g；果皮底色橙黄，阳面彩色呈玫瑰红；缝合线显著，两侧不对称；果顶尖圆，梗洼浅、广；果肉橙黄色，质地软，纤维中等，汁液中多，风味甜酸，无香味，品质中等；核大小中等，苦仁，离核；可溶性固形物含量10.6%。

### 4. 生物学特性

生长势中等，萌芽力弱，发枝力弱，新梢一年平均长42cm；开始结果年龄4～5年，进入盛果期年龄6～7年；以短果枝和腋花芽结果为主；产量中等；萌芽期3月中旬，开花期4月上旬，果实采收期6月下旬，落叶期11月上旬。

## 品种评价

抗旱，抗寒，适应性强；果实酸甜，鲜食。

生境
叶片
花蕾
花
果实

# 桦甸杏

*Armeniaca vulgaris* L. 'Huadianxing'

调查编号：LITZSHW009

所属树种：杏 *Armeniaca vulgaris* L.

提 供 人：李春海
电　　话：15597963516
住　　址：吉林省白城市通榆县双岗镇新发村

调 查 人：宋宏伟
电　　话：13843426693
单　　位：吉林省农业科学院果树研究所

调查地点：吉林省白城市通榆县双岗镇新发村

地理数据：GPS数据（海拔：226m，经度：E126°01'27.02"，纬度：N45°04'21.49"）

样本类型：枝条

## 生境信息

来源于不明，生长于果园，地形为平地，土质为砂壤土；种植年限为16年，现存2株。

## 植物学信息

### 1. 植株情况

乔木；树势中等，树姿半开张，树形半圆形，树高5.5m，冠幅东西3.4m、南北3.5m，干高120cm，干周56cm；主干呈褐色，树皮丝状裂，枝条密度中等。

### 2. 植物学特性

1年生枝条红褐色，有光泽，长度中等，节间平均长1.5cm，粗度中等，平均0.55cm；皮孔中等大，椭圆形，微凸起，灰白色；叶片卵圆形，大小中等，长8.4cm、宽6.7cm，中等厚度，绿色；叶柄长3.5cm，粗细中等，带红色；花形普通形，花冠直径3.0cm，花瓣白色，卵圆形，5枚。

### 3. 果实性状

果实扁圆形，纵径3.3cm、横径3.2cm、侧径2.6cm，平均果重17.4g，最大果重20.5g；果皮底色橙黄，着玫瑰红色，部分为红色斑点；缝合线不显著，两侧不对称；果顶尖圆；果肉黄色，肉质松软，纤维中等，汁液中多，风味甜酸，无香味，品质中等；核大小中等，苦仁，离核；可溶性固形物含量9.52%。

### 4. 生物学特性

生长势中等，萌芽力弱，发枝力弱，新梢一年平均长45cm；开始结果年龄4～5年，进入盛果期年龄为7～8年；以短果枝结果为主；萌芽期3月中旬，开花期4月上旬，果实采收期6月下旬，落叶期11月上旬。

## 品种评价

抗旱，抗寒，适应性广；果实中大，味酸甜，品质中等。

果实

果实

# 中寺大红杏

*Armeniaca vulgaris* L. 'Zhongsidahongxing'

调查编号：LITZWAD001

所属树种：杏 *Armeniaca vulgaris* L.

提 供 人：刘国成
电　　话：15212183617
住　　址：辽宁省沈阳市沈河区东陵路120号

调 查 人：王爱德
电　　话：18204071798
单　　位：沈阳农业大学园艺学院

调查地点：辽宁省沈阳市马刚镇中寺村

地理数据：GPS数据（海拔：6m，经度：E123°41'50.89"，纬度：N42°02'37.59"）

## 生境信息

来源于当地，生长于成片栽培的杏园，地形平坦，土质为黏壤土，种植年限为20年以上，现存2株。

## 植物学信息

### 1. 植株情况

树势中庸，树姿半开张，树形开心形，树高6.0m、冠幅东西6.7m、南北6.6m、干高100cm、干周60cm，主干呈褐色，树皮丝状裂，枝条密度中等。

### 2. 植物学特性

1年生枝条红色，有光泽，长度中等，节间平均长1.8cm，平均粗0.7cm；皮孔大，椭圆形，数量中等；叶片卵圆形，大小中等，长8.8cm、宽7.0cm，中等厚度，绿色；叶柄长4.1cm，粗细中等，暗红色；花单生，花瓣白色，卵圆形，5枚；萼筒和萼片紫红色。

### 3. 果实性状

果实扁圆形，较大，纵径5.3cm、横径5.2cm、侧径3.8cm，平均果重52.4g，最大果重60.5g；果皮底色黄色，阳面红色，部分有斑点；缝合线深、广、显著，两侧不对称；果顶尖圆形，梗洼浅、广；果皮薄，易剥离；果肉橙黄色，质地细、密、硬，纤维少，汁液中多，风味甜酸适度，无香味，品质上等；核大小中等，苦仁，离核；可溶性固形物含量11.2%。

### 4. 生物学特性

生长势中庸，萌芽率高，发枝力强，新梢一年平均长45cm；开始结果年龄4～5年，进入盛果期年龄7～8年；短果枝和花束状结果枝结果为主；萌芽期3月中旬，开花期4月上旬，果实成熟期6月下旬，落叶期11月上旬。

## 品种评价

较抗寒，抗旱，适应性强；果实较大，外观漂亮，酸甜适度，品质佳，晚熟品种。可推广栽培。

植株
叶片
枝条
花

# 中寺李子杏

*Armeniaca vulgaris* L. ‘Zhongsilizixing’

调查编号：LITZWAD002

所属树种：杏 *Armeniaca vulgaris* L.

提 供 人：刘国成
电　　话：15212183617
住　　址：辽宁省沈阳市沈河区东陵路120号

调 查 人：王爱德
电　　话：18204071798
单　　位：沈阳农业大学园艺学院

调查地点：辽宁省沈阳市马刚镇中寺村

地理数据：GPS数据（海拔：6m，经度：E123°41'50.89"，纬度：N42°02'37.60"）

## 生境信息

来源于当地，生长于成片栽培的杏园，地形为平地，土质为黏壤土；种植年限为20年以上，现存4株。

## 植物学信息

### 1. 植株情况

乔木；树势较弱，树姿半开张，树形半圆形，树高5.3m、冠幅东西4.1m、南北4.3m、干高130cm、干周57cm；主干呈褐色，树皮丝状裂，枝条密度中等。

### 2. 植物学特性

1年生枝条红色，有光泽，长度中等，节间平均长1.5cm，平均粗0.6cm；皮孔大，数量中等；叶片卵圆形，长7.8cm、宽7.2cm，中等厚度，深绿色；叶柄长3.5cm，粗细中等，带红色；花单生，花瓣白色，卵圆形，5枚；萼筒和萼片紫红色。

### 3. 果实性状

果实卵圆形，果个较大，纵径4.8cm、横径4.3cm、侧径4.1cm，平均果重48.5g，最大果重63.5g；果面底色黄色，着玫瑰红晕，部分为红色斑点；缝合线不显著，两侧对称；果顶平圆，梗洼深、广；果肉橙黄色，肉质致密，纤维细，汁液多，风味甜酸，有香味，品质上等；核大小中等，苦仁，离核；可溶性固形物含量11.6%。

### 4. 生物学特性

树势较弱，萌芽率高，成枝力中等；新梢一年平均长43cm；开始结果年龄4～5年，进入盛果期年龄为7～8年；以短果枝结果为主，采前落果多，产量中等，大小年显著；萌芽期3月中旬，开花期4月中旬，果实成熟期6月中下旬，落叶期11月上旬。

## 品种评价

果实甜酸，汁液多，有香味，品质上等；较丰产，但不耐运输；较耐干旱，耐寒冷，对土壤要求不严。

植株

叶片

枝条

生境

# 中寺银白杏

*Armeniaca vulgaris* L. 'Zhongsiyinbaixing'

调查编号：LITZWAD003

所属树种：杏 *Armeniaca vulgaris* L.

提 供 人：刘国成
电　　话：15212183617
住　　址：辽宁省沈阳市沈河区东陵路120号

调 查 人：王爱德
电　　话：18204071798
单　　位：沈阳农业大学园艺学院

调查地点：辽宁省沈阳市马刚镇中寺村

地理数据：GPS数据（海拔：6m，经度：E123°41'50.89"，纬度：N42°02'37.61"）

## 生境信息

来源于当地，生长在成片栽培的杏园，地形为平地，土质为砂壤土；种植年限为28年，现存10株。

## 植物学信息

### 1. 植株情况

乔木；树势强，树姿半开张，树形开心形，树高5.8m，冠幅东西4.7m、南北4.6m，干高112cm，干周81cm；主干呈褐色，树皮丝状裂，枝条密度中等。

### 2. 植物学特性

1年生枝条红色，有光泽，较短，节间平均长1.3cm，平均粗0.4cm；皮孔多，圆形，数量中等；叶片卵圆形，长8.7cm、宽7.4cm，叶基楔形，叶尖渐尖，叶缘锯齿圆钝，中等厚度，深绿色；叶柄长3.3cm，粗细中等，带红色；花单生，花瓣白色，卵圆形，5枚；萼筒和萼片紫红色。

### 3. 果实性状

果实圆形，较大，纵径4.7cm、横径4.1cm、侧径4.3cm，平均果重40.5g，最大果重61.5g；果面底色绿白或白色，阳面暗红色，较光滑，部分有斑点；果顶平圆；梗洼深、广；缝合线浅、不显著，两侧不对称；果肉白色，质地松软，纤维较多，汁液中多，风味甜酸，无香味，品质中等；核大小中等，苦仁，离核；可溶性固形物含量11.9%。

### 4. 生物学特性

生长势强，发枝力强，新梢一年平均长56cm；开始结果年龄4～5年，进入盛果期年龄7～8年；以短果枝结果为主；产量中等偏上，较丰产；萌芽期3月中旬，开花期4月上旬，果实采收期6月下旬，落叶期11月上旬。

## 品种评价

比较丰产，果实个大，品质上等。较耐瘠薄，抗旱性好。

植株

叶片

主干

生境

# 北车营大紫杏

*Armeniaca vulgaris* L. 'Beicheyingdazixing'

调查编号：LITZWAD006

所属树种：杏 *Armeniaca vulgaris* L.

提 供 人：章秋平
电　　话：13941786260
住　　址：辽宁省营口市鲅鱼圈区熊岳镇

调 查 人：王爱德
电　　话：18204071798
单　　位：沈阳农业大学园艺学院

调查地点：辽宁省营口市鲅鱼圈区熊岳镇

地理数据：GPS数据（海拔：11m，经度：E122°07'21"，纬度：N40°12'16.59"）

## 生境信息

来源于当地，生长于成片栽培的杏园，树龄28年，地形为平地，土质为砂壤土。

## 植物学信息

### 1. 植株情况

乔木；树势中等，树姿半开张，树形开心形，树高5.2m，冠幅东西5.9m、南北5.8m，干高65cm，干周74cm；主干呈褐色，树皮丝状裂，枝条密度中等。

### 2. 植物学特性

1年生枝条紫红色，无光泽，较短，粗细中等，节间平均长1.6cm；皮孔大小中等，椭圆形，灰色，分布不均匀；花芽大小中等，顶端性状圆锥形；叶片卵圆形，较大，长10.6cm、宽9.4cm，较厚，浓绿色，近叶基部褶皱少，叶尖渐尖，叶边锯齿圆钝，齿间有腺体；叶柄较长，粗细中等；花形普通形，花冠直径3.0cm，花5瓣。

### 3. 果实性状

果实较大，扁圆形，纵径4.05cm、横径4.35cm、侧径4.53cm，平均果重48.5g，最大果重68g；缝合线浅、不明显，两侧对称；果顶平圆；梗洼深、广；果皮底色橙黄，阳面呈紫红色；果肉橙黄色，厚度1.58cm，果肉各部成熟度一致，质地致密，有韧性，纤维细少，汁液中等，风味甜酸，香味淡，品质中等上；甜仁，离核，核不裂；可溶性固形物含量13.2%。

### 4. 生物学特性

生长势中等，萌芽力弱，发枝力弱，新梢一年平均长45cm；开始结果年龄4～5年，进入盛果期年龄7～8年；以短果枝结果为主；坐果率高，生理落果较轻，采前落果重；产量中等；萌芽期3月中旬，开花期4月初，果实成熟期6月中、下旬，落叶期11月上旬。

## 品种评价

果实中大，品质中等上，鲜食；抗旱力较强，耐寒性好，对土壤要求不严格。

生境

植株

花

枝组

# 北车营串枝红杏

*Armeniaca vulgaris* L.
'Beicheyingchuanzhihongxing'

调查编号：LITZLJS092

所属树种：杏 *Armeniaca vulgaris* L.

提 供 人：郑仲明
电　　话：13693616996
住　　址：北京市房山区林果服务中心

调 查 人：刘佳棽
电　　话：010－51503910
单　　位：北京市农林科学院综合所

调查地点：北京市房山区青龙湖镇北车营村

地理数据：GPS数据（海拔：184m，经度：E116°00′47.26″，纬度：N39°49′4.44″）

## 生境信息

来源于当地，生长于山地，有零星分布，也有成片栽培，土质为砂壤土。

## 植物学信息

### 1. 植株情况

乔木；树势强，树姿开张，树形半圆形，树高4.7m，冠幅东西3.9m、南北3.8m，干高45cm，干周52cm；主干呈褐色，树皮丝状裂，枝条密度中等。

### 2. 植物学特性

1年生枝条紫红色，有光泽，长度中等，平均节间长1.9cm，粗0.7cm；花芽大小中等，顶端圆锥形；叶片卵圆形，长5.6cm、宽4.8cm，较厚，浓绿色；叶基楔形，叶尖渐尖，叶缘锯齿圆钝；花单生，花瓣白色，卵圆形，5枚；萼筒和萼片紫红色。

### 3. 果实性状

果实扁圆形，较大，纵径4.15cm、横径4.25cm、侧径4.05cm，平均果重50.8g，最大果重68g；果面底色橙黄，阳面部分着朱红色晕；缝合线较细，两侧对称；果顶圆形；梗洼深；果肉厚度1.38cm，橙黄色，果肉各部成熟度一致，质地松软，纤维细少，汁液少，香味淡，品质中等；苦仁，离核，核不裂；可溶性固形物含量10.15%。

### 4. 生物学特性

生长势强，萌芽力弱，发枝力弱，新梢一年平均长56cm；开始结果年龄4～5年，进入盛果期年龄6～7年；以短果枝结果为主；全树坐果，坐果力中等，采前落果较多，产量中等。萌芽期3月中旬，开花期4月上旬，果实采收期6月下旬，落叶期11月上旬。

## 品种评价

抗病、抗旱、耐贫瘠、适应性广；果实鲜食品质好；成熟期下雨易裂果。

生境
植林
叶片
枝条

# 东丰大黄杏

*Armeniaca vulgaris* L.
'Dongfengdahuangxing'

调查编号：LITZSHW008

所属树种：杏 *Armeniaca vulgaris* L.

提 供 人：朴进勇
电　　话：18389867325
住　　址：吉林省延吉市朝阳川镇东丰村

调 查 人：宋宏伟
电　　话：13843426693
单　　位：吉林省农业科学院果树研究所

调查地点：吉林省延吉市朝阳川镇东丰村

地理数据：GPS数据（海拔：178m，经度：E129°24'16.84"，纬度：N42°52'39.6"）

## 生境信息

来源于当地，生长于丘陵山地的人工林，伴生植物为灌木，土质为砂壤土，种植年限为10年，现存2株。

## 植物学信息

### 1. 植株情况

乔木；树势中庸，树姿半开张，树形半圆形，树高4.1m，冠幅东西3.8m、南北4.0m，干高120cm，干周62cm；主干呈褐色，树皮丝状裂，枝条密度中等。

### 2. 植物学特性

1年生枝条紫红色，有光泽，长度中等，节间平均长1.8cm，平均粗0.6cm；皮孔小，分布较多，不规则形，灰白色；叶片长卵圆形，大小中等，长6.2cm、宽4.7cm，中等厚度，深绿色；叶柄长2.5cm，粗细中等，绿色；花单生，花瓣白色，卵圆形，5枚；萼筒和萼片紫红色。

### 3. 果实性状

果实椭圆形，纵径5.3cm、横径4.5cm、侧径4.8cm，平均果重52.4g，最大果重60.5g；果面底色橙黄，稍有玫瑰红晕；缝合线不显著，两侧对称；果顶尖圆；梗洼深、窄；果皮较厚，有白色柔毛；果肉橙黄，质地松软，纤维中粗，汁液中多，风味甜酸，无香味，品质中等；核大小中等，苦仁，离核；可溶性固形物含量11.2%。

### 4. 生物学特性

生长势弱，萌芽力弱，发枝力弱，新梢一年平均长45cm；开始结果年龄4～5年，进入盛果期年龄6～7年；以短果枝结果为主；采前落果多，产量中等，大小年显著；萌芽期3月中旬，开花期4月上旬，果实采收期6月下旬，落叶期11月上旬。

## 品种评价

抗旱，耐寒，适应性强；果实鲜食和加工皆宜。

植株
叶片
果实

# 朝阳大拳杏

*Armeniaca vulgaris* L.
'Chaoyangdaquanxing'

调查编号：LITZSHW010

所属树种：杏 *Armeniaca vulgaris* L.

提 供 人：朴进勇
电　　话：18389867325
住　　址：吉林省延吉市朝阳川镇东丰村

调 查 人：宋宏伟
电　　话：13843426693
单　　位：吉林省农业科学院果树研究所

调查地点：吉林省延吉市朝阳川镇东丰村

地理数据：GPS数据（海拔：178m，经度：E129°24'16.84"，纬度：N42°52'39.6"）

## 生境信息

来源于当地，生长于杏树园，地形为坡地，土质为砂壤土；种植年限为16年，现存20株。

## 植物学信息

### 1. 植株情况

乔木；树势强，树姿半开张，树形圆头形，树高5.7m、冠幅东西4.2m、南北4.5m，干高105cm，干周53cm；主干呈褐色，树皮丝状裂，枝条密度中等。

### 2. 植物学特性

1年生枝条紫红色，无光泽，长度中等，节间平均长1.8cm，平均粗0.7cm；皮孔较大，分布稀疏，椭圆形，灰白色；叶片卵圆形，大小中等，长6.6cm、宽5.7cm，中等厚度，深绿色；叶柄长3.5cm，粗细中等，带红色；花单生，花瓣白色，卵圆形，5枚；萼筒和萼片紫红色。

### 3. 果实性状

果实近圆形，纵径4.7cm、横径4.9cm、侧径4.9cm，平均果重44.5g，最大果重62.8g；果面底色绿黄色，阳面有片红；缝合线深、显著，两侧不对称；果顶平圆，微下凹；梗洼中深、广；果肉黄色，肉质硬，纤维少、粗，汁液少，风味甜酸，无香味，品质中等；核大小中等，苦仁，半离核；可溶性固形物含量11.2%。

### 4. 生物学特性

生长势强，萌芽力高，发枝力弱，新梢一年平均长33cm；开始结果年龄4～5年，进入盛果期年龄6～8年；以短果枝结果为主，连续结果能力差，大小年显著，产量中等。萌芽期3月中旬，开花期4月上旬，果实采收期6月中旬，落叶期11月上旬。

## 品种评价

对环境要求不严，适应性强；果实甜酸可口，鲜食和加工皆宜。

植株

叶片片

枝条

# 东丰嘎杏

*Armeniaca vulgaris* L. 'Dongfenggaxing'

调查编号：LITZWAD005

所属树种：杏 *Armeniaca vulgaris* L.

提 供 人：章秋平
电 话：13941786260
住 址：辽宁省营口市鲅鱼圈区熊岳镇

调 查 人：王爱德
电 话：18204071798
单 位：沈阳农业大学园艺学院

调查地点：辽宁省营口市鲅鱼圈区熊岳镇

地理数据：GPS数据（海拔：11m，经度：E122°07'21.00"，纬度：N40°12'16.59"）

## 生境信息

来源于当地，生长于杏园，地形为平地，土质为壤土；种植年限为28年，现存10株。

## 植物学信息

### 1. 植株情况

乔木；树势中等，树姿开张，树形开心形，树高3.5m，冠幅东西3.47m、南北4.89m，干高60cm，干周78cm；主干呈褐色，树皮丝状裂，枝条密度中等。

### 2. 植物学特性

1年生枝条紫红色，无光泽，长度中等，节间平均长1.3cm，平均粗0.5cm；皮孔明显，椭圆形，灰白色，分布稀疏；叶片卵圆形，大小中等，长8.5cm、宽7.3cm，中等厚度，深绿色；叶柄长度中等，粗细中等，带红色；花单生，花瓣白色，卵圆形，5枚；萼筒和萼片紫红色。

### 3. 果实性状

果实扁圆形，纵径4.6cm、横径4.4cm、侧径3.8cm，平均果重35g，最大果重63.8g；果面淡黄色；缝合线不显著，两侧不对称；果顶圆形；顶凹明显；梗洼深、窄；果肉黄色，质地松软，纤维中等，汁液中等，风味甜酸，香味淡，品质中等；核大小中等，苦仁，离核；可溶性固形物含量10.5%。

### 4. 生物学特性

生长势中等强壮，发枝力强，新梢一年平均长37cm；开始结果年龄4～5年，进入盛果期年龄7～8年；以短果枝结果为主；坐果力弱，生理落果多，产量较低。萌芽期3月中旬，开花期4月上旬，果实采收期6月上旬，落叶期11月上旬。

## 品种评价

抗旱，耐寒，适应性强，果实鲜食加工皆宜；产量低，丰产性差。

植株

叶片

主干

花

枝条

# 东丰大杏梅

*Armeniaca vulgaris* L. ‘Dongfengdameixing’

调查编号：LITZSHW007

所属树种：杏 *Armeniaca vulgaris* L.

提 供 人：朴进勇
电　　话：18389867325
住　　址：吉林省延吉市朝阳川镇东丰村

调 查 人：宋宏伟
电　　话：13843426693
单　　位：吉林省农业科学院果树研究所

调查地点：吉林省延吉市朝阳川镇东丰村

地理数据：GPS数据（海拔：178m，经度：E129°42'16.84"，纬度：N42°52'39.60"）

## 生境信息

来源于当地，生长于成片栽培的杏园，地形为平地，土质为壤土，种植年限为28年，现存6株。

## 植物学信息

### 1. 植株情况

乔木；树势强，树姿半开张，树形开心形，树高4.0m，冠幅东西5.1m、南北4.8m，干高50cm，干周63cm；主干呈褐色，树皮丝状裂，枝条密度中等。

### 2. 植物学特性

1年生枝条红色，有光泽，长度中等，节间平均长1.8cm，平均粗0.8cm；皮孔小而密，灰白色，微凸起；叶片卵圆形，中等大小，长9.5cm，宽7.6cm，中等厚度，深绿色；叶柄长4.2cm，粗细中等，带红色；花单生，花瓣白色，卵圆形，5枚；萼筒和萼片紫红色。

### 3. 果实性状

果实卵圆形，较大，纵径6.2cm、横径5.9cm、侧径5.1cm，平均果重53.9g，最大果重85.5g；果面底色橙黄，阳面呈玫瑰红，部分为红色斑点；缝合线浅，不显著，两侧不对称；果顶尖圆；梗洼深、广；果肉质地松软，纤维中等，汁液中多，风味甜酸，香味浓，品质上等；核大小中等，甜仁，离核；可溶性固形物含量13%。

### 4. 生物学特性

发枝力强，新梢一年平均长56cm；开始结果年龄4~5年，7年进入盛果期，盛果期年龄20~30年；以短果枝和花束状结果枝结果为主，产量中等；抗寒性强，耐旱性较差；萌芽期3月下旬，开花期4月中，果实成熟期6月中下旬，落叶期11月上旬。

## 品种评价

抗寒、耐瘠薄、适应性强；果实个大，外观漂亮，甜酸适口，鲜食优良品种。

植株

生境

叶片

花

# 新发大杏梅

*Armeniaca vulgaris* L. 'Xinfadaxingmei'

调查编号：LITZSHW006

所属树种：杏 *Armeniaca vulgaris* L.

提 供 人：李春海
电　　话：15597963516
住　　址：吉林省白城市通榆县双岗镇新兴村

调 查 人：宋宏伟
电　　话：13843426693
单　　位：吉林省农业科学院果树研究所

调查地点：吉林省白城市通榆县双岗镇新兴村

地理数据：GPS数据（海拔：150m，经度：E123°01'27.02"，纬度：N45°04'21.49"）

## 生境信息

来源不详，生长于果园中，地形为坡地，土质为砂壤土；种植年限17年，现存2株。

## 植物学信息

### 1. 植株情况

乔木；树势强，树姿半开张，树形开心形，树高4.6m，冠幅东西3.3m、南北3.4m，干高100cm，干周53cm；主干呈褐色，树皮丝状裂，枝条密度中等。

### 2. 植物学特性

1年生枝条红褐色，有光泽，长度中等，节间平均长2.8cm，粗度中等，皮孔明显，椭圆形，灰白色，微凸起；叶片长卵圆形或椭圆形，大小中等，长7.9cm、宽5.6cm，叶基楔形或圆形，叶尖渐尖，叶缘锯齿圆钝，叶面光滑平整，中等厚度，深绿色；叶柄长度中等，带红色；花形普通形，花冠直径2.9cm，花瓣白色，卵圆形，5枚；萼片5枚，紫红色；雌蕊1枚。

### 3. 果实性状

果实椭圆形，纵径4.7cm、横径3.8cm、侧径3.4cm，平均果重28.4g，最大果重35.8g；果面底色绿色，阳面暗红色晕，部分有锈斑；缝合线浅，不显著，两侧对称；果顶平圆，顶微凹，梗洼深、广；果肉黄白色，质地松软，纤维中等，汁液中多，风味甜酸，无香味，品质上等；核大小中等，苦仁，离核；可溶性固形物含量11.2%。

### 4. 生物学特性

生长势强，无中心主干，萌芽力弱，发枝力弱，新梢一年平均长45cm；开始结果年龄4～5年，进入盛果期年龄7～8年；短果枝结果为主，坐果力强，连续结果能力强，产量高而稳定；单株平均产量40kg左右；萌芽期3月中旬，开花期4月上旬，果实采收期6月下旬，落叶期11月上旬。易裂果。

## 品种评价

抗寒、适应性强；果实酸甜适口，品质优良，产量高且稳定。成熟期遇雨易裂果。

植株
植株

# 家杏

*Armeniaca vulgaris* L. 'Jiaxing'

调查编号：LITZWAD007

所属树种：杏 *Armeniaca vulgaris* L.

提 供 人：刘国成
电　　话：15212183617
住　　址：辽宁省沈阳市沈河区东陵路120号

调 查 人：王爱德
电　　话：18204071798
单　　位：沈阳农业大学园艺学院

调查地点：辽宁省沈阳市马刚镇中寺村

地理数据：GPS数据（海拔：6m，经度：E123°41'50.89"，纬度：N42°02'37.59"）

## 生境信息

来源于当地，生长于丘陵山坡，土质为壤土，树龄20年。当地有少量零星分布和成片栽培。

## 植物学信息

1. 植株情况

乔木；树势中等，树姿半开张，树形开心形，树高4.8m，冠幅东西4.1m、南北3.7m，干高112cm，干周63cm；主干呈褐色，树皮丝状裂，枝条密度中等。

2. 植物学特性

1年生枝条红色，有光泽，长度中等，节间平均长1.4cm，粗细中等，皮孔小，圆形，稀疏。叶片卵圆形，长6.8cm、宽5.4cm，叶基圆形，无皱，叶尖渐尖，叶缘锯齿圆钝；叶基圆形，无皱，叶尖渐尖，叶缘锯齿圆钝；中等厚度，叶片浅绿色；叶柄长2.8cm，粗细中等，带红色；花形普通形，花冠直径2.9cm，花瓣白色，卵圆形，5枚；萼片5枚，紫红色；雌蕊1枚。

3. 果实性状

果实圆形，纵径3.6cm、横径3.9cm、侧径3.2cm，平均果重24.1g，最大果重31.4g；果面底色橙黄，阳面呈玫瑰红，部分为斑点状；缝合线显著，两侧对称；果顶尖圆；果肉黄白色，质地松软，纤维中等，汁液中等，风味甜酸，无香味，品质中等；核大小中等，苦仁，离核；可溶性固形物含量11.9%。

4. 生物学特性

生长势中等，发枝力强，新梢一年平均长47cm；开始结果年龄4～5年，进入盛果期年龄7～8年；以短果枝结果为主；大小年不显著；产量中等，萌芽期3月中旬，开花期4月上旬，果实成熟期6月中旬，落叶期11月上旬。

## 品种评价

适应性强；品质优，果实鲜食和加工兼用。

植株

叶片

果实

# 东丰李子杏

*Armeniaca vulgaris* L. 'Dongfenglizixing'

调查编号：LITZSHW011

所属树种：杏 *Armeniaca vulgaris* L.

提 供 人：朴进勇
电　　话：18389867325
住　　址：吉林省延吉市朝阳川镇东丰村

调 查 人：宋宏伟
电　　话：13843426693
单　　位：吉林省农业科学院果树研究所

调查地点：吉林省延吉市朝阳川镇东丰村

地理数据：GPS数据（海拔：150m，经度：E123°01'27.02"，纬度：N45°04'21.49"）

## 生境信息

来源于当地，生长在果园，树龄18年，地形为平地，土质为砂壤土；当地有成片栽培和零星分布。

## 植物学信息

### 1. 植株情况

乔木；树势中等，树姿半开张，树形开心形，树高5.2m，冠幅东西3.3m、南北3.4m，干高100cm，干周53cm；主干呈褐色，树皮丝状裂，枝条密度中等。

### 2. 植物学特性

1年生枝条红褐色，有光泽，长度中等，皮孔明显，椭圆形，灰白色；叶片卵圆形，大小中等，长8.5cm、宽8.6cm，中等厚度，叶色绿；叶基圆形或楔形，叶尖渐尖，叶缘锯齿圆钝；叶柄长度中等，带红色；花形普通形，花冠直径2.9cm，花瓣白色，卵圆形，5枚；萼片5枚，紫红色；雌蕊1枚。

### 3. 果实性状

果实圆形，纵径3.2cm、横径3.4cm、侧径3.3cm，平均果重23.7g，最大果重30.5g；果面底色橙黄，紫红色晕，部分有紫色斑点；缝合线中深、显著，两侧对称；果顶尖圆；梗洼深、广；果肉橙黄色，质地松软，纤维中多，汁液中多，风味较甜，品质上等；核大小中等，苦仁，离核；可溶性固形物含量12.6%。

### 4. 生物学特性

生长势弱，萌芽力弱，发枝力强，新梢一年平均长45cm；开始结果年龄3～4年，进入盛果期年龄7～8年，以短果枝结果为主；产量较高，大小年不显著，单株平均产量50kg左右；萌芽期3月下旬，开花期4月上旬，果实采收期6月下旬，落叶期11月上旬。

## 品种评价

果实外观美丽，品质优良，鲜食和加工皆宜，对土壤要求不严格，抗性较强。产量高，稳产性好。

叶片

枝条

# 熊岳白果杏

*Armeniaca vulgaris* L. ‘Xiongyuebaiguoxing’

调查编号：LITZWAD008

所属树种：杏 *Armeniaca vulgaris* L.

提 供 人：刘国成
电　　话：15212183617
住　　址：辽宁省沈阳市沈河区东陵路120号

调 查 人：王爱德
电　　话：18204071798
单　　位：沈阳农业大学园艺学院

调查地点：辽宁省沈阳市马刚镇中寺村

地理数据：GPS数据（海拔：6m，经度：E123°42'17.12"，纬度：N42°02'45.84"）

## 生境信息

来源于外地，田间生境为成片果园，地形为平地，土质为壤土，树龄为15年，现存5株。

## 植物学信息

### 1. 植株情况

乔木；树势中等，树姿直立，树形开心形，树高4.1m，冠幅东西4.8m、南北3.3m，干高60cm，干周66cm；主干呈褐色，树皮丝状裂，枝条密度中等。

### 2. 植物学特性

1年生枝条红色，有光泽，长45cm，节间平均长2.3cm；皮孔大，数量中等；叶片卵圆形，大小中等，长6.8cm、宽4.3cm，中等厚度，浅绿色；叶基圆形，叶尖渐尖，叶缘锯齿圆钝；叶柄长度中等，带红色；花形普通形，花冠直径2.9cm，花瓣白色，卵圆形，5枚；萼片5枚，紫红色；雌蕊1枚。

### 3. 果实性状

果实近圆形，大小中等，纵径4.4cm、横径4.1cm、侧径4.3cm，平均果重45.3g，最大果重58.5g；果面底色绿白色，阳面红色，部分为紫色斑点；缝合线不显著，两侧不对称；果顶圆；梗洼深、广；果肉黄色，质地松软，较粗，汁液多，风味甜酸，香味淡，品质上等；核大小中等，甜仁，粘核；可溶性固形物含量13.3%。

### 4. 生物学特性

发枝力强，新梢一年平均长42cm，生长势中等；开始结果年龄4~5年，进入盛果期年龄7~8年；短果枝坐果部位全树，坐果力较强，采前落果多，连续结果能力差，有大小年结果现象；坐果部位全树，坐果力较强，采前落果多，连续结果能力差，有大小年结果现象。萌芽期4月初，开花期4月中下旬初，果实成熟期7月上旬，落叶期11月上旬。

## 品种评价

果实汁液多，风味甜酸，品质上等，鲜食品种。抗干旱力强，对土壤要求不严格。

植株
花
叶片
枝条

# 中寺杏梅

*Armeniaca vulgaris* L. 'Zhongsixingmei'

调查编号：LITZWAD009

所属树种：杏 *Armeniaca vulgaris* L.

提 供 人：刘国成
电　　话：15212183617
住　　址：辽宁省沈阳市沈河区东陵路120号

调 查 人：王爱德
电　　话：18204071798
单　　位：沈阳农业大学园艺学院

调查地点：辽宁省沈阳市马刚镇中寺村

地理数据：GPS数据（海拔：6m，经度：E123°42'17.12"，纬度：N42°02'45.84"）

## 生境信息

来源于当地，田间生境为成片集中栽培的杏园，地形为平地，土质为壤土，种植年限为30年，现存6株。

## 植物学信息

### 1. 植株情况

乔木；树势中等，树姿半开张，树形开心形，树高4.9m、冠幅东西5.3m、南北5.5m、干高80cm、干周72cm；主干呈褐色，树皮丝状裂，枝条密度中等。

### 2. 植物学特性

1年生枝条紫红色，有光泽，长度中等，节间平均长1.7cm，粗细中等，皮孔明显，椭圆形，白色，微凸起，数量较多。叶片卵圆形，长9.0cm、宽7.4cm，中等厚度，浓绿色；叶柄长度中等，带红色；花形普通形，花冠直径2.9cm，花瓣白色，卵圆形，5枚；萼片5枚，紫红色；雌蕊1枚。

### 3. 果实性状

果实近圆形，大小中等，纵径3.4cm、横径3.8cm、侧径3.75cm，平均果重27.5g，最大果重38.7g；果面底色橙黄，紫红色片晕，部分为斑状晕；缝合线不显著，两侧不对称；果顶平圆，顶微凹，梗洼深、广；果肉黄色，质地松软，纤维中等，汁液多，风味甜酸，香味浓，品质上等；核大小中等，离核；可溶性固形物含量11.7%。

### 4. 生物学特性

生长势强，萌发率中等，发枝力中，新梢一年平均长58cm；开始结果年龄4～5年，7～8年生进入盛果期；以短果枝结果为主；全树坐果，产量较高，大小年显著；萌芽期4月初，开花期4月中下旬，果实成熟期7月上旬，落叶期11月上旬。

## 品种评价

果实品质好，鲜食品种。较抗干旱，较耐瘠薄。

植株

花

叶片

# 熊岳关爷脸杏

*Armeniaca vulgaris* L. 'Xiongyueguanyelianxing'

调查编号：LITZWAD010

所属树种：杏 *Armeniaca vulgaris* L.

提 供 人：刘国成
电　　话：15212183617
住　　址：辽宁省沈阳市沈河区东陵路120号

调 查 人：王爱德
电　　话：18204071798
单　　位：沈阳农业大学园艺学院

调查地点：辽宁省沈阳市马刚镇中寺村

地理数据：GPS数据（海拔：6m，经度：E123°42'17.12"，纬度：N42°02'45.84"）

## 生境信息

来源于当地，生长于田间成片杏园；地形为平地，土质为壤土；种植年限为30多年，当地有少量栽培。

## 植物学信息

### 1. 植株情况

乔木；树势中等，树姿半开张，树形开心形，树高4.1m、冠幅东西6.8m、南北6.9m，干高50cm，干周62cm；主干呈褐色，树皮丝状裂，枝条密度中等。

### 2. 植物学特性

1年生枝条红色，有光泽，长45cm左右，粗细中等，皮孔小，椭圆形，数量较多，排列不规则；叶片卵圆形，大小中等，长9.2cm、宽7.2cm，中等厚度，深绿色；叶基圆形，叶尖渐尖，锯齿圆钝；叶柄长度中等，带红色；花形普通形，花冠直径2.9cm，花瓣白色，卵圆形，5枚；萼片5枚，紫红色；雌蕊1枚。

### 3. 果实性状

果实扁圆形，纵径3.3cm、横径3.4cm、侧径3.5cm，平均果重25.4g，最大果重38.5g；果面底色橙黄，阳面呈片状玫瑰红色或斑点状晕；缝合线不显著，两侧不对称；果顶圆；果肉橙黄色，质地松软，细，汁液多，风味甜酸，香味浓，品质上等；核大小中等，苦仁，离核；可溶性固形物含量12.2%。

### 4. 生物学特性

萌芽力强，发枝力弱；新梢一年平均长45cm；开始结果年龄4～5年，进入盛果期年龄7～8年；以短果枝结果为主；坐果力强，连续结果能力强，产量较高；采前落果多，成熟期遇雨易裂果腐烂；萌芽期3月下旬，开花期4月中下旬，果实成熟期7月初，落叶期11月上旬。

## 品种评价

丰产，优质，适应性强，鲜食品种；采前落果多，成熟期遇雨易裂果。

植株
花
果实

# 邵原八达杏

*Armeniaca vulgaris* L. 'Shaoyuanbadaxing'

调查编号：CAOSYXMS004

所属树种：杏 *Armeniaca vulgaris* L.

提 供 人：李强
电　　话：15239768346
住　　址：河南省济源市邵原镇二里腰村

调 查 人：薛茂盛
电　　话：13869144873
单　　位：河南省国有济源市黄楝树林场

调查地点：河南省济源市邵原镇二里腰村椿树洼

地理数据：GPS数据（海拔：825m，经度：E112°06'03.11"，纬度：N35°15'26.33"）

## 生境信息

来源于当地，生于旷野中的坡地或河谷；该土地为人工林，土质为砂壤土；种植年限30年。现有少量零星分布。

## 植物学信息

### 1. 植株情况

乔木；树势强，树姿直立，树高5m，冠幅南北5m，干高1.4m，干周70cm；主干呈褐色，树皮丝状裂，枝条较密。

### 2. 植物学特性

1年生枝条红褐色，有光泽，长度中等；皮孔稀，微凸起，较大，椭圆形，白色；叶片卵圆形，中等大小，叶基圆形，叶尖渐尖。单芽占20%，复芽占80%，结果枝上花芽多，花芽肥大；普通花型，花冠直径3cm，花瓣有褶皱，呈椭圆形。

### 3. 果实性状

果实椭圆形，纵径4.07cm、横径3.30cm、侧径4.19cm；平均果重34.1g；果面底色浅绿色，部分有玫瑰红晕；缝合线宽浅，两侧不对称；果顶尖圆；梗洼浅、广、不皱；剥皮困难；果肉厚度1.24cm，乳黄色，近核处颜色同肉色，各部成熟度一致；果肉质地松软，纤维少，细，汁液中，风味酸甜，香味中，品质上等；核中等大小，甜仁，离核；可溶性固形物含量10%。

### 4. 生物学特性

中心主干生长势中等，骨干枝分支角度30°，徒长枝数目较少，萌芽力中等，发枝力弱；中果枝占20%，短果枝占80%；全树坐果，坐果力强，生理性落果中等；萌芽期3月上中旬，开花期3月下旬，果实采收期6月中旬，落叶期11月上旬。

## 品种评价

高产，抗病、抗旱、耐贫瘠，适应性强；果实鲜食。

生境
植株
叶片
枝条
花

# 羊屎蛋杏

*Armeniaca vulgaris* L. ‘Yangshidanxing’

调查编号：CAOSYXMS007

所属树种：杏 *Armeniaca vulgaris* L.

提 供 人：李强
电　　话：15239768346
住　　址：河南省济源市邵原镇二里腰村

调 查 人：薛茂盛
电　　话：13869144873
单　　位：河南省国有济源市黄楝树林场

调查地点：河南省济源市邵原镇二里腰村椿树洼

地理数据：GPS数据（海拔：823m，经度：E112°06'04.51"，纬度：N35°15'27.77"）

## 生境信息

来源于当地，生于村旁阳面山坡，坡度25°；最大树龄70年，植被为温带落叶阔叶林，伴生种为栎树，但受放牧影响；土质为砂壤土。保存1株。

## 植物学信息

### 1. 植株情况

乔木；树势弱，树姿半开张，自然乱头形，冠幅东西12m、南北15m，干高1.4m，干周125cm；主干呈褐色，树皮块裂状，枝条较密。

### 2. 植物学特性

1年生枝条紫红色，有光泽，较短，较细；单芽占50%，复芽占50%；普通花型，花冠直径2cm，色泽浓，雄蕊花丝长12mm，较细，蜜盘黄绿色（谢花后5日）；萼片茸毛中等，萼筒大小中等。

### 3. 果实性状

果实尖圆形，纵径3.87cm、横径3.97cm，平均果重24.01g，最大果重32.8g；果面底色乳黄，部分有玫瑰红晕；缝合线两侧不对称；果顶尖圆，梗洼中深、广、不皱；果梗短；果皮中厚，无茸毛，剥皮困难；果肉厚度1.10cm，乳白色，近核处颜色同肉色，果肉各部成熟度一致；果肉质地松软，纤维少，细，汁液多，风味淡，香味浓；品质上等；苦仁，离核；可溶性固形物含量8.5%。

### 4. 生物学特性

生长势较弱，骨干枝分支角度大，萌芽力强，发枝力中等；新梢一年平均长15cm；开始结果年龄4～5年，进入盛果期年龄7～8年；中果枝占20%，短果枝占80%，坐果力中等，生理落果中等；采前落果多，产量较低，大小年显著，单株平均产量31kg；萌芽期3月下旬，开花期4月中旬，果实采收期7月上旬，落叶期11月上旬。

## 品种评价

抗旱、耐贫瘠、适应性广；果实鲜食。

生境

芽

枝条

花

# 约子杏

*Armeniaca vulgaris* L. 'Yuezixing'

调查编号：CAOSYXMS038

所属树种：杏 *Armeniaca vulgaris* L.

提 供 人：侯军亮
电　　话：15039188308
住　　址：河南省济源市神沟庙洼

调 查 人：薛茂盛
电　　话：13869144873
单　　位：河南省国有济源市黄楝树林场

调查地点：河南省济源市邵原镇二里腰村椿树洼

地理数据：GPS数据（海拔：833m，经度：E112°11'15.66"，纬度：N35°11'25.44"）

## 生境信息

来源于当地，生于村旁旷野中的坡地，坡度25°；最大树龄25年；植被为温带落叶阔叶林，伴生种为桐树；受放牧影响；土质为砂壤土；种植年限80年以上。

## 植物学信息

### 1. 植株情况

乔木；树势强，树姿开张，树形自然半圆形，树高8m，冠幅东西7m、南北8m，干高2.5m，干周67cm；主干呈褐色，树皮丝状裂，枝条较密。

### 2. 植物学特性

1年生枝条红色，有光泽，较短；普通花型，花冠直径2.5cm，色泽极浓，花瓣中等褶皱，雄蕊花丝长8mm，茸毛少，蜜盘黄绿色（谢花后5日）；萼片毛茸中等，萼筒小；皮孔大小中等，数量中等；单芽占5%，复芽占95%；结果枝上花芽多，叶芽少，花芽肥大，顶端锐尖形，着生角度中等，茸毛数量中等；叶片卵圆形，大小中等，长6.6cm、宽4.4cm，较厚，浓绿色；近叶基部褶皱少，叶边锯齿圆钝，齿间有腺体；叶柄较长，粗细中等。

### 3. 果实性状

果实圆形，果个较大，纵径3.8～4.5cm、横径4.2～4.72cm、侧径3.8～4.45cm；平均果重48.1g，最大果重54g；果面底色浅绿，呈紫红晕，部分有点状晕；缝合线不显著，两侧对称；果顶尖圆，梗洼中深、广、不皱；果肉厚度1.52cm，果肉各部成熟度一致；纤维中，汁液中多，风味甜，香味浓；核大，甜仁，离核；可溶性固形物含量12%。

### 4. 生物学特性

生长势较强，骨干枝分支角度45°，萌芽力强等，发枝力强。新梢一年平均长30cm；开始结果年龄4～5年，第7年进入盛果期；采前落果多，产量较低，有大小年，单株平均产量41kg；萌芽期3月下旬，开花期4月中旬，果实采收期6月上旬，落叶期11月上旬。

## 品种评价

抗病、耐贫瘠、适应性广；果实鲜食，优质。

生境

植株

叶片

枝条

# 小麦杏

*Armeniaca vulgaris* L. 'Xiaomaixing'

调查编号：CAOSYFHW001

所属树种：杏 *Armeniaca vulgaris* L.

提 供 人：刘猛
电　　话：15939739918
住　　址：河南省信阳市浉河区浉河岗夏家冲村

调 查 人：范宏伟
电　　话：13837639363
单　　位：信阳农林学院

调查地点：河南省信阳市浉河区浉河岗镇夏家冲村

地理数据：GPS数据（海拔：133m，经度：E113°53'59.2"，纬度：N32°03'19.8"）

## 生境信息

来源于当地，生长于荒野坡地，朝向西南的坡度45°；最大树龄30年，伴生物种为茶树；受砍伐影响，土地利用为非耕地，土质为黏壤土；当地现存5000株左右，大面积种植。

## 植物学信息

### 1. 植株情况

乔木；树势强，树姿开张，树形自然圆头形，树高4.8m，冠幅东西4m、南北4m，干高100cm，干周55cm；主干呈褐色，树皮块裂状，枝条较密。

### 2. 植物学特性

1年生枝条紫红色，有光泽，长度中等，粗细中等；皮孔稀小，凸起，近圆形；叶片卵圆形，大小中等，长7cm、宽5cm，较厚，浓绿色；近叶基部少褶皱，叶边锯齿圆钝，齿尖无腺体；叶柄长度中等，较粗，带红色；花单生，花瓣白色，卵圆形，5枚；萼筒和萼片紫红色。

### 3.果实性状

果实圆形，果个较小，纵径3.05cm、横径2.7cm、侧径2.9cm，平均果重11.5g，最大果重14g；果面底色乳黄色，稍有点状玫瑰红晕；缝合线较浅，两侧对称；果顶圆头形；果肉黄色，厚度0.69cm，果肉质地松软，有韧性，纤维数量较多、较粗，汁液多，风味酸甜，香味浓，品质上等；核大小中等，苦仁，离核，核稍大，不裂；可溶性固形物含量11.2%。

### 4. 生物学特性

生长势强，自然生长情况下为圆头形；萌芽力强，发枝力强，新梢一年平均长45cm；开始结果年龄3年，7～8年进入盛果期；生理落果少，采前落果少，产量较高，大小年不显著，单株平均产量75kg；萌芽期2月中下旬，开花期3月上旬，果实采收期6月中旬，落叶期10月下旬。

## 品种评价

单株产量高，抗病、耐贫瘠、适应性广；果实鲜食，品质优。

生境
植株
叶片
花
果实

# 夏家冲杏梅

*Armeniaca vulgaris* L. 'Xiajiachongxingmei'

调查编号：CAOSYFHW002

所属树种：杏 *Armeniaca vulgaris* L.

提 供 人：刘猛
电　　话：15939739918
住　　址：河南省信阳市浉河区浉河岗夏家冲村

调 查 人：范宏伟
电　　话：13837639363
单　　位：信阳农林学院

调查地点：河南省信阳市浉河区镇浉河岗村夏家冲村

地理数据：GPS数据（海拔：124m，经度：E113°53'58.8"，纬度：N32°03'18.2"）

## 生境信息

来源于当地，生长于沟谷梯田，最大树龄25年，伴生物种为茶树；土地利用为耕地，土质为黏壤土；现存几十株，零星分布。

## 植物学信息

### 1. 植株情况

乔木；树势较弱，树姿开张，树形自然半圆形，树高5m，冠幅东西7m、南北7m，干高50cm，干周90cm；主干呈黑色，树皮块裂状，枝条较稀。

### 2. 植物学特性

1年生枝条紫红色，有光泽，长度中等，节间平均长1cm，皮孔稀小，凸起，近圆形；叶片长椭圆形，大小中等，长8cm、宽3.5cm，厚薄中等，浓绿色；近叶基部无褶皱，叶基楔形或圆形，叶尖渐尖，叶边锯齿圆钝，齿尖有腺体；叶柄长为2cm，较粗，绿色；花单生，花瓣白色，卵圆形，5枚；萼筒和萼片紫红色。

### 3. 果实性状

果实椭圆形，纵径3.1cm、横径2.9cm、侧径3.2cm，平均果重15g，最大果重20g；果面底色乳黄色，有点状玫瑰红晕；缝合线较深，两侧对称；果顶尖圆形；果肉黄色，厚度0.89cm，肉质地松软，有韧性，纤维较多、较粗，汁液多，风味酸甜，香味浓，品质极上；核中等大小，苦仁，离核，核不裂；可溶性固形物含量11.2%。

### 4. 生物学特性

生长势较弱，骨干枝分枝角度45°左右，萌芽力强，发枝力弱，新梢一年平均长10～30cm；第3年开始结果，第5年进入盛果期；长果枝占30%，中果枝占30%，短果枝占50%；全树坐果，坐果力强，生理落果少，采前落果少，产量较高，大小年不显著，单株平均产量60kg；萌芽期2月中下旬，开花期3月上旬，果实采收期6月上旬，落叶期10月下旬。

## 品种评价

抗病，耐旱，耐贫瘠，适应性强；高产，优质，果实鲜食和加工皆宜。

生境
枝条
叶片
花
果实

# 狗屎杏

*Armeniaca vulgaris* L. 'GoushiXing'

调查编号：CAOSYFHW009

所属树种：杏 *Armeniaca vulgaris* L.

提 供 人：刘猛
电　　话：15939739918
住　　址：河南省信阳市浉河区浉河岗夏家冲村

调 查 人：范宏伟
电　　话：13837639363
单　　位：信阳农林学院

调查地点：河南省信阳市浉河区镇浉河岗村夏家冲村

地理数据：GPS数据（海拔：123m，经度：E113°53'58.8"，纬度：N32°03'18.2"）

## 生境信息

来源于当地，生长于田间地边；大生境为丘陵地带；最大树龄15年，伴生物种为栗树，地形为平地，土地利用为耕地，土质为黏壤土，现存1株。

## 植物学信息

### 1. 植株情况

乔木；树势强，树姿开张，树形乱头形，树高6.3m，冠幅东西4.5m、南北4m，干高190cm，干周40cm；主干呈褐色，树皮丝状裂，枝条较密。

### 2. 植物学特性

1年生枝条紫红色，有光泽，长56cm，平均粗细0.4cm；皮孔稀小，凸起，近圆形；多年生枝灰褐色；叶片卵圆形，较大，长9cm、宽5cm，较厚，浓绿色；叶基圆形，叶尖渐尖，近叶基部无褶皱，叶边锯齿圆钝，齿尖有腺体；叶柄中长，较粗，绿色；花单生，花瓣白色，卵圆形，5枚；萼筒和萼片紫红色。

### 3. 果实性状

果实圆形，果个小，纵径2.54cm、横径2.27cm、侧径2.65cm，平均果重8g，最大果重10g，果面底色橙黄，部分有玫瑰红晕；缝合线宽浅，两侧对称；果顶圆，梗洼浅、狭、不皱；果肉橙黄色，厚度0.54cm，近核处玫瑰红色，果肉质地松软，有韧性，纤维细、少，汁液少，风味酸甜，香味中等，品质极好；核小，苦仁，离核，核不裂；可溶性固形物含量11.2%。

### 4. 生物学特性

生长势强，骨干枝分枝角度30°，徒长枝数目少，萌芽力强，发枝力强，新梢一年长50～100cm；第3年开始结果年龄，第5年进入盛果期；全树坐果，坐果力强，生理落果少，采前落果少，产量较高，大小年不显著，单株平均产量60kg；萌芽期2月下旬，开花期3月上旬，果实成熟期6月上旬，落叶期11月下旬。

## 品种评价

高产、优质、抗病、耐贫瘠、适应性强；果个小，鲜食品质好，核小。

植株

花

果实

# 黄粘核

*Armeniaca vulgaris* L. 'Huangnianhe'

调查编号：CAOSYFYZ001

所属树种：杏 *Armeniaca vulgaris* L.

提 供 人：姬玉栓
电　　话：13938630498
住　　址：河南省辉县市上八里镇上八里村

调 查 人：冯玉增
电　　话：13938630498
单　　位：河南省开封市农林科学研究院

调查地点：河南省辉县市上八里镇上八里村十四队西池西南角

地理数据：GPS数据（海拔：458m，经度：E113°36'48.96"，纬度：N35°32'30.48"）

## 生境信息

来源于当地，生长于山地间，易受砍伐影响，地形为平地，土质为砂壤土，种植年限为30年左右，有零星分布，现存10株。

## 植物学信息

1. 植株情况

乔木；树势中等，树姿半开张，树形自然圆头形，树高6.5m，平均冠幅8.0m，主干呈灰褐色，树皮丝状裂，枝条密度中等。

2. 植物学特性

1年生枝条红褐色，有光泽，长度中等，节间平均长1.5cm、平均粗0.4cm；皮孔较小，椭圆形，微凸起，数量较多、多年生枝条灰褐色；叶片卵圆形，大小中等，长7.3cm、宽6.4cm，中等厚度，浅绿色；叶基圆形，叶尖渐尖，叶边锯齿圆钝；叶柄长度中等，粗细中等，红色；花单生，花瓣白色，卵圆形，5枚；萼筒和萼片紫红色。

3. 果实性状

果实椭圆形，果个小，匀称，纵径2.8cm、横径2.2cm、侧径2.3cm，平均果重13.3g，最大果重15.6g；果面橙黄色；缝合线宽浅，两侧对称；果顶平齐，顶部微凹；梗洼浅、中广；果肉厚度1.2cm，黄色；果肉质地松软，有韧度，纤维少，汁液中等，风味甜，香味中等，品质中等；核小，苦仁，粘核；可溶性固形物含量12.9%。

4. 生物学特性

生长势中等，萌芽力弱，发枝力弱，新梢一年平均长75cm；开始结果年龄4～5年，第7～8年进入盛果期；采前落果多，产量较低，大小年显著，单株平均产量10kg；萌芽期3月中旬，开花期4月上旬，果实采收期6月初，落叶期11月上旬。

## 品种评价

耐旱、耐瘠薄，适应性强；果实鲜食，产量低，品质一般。

花
植株
叶片
果实

# 白八达（白甜仁）

*Armeniaca vulgaris* L. 'Baibada'

调查编号：CAOSYFYZ002

所属树种：杏 *Armeniaca vulgaris* L.

提 供 人：姬玉栓
电　　话：13938630498
住　　址：河南省辉县市上八里镇上八里村

调 查 人：冯玉增
电　　话：13938630498
单　　位：河南省开封市农林科学研究院

调查地点：河南省辉县市上八里镇上八里村上河坡

地理数据：GPS数据（海拔：450m，经度：E113°36'48.6"，纬度：N35°32'30.83"）

## 生境信息

来源于本地，生长于一个废弃的院落中，易受砍伐、盖房影响；地形为平地，土质为砂壤土；种植年限为20年左右，当地有零星分布，现存5株。

## 植物学信息

### 1. 植株情况

乔木；树势中等，树姿半开张，树形自然圆头形，树高4.5m，平均冠幅6m，主干呈灰褐色，树皮丝状裂，枝条密度中等。

### 2. 植物学特性

1年生枝条红褐色，有光泽，长度中等，粗度中等，皮孔稀疏，椭圆形，灰白色，多年生枝条棕褐色；叶片卵圆形，大小中等，长8.2cm、宽5.7cm，中等厚度，深绿色；叶基圆形，叶尖渐尖，锯齿圆钝；叶柄长4.1cm，粗细中等，黄绿色，阳面带红色；花单生，花瓣白色，卵圆形，5枚；萼筒和萼片紫红色。

### 3. 果实性状

果实椭圆形或扁圆形，果个大，纵径4.7cm、横径5.2cm、侧径5.4cm，平均果重69.3g，最大果重75.2g；果面黄白色，稍有斑点状晕；缝合线宽浅，两侧不对称；果顶平齐，梗洼浅、中广；果皮中等厚度；果肉厚度1.6cm，乳黄色，近核处颜色同肉色，各部成熟度一致；果肉质地松软，有韧度，纤维少，汁液多，风味甜，香味浓，品质极上；核中等大小，甜仁，离核；可溶性固形物含量14.2%。

### 4. 生物学特性

生长势强，萌芽力弱，发枝力中等，新梢一年平均长38cm；开始结果年龄4～5年，第7～8年进入盛果期；采前落果多，产量较低，大小年显著，单株平均产量42kg；萌芽期3月中旬，开花期4月上旬，果实采收期6月10日左右，落叶期11月上旬。

## 品种评价

耐旱、耐瘠薄，适应性强；果个大，果实品质好，但产量低。嫁接繁殖。

生境
植株
叶片
花
果实

# 红歪嘴

*Armeniaca vulgaris* L. 'Hongwaizui'

调查编号：CAOSYFYZ003

所属树种：杏 *Armeniaca vulgaris* L.

提 供 人：姬玉栓
电　　话：13938630498
住　　址：河南省辉县市上八里镇上八里村

调 查 人：冯玉增
电　　话：13938630498
单　　位：河南省开封市农林科学研究院

调查地点：河南省辉县市上八里镇上八里村后河庄西渠边

地理数据：GPS数据（海拔：462m，经度：E113°36'0.36"，纬度：N35°32'5.64"）

## 生境信息

来源于本地，生于田野间；易受砍伐、修路影响；地形为平地，土质为砂壤土；种植年限为35年左右，现存2株。

## 植物学信息

### 1. 植株情况

乔木；树势中等，树姿半开张，树形乱头或圆头形，树高11.0m，平均冠幅12.0m，主干呈灰褐色，树皮丝状裂，枝条密度中等。

### 2. 植物学特性

1年生枝条红褐色，有光泽，长度中等，节间平均长1.7cm，粗度中等，平均粗0.5cm；叶片卵圆形，大小中等，长8.8cm、宽6.7cm，中等厚度，深绿色；叶柄长度中等，长3.9cm，粗细中等，带红色；花单生，花瓣白色，卵圆形，5枚；萼筒和萼片紫红色。

### 3. 果实性状

果实尖圆形，纵径3.7cm、横径2.7cm、侧径2.9cm，平均果重18.6g，最大果重22.0g；果面底色乳白色，呈片状和点状玫瑰红晕；缝合线不显著，两侧不对称；果顶尖圆，顶部凸出，梗洼浅、中广、不皱；果皮中等厚度；果肉厚度1.1cm，橙黄色，近核处颜色同肉色，各部成熟度不一致；果肉质地松软，脆，纤维少，汁液多，风味酸甜，香味中等，品质中等；核小，苦仁，离核；可溶性固形物含量12.8%。

### 4. 生物学特性

生长势弱，萌芽力弱，发枝力中等，新梢一年平均长46cm；开始结果年龄4～5年，第7～8年进入盛果期；采前落果多，产量中等，大小年显著，单株平均产量25kg；萌芽期3月中旬，开花期4月上旬，果实采收期6月10日左右，落叶期11月上旬。

## 品种评价

耐旱、耐瘠薄，抗病性强，适应性强；果实鲜食，品质一般。

花

枝

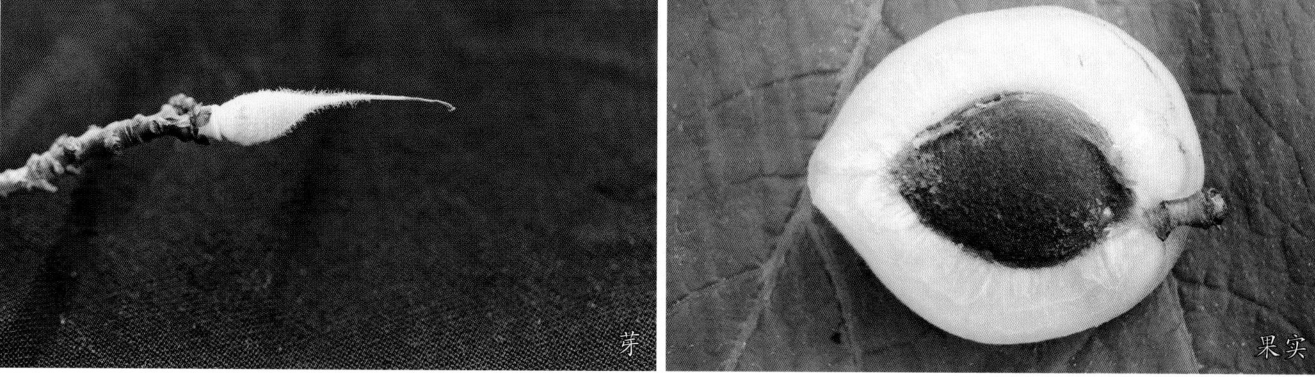

芽

果实

# 黄沙杏

*Armeniaca vulgaris* L. ‘Huangshaxing’

调查编号：CAOSYFYZ004

所属树种：杏 *Armeniaca vulgaris* L.

提 供 人：姬玉栓
电　　话：13938630498
住　　址：河南省辉县市上八里镇上八里村

调 查 人：冯玉增
电　　话：13938630498
单　　位：河南省开封市农林科学研究院

调查地点：河南省辉县市上八里镇上八里村后河庄南路边

地理数据：GPS数据（海拔：447m，经度：E113°36'45.72"，纬度：N35°32'24.72"）

## 生境信息

来源于本地，生于田野间，易受砍伐、修路影响，地形为平地，土质为砂壤土，种植年限为40年左右，现存2株。

## 植物学信息

### 1. 植株情况

乔木；树势中等，树姿半开张，树形自然圆头形，树高10.0m，平均冠幅12.0m，主干呈灰褐色，树皮丝状裂，枝条密度中等。

### 2. 植物学特性

1年生枝条红褐色，有光泽，长度中等，节间平均长1.6cm，平均粗0.45cm；叶片椭圆或卵圆形，大小中等，长8.2cm、宽6.2cm，中等厚度，浅绿色；叶柄长4.2cm，粗细中等，阳面带红色；花单生，花瓣白色，卵圆形，5枚；萼筒和萼片紫红色。

### 3. 果实性状

果实圆形，果个较小，纵径3.0cm、横径2.8cm、侧径3.1cm，平均果重16.8g，最大果重18.4g；果面底色橙黄，稍有斑点状玫瑰红晕；缝合线不显著，两侧对称；果顶尖圆，梗洼浅、中广；果皮中等厚度；果肉厚度0.9cm，橙黄色，近核处颜色同肉色，果实各部成熟度不一致；果肉质地松软，有韧度，纤维少，汁液多，风味甜，香味浓，品质上等；核小，苦仁，离核；可溶性固形物含量13.1%。

### 4. 生物学特性

生长势中等，萌芽力中等，发枝力中等，新梢一年平均长53cm；开始结果年龄4～5年，第7～8年进入盛果期；有采前落果现象，产量较高，大小年显著，单株平均产量58kg；萌芽期3月中旬，开花期4月上旬，果实采收期6月上旬，落叶期11月上旬。

## 品种评价

耐旱、耐瘠薄，适应性强；果实鲜食，产量高，品质优。

生境

芽

枝条

花

果实

# 八里镇鸡蛋杏

*Armeniaca vulgaris* L. 'Balizhenjidanxing'

调查编号：CAOSYFYZ005

所属树种：杏 *Armeniaca vulgaris* L.

提 供 人：姬玉栓
电　　话：13938630498
住　　址：河南省辉县市上八里镇上八里村

调 查 人：冯玉增
电　　话：13938630498
单　　位：河南省开封市农林科学研究院

调查地点：河南省辉县市上八里镇上八里村后河庄葛宅后

地理数据：GPS数据（海拔：469m，经度：E113°35'36.96"，纬度：N35°31'49.8"）

## 生境信息

来源于本地，生于田野间，易受砍伐、修路影响，地形为平地，土质为砂壤土，种植年限为25年左右，零星分布，现存5株。

## 植物学信息

### 1. 植株情况

乔木；树势中等，树姿半开张，树形自然圆头形，树高6.0m，平均冠幅5.0m，主干呈灰褐色，树皮丝状裂，枝条密度密。

### 2. 植物学特性

1年生枝条红褐色，有光泽，长度中等，节间平均长1.5cm，平均粗0.4cm；皮孔大而稀，椭圆形，白色；叶片卵圆形，大小中等，长7.5cm、宽6.3cm，叶基楔形，叶尖渐尖，锯齿圆钝，叶面平整；中等厚度，浅绿色；叶柄长4.1cm，粗细中等，带红色；花单生，花瓣白色，卵圆形，5枚；萼筒和萼片紫红色。

### 3. 果实性状

果实椭圆形，果个大，纵径5.3cm、横径4.8cm、侧径5.3cm，平均果重78.8g，最大果重102.5g；果面底色乳黄色，有斑点状玫瑰红晕；缝合线宽浅，两侧不对称；果短圆，梗洼中等；果皮中等厚度；果肉厚度1.7cm，橙黄色，近核处颜色同肉色，各部成熟度一致；肉质地松软，有韧度，纤维少细，汁液多，风味甜，香味浓，品质极上；核小，苦仁，离核；可溶性固形物含量14.2%。

### 4. 生物学特性

生长势中等，萌芽力中等，发枝力中等，新梢一年平均长53cm；开始结果年龄4～5年，第7～8年进入盛果期；采前落果少，产量高，大小年不显著，单株平均产量38kg；萌芽期3月中旬，开花期4月上旬，果实采收期6月中旬，落叶期11月上旬。

## 品种评价

耐旱性、抗病性强，适应性强；产量高，果实个大，鲜食品质极优。可以适量发展。

花
叶片
果实
果实

# 圆接杏

*Armeniaca vulgaris* L. 'Yuanjiexing'

调查编号：CAOSYFYZ006

所属树种：杏 *Armeniaca vulgaris* L.

提 供 人：姬玉栓
电　　话：13938630498
住　　址：河南省辉县市上八里镇上八里村

调 查 人：冯玉增
电　　话：13938630498
单　　位：河南省开封市农林科学研究院

调查地点：河南省辉县市上八里镇上八里村下河坡

地理数据：GPS数据（海拔：477m，经度：E113°34'23.52"，纬度：N35°32'32.28"）

## 生境信息

来源于本地，生长于山间坡地，易受砍伐、放牧的影响，土质为砂壤土，种植年限为30年左右，零星分布，现存50～60株。

## 植物学信息

### 1. 植株情况

乔木；树势强，树姿半开张，树形自然圆头形，树高7.0m，平均冠幅8.0m，主干呈灰褐色，树皮丝状裂，枝条密度较密。

### 2. 植物学特性

1年生枝条红褐色，有光泽，长度中等，节间平均长1.7cm，平均粗0.5cm；皮孔大而稀，圆形，不规则排列；多年生枝条灰褐色；叶片卵圆形，大小中等，长8.3cm、宽5.7cm，叶基圆形，叶尖渐尖，平展，中等厚度，浅绿色；叶柄长度中等，长4.2cm，粗细中等，阳面带红色；花单生，花瓣白色，卵圆形，5枚；萼筒和萼片紫红色。

### 3. 果实性状

果实圆形，果个大，纵径4.7cm、横径4.6cm、侧径4.4cm，平均果重54.8g，最大果重78.8g；果面底色乳黄色，部分有斑点状玫瑰红晕；缝合线较深，两侧对称；果顶平，顶微凹，梗洼浅、中广；果皮中等厚度；果肉厚度1.5cm，乳黄色，近核处颜色同肉色，果实各部成熟度一致；果肉质地致密，有韧性，纤维少、细，汁液多，风味甜，香味浓，品质极上；核中等大小，苦仁，离核，不裂；可溶性固形物含量13.8%。

### 4. 生物学特性

生长势中等，萌芽力中等，发枝力中等，新梢一年平均长67cm；开始结果年龄4～5年，第7～8年进入盛果期；采前落果少，产量高，大小年不显著，单株平均产量45kg；萌芽期3月中旬，开花期4月上旬，果实采收期6月10日左右，落叶期10月中下旬。

## 品种评价

耐旱、适应性强，抗病性强；果实个头大，产量高，汁多，味甜，品质优。可以适量发展。

植株
叶片
果实
花

# 偏脸

*Armeniaca vulgaris* L. 'Pianlian'

调查编号：CAOSYFYZ007

所属树种：杏 *Armeniaca vulgaris* L.

提 供 人：姬玉栓
电　　话：13938630498
住　　址：河南省辉县市上八里镇上八里村

调 查 人：冯玉增
电　　话：13938630498
单　　位：开封市农林科学研究院

调查地点：河南省辉县市上八里镇上八里村上河坡

地理数据：GPS数据（海拔：482m，经度：E113°33'41.76"，纬度：N35°32'30.48"）

## 生境信息

来源于本地，生于庭院、房前屋后；易受砍伐影响；地形为平地，土质为砂壤土；种植年限为20年左右，零星分布，现存5～10株。

## 植物学信息

### 1. 植株情况

乔木；树势强，树姿半开张，树形自然圆头形，树高12.0m，平均冠幅8.0m，主干呈灰褐色，树皮丝状裂，枝条密度较密。

### 2. 植物学特性

1年生枝条红褐色，有光泽，长度中等，节间平均长1.6cm，粗度中等，平均0.4cm；叶片卵圆形，大小中等，长8.1cm、宽6.2cm，叶基圆形或楔形，叶尖渐尖，锯齿圆钝，单锯齿；中等厚度，深绿色；叶柄长度中等，浅绿色，阳面带红色；花单生，花瓣白色，卵圆形，5枚；萼筒和萼片紫红色。

### 3. 果实性状

果实卵圆形，果个大，纵径4.4cm、横径4.6cm、侧径4.9cm，平均果重61.2g，最大果重66.5g；果面底色乳黄色，玫瑰红色斑状晕；缝合线较深，两侧不对称；果顶下凹，梗洼中等大小、深；果皮中等厚度；果肉厚度不对称，约1.5cm，乳黄色，近核处颜色同肉色，果实各部成熟度一致。果肉质地致密，纤维少、细，汁液多，风味甜，香味浓，品质极上；核中等大小，苦仁，离核，不裂；可溶性固形物含量14.2%。

### 4. 生物学特性

无中心主干，生长势强，萌芽力中等，发枝力中等，新梢一年平均长43cm；开始结果年龄4～5年，第7～8年进入盛果期；采前落果少，产量高，大小年不显著，单株平均产量33kg；萌芽期3月中旬，开花期4月上旬，果实采收期6月中旬，落叶期10月中下旬。

## 品种评价

耐旱、抗病性强、适应性强；果实个大，味甜，品质优良，产量高。可推广发展。

植株

花

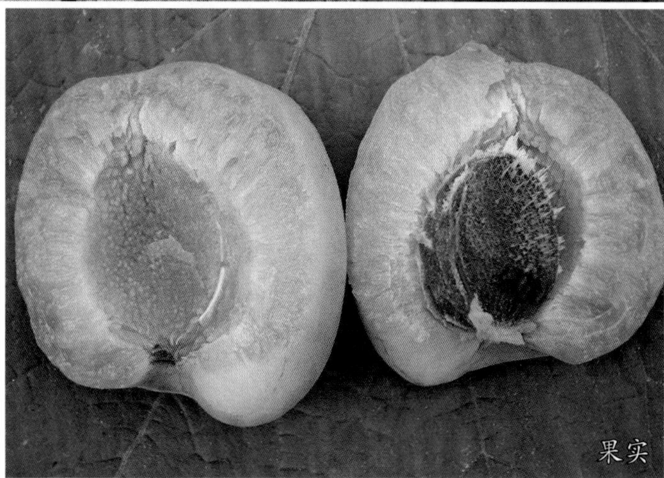
果实

# 红粘核

*Armeniaca vulgaris* L. 'Hongnianhe'

调查编号：CAOSYFYZ008

所属树种：杏 *Armeniaca vulgaris* L.

提 供 人：姬玉栓
电　　话：13938630498
住　　址：河南省辉县市上八里镇上八里村

调 查 人：冯玉增
电　　话：13938630498
单　　位：河南省开封市农林科学研究院

调查地点：河南省辉县市上八里镇上八里村十四队西斜小路边

地理数据：GPS数据（海拔：461m，经度：E113°34'18.48"，纬度：N35°31'51.24"）

## 生境信息

来源于本地，生于田野间，易受砍伐、修路影响，地形为平地，土质为砂壤土，种植年限为28年左右，零星分布，现存2～3株。

## 植物学信息

### 1. 植株情况

乔木；树势强，树姿不开张，树形圆头形或乱头形，树高5.0m，平均冠幅5.0m，主干呈灰褐色，树皮丝状裂，枝条密度较密。

### 2. 植物学特性

1年生枝条红褐色，有光泽，节间平均长1.8cm，枝上分布有灰白色皮孔，稀疏，椭圆形，微凸起，小；叶片卵圆形，大小中等，长7.3cm、宽6.4cm，叶基圆弧，叶尖渐尖，边缘锯齿圆钝；中等厚度，深绿色；叶柄长4.1cm，粗细中等，浅绿色，阳面带红色；花单生，花瓣白色，卵圆形，5枚；萼筒和萼片紫红色。

### 3. 果实性状

果实扁圆形，纵径3.1cm、横径2.8cm、侧径2.8cm，平均果重19.4g，最大果重21.6g；果面底色橙黄，部分有玫瑰红色晕或点状晕；缝合线较深，两侧不对称；果顶尖圆，梗洼浅、狭；果皮中等厚度；果肉厚度1.2cm，橙黄色，近核处颜色同肉色，果实各部成熟度一致；果肉质地致密，纤维少、细，汁液多，风味酸甜，香味淡，品质中等；核小，苦仁，粘核，不裂；可溶性固形物含量11.2%。

### 4. 生物学特性

无中心主干，生长势强，萌芽力中等，发枝力中等，新梢一年平均长47cm；开始结果年龄4～5年，第7～8年进入盛果期；采前落果少，产量低，大小年显著，单株平均产量25kg；萌芽期3月中旬，开花期4月上旬，果实采收期6月上旬，落叶期10月中下旬。

## 品种评价

果实底色橙黄，玫瑰红晕，漂亮；耐旱、适应性强；但产量低，品质一般。

植株
叶片
果实
花

# 八里镇羊屎蛋杏

*Armeniaca vulgaris* L.
'Balizhenyangshidanxing'

调查编号：CAOSYFYZ009

所属树种：杏 *Armeniaca vulgaris* L.

提 供 人：姬玉栓
电　　话：13938630498
住　　址：河南省辉县市上八里镇上八里村

调 查 人：冯玉增
电　　话：13938630498
单　　位：河南省开封市农林科学研究院

调查地点：河南省辉县市上八里镇上八里村十四队后河葛宅50米乱石堆

地理数据：GPS数据（海拔：461m，经度：E113°33'49.68"，纬度：N35°32'35.88"）

## 生境信息

来源于本地，生于田野间，易受砍伐、修路影响，地形为坡地，土质为砂壤土，种植年限为25年左右，零星分布，现存5~10株。

## 植物学信息

### 1. 植株情况

乔木；树势中等，树姿半开张，树形自然圆头形，树高7.0m，平均冠幅6.0m，主干呈灰褐色，树皮丝状裂，枝条密度较密。

### 2. 植物学特性

1年生枝条红褐色，有光泽，长度中等，节间平均长2.3cm，粗度中等，枝上皮孔小，较稀疏，微凸起，椭圆形；叶片卵圆形，大小中等，长8.5cm、宽6.2cm，叶基楔形或平圆，叶尖渐尖，叶缘锯齿钝圆；中等厚度，深绿色；叶柄长度中等，稍带红色；花单生，花蕾紫红色，花瓣白色，卵圆形，5枚；萼筒和萼片紫红色，雌蕊1枚，雄蕊20~30枚，花冠直径2.5cm。

### 3. 果实性状

果实圆形，果个小，纵径2.4cm、横径2.3cm、侧径2.2cm，平均果重9.0g，最大果重9.5g；果面底色绿黄色，部分有朱红色晕；缝合线不显著，两侧不对称；果顶平圆，顶微凹，梗洼浅、狭、不皱；果皮中等厚度；果肉厚度0.6cm，绿黄色，近核处颜色同肉色，果实各部成熟度一致；果肉质地致密，有韧度，纤维数量少、细，汁液多，风味酸甜，香味淡，品质中等；核小，苦仁，离核，不裂；可溶性固形物含量9.1%。

### 4. 生物学特性

无中心主干，生长势中等，萌芽力中等，发枝力中等，新梢一年平均长56cm；开始结果年龄4~5年，第7~8年进入盛果期；采前落果多，产量低，大小年显著，单株平均产量27kg；萌芽期3月中旬，开花期4月上旬，果实采收期6月上旬，落叶期10月中下旬。

## 品种评价

耐旱、耐瘠薄，抗病性强；果实鲜食，产量低，品质一般。

生境
芽
叶片
花
果实

# 面糟杏

*Armeniaca vulgaris* L. 'Mianzaoxing'

调查编号：CAOSYFYZ010

所属树种：杏 *Armeniaca vulgaris* L.

提 供 人：姬玉栓
电　　话：13938630498
住　　址：河南省辉县市上八里镇上八里村

调 查 人：冯玉增
电　　话：13938630498
单　　位：河南省开封市农林科学研究院

调查地点：河南省辉县市上八里镇上八里村十四队上河坡西

地理数据：GPS数据（海拔：470m，经度：E113°34'16.32"，纬度：N35°32'26.52"）

## 生境信息

来源于本地，生于屋旁路边；易受砍伐、修路影响；地形为坡地，土质为砂壤土；种植年限为35年左右，零星分布，现存5～10株。

## 植物学信息

### 1. 植株情况

乔木；树势弱，树姿半开张，树形自然圆头形，树高15.0m，平均冠幅10.0m，主干呈灰褐色，树皮丝状裂，枝条密度较密。

### 2. 植物学特性

1年生枝条红褐色，有光泽，长度中等，节间平均长1.0～1.5cm，粗度中等，枝上皮孔稀疏，中等大小，接近圆形，微凸起；多年生枝条灰褐色；叶片长卵圆形，大小中等，长8.1cm、宽6.3cm，中等厚度，深绿色；叶柄长3.5cm，粗细中等，带红色；花单生，花蕾紫红色，花瓣白色，卵圆形，5枚；萼筒和萼片紫红色，雌蕊1枚，雄蕊20～30枚，花冠直径2.4cm。

### 3. 果实性状

果实扁圆形，中等大小，纵径3.7cm、横径3.2cm、侧径3.5cm，平均果重20.5g，最大果重23.0g；果面底色乳黄，阳面呈朱红色点状晕，有裂果现象；缝合线不显著，两侧对称；果顶短圆，梗洼浅、狭、不皱；果皮中等厚度；果肉厚度0.8cm，橙黄色，近核处颜色同肉色，果实各部成熟度一致；果肉质地松软，有韧度，纤维少、细，汁液少，风味酸甜，香味淡，品质中等；核小，苦仁，离核，不裂；可溶性固形物含量11.6%。

### 4. 生物学特性

生长势强，萌芽力中等，发枝力中等，新梢一年平均长55cm；开始结果年龄4～5年，第7～8年进入盛果期；采前落果少，产量高，大小年显著，单株平均产量48kg；萌芽期3月中旬，开花期4月上旬，果实采收期6月上中旬，落叶期10月中下旬。

## 品种评价

耐旱、耐瘠薄，适应性强；果实鲜食，产量高，品质一般。缺点是成熟期遇雨易裂果。

植株

花

枝

果实

# 杂面杏

*Armeniaca vulgaris* L. 'Zamianxing'

调查编号：CAOSYFYZ011

所属树种：杏 *Armeniaca vulgaris* L.

提 供 人：姬玉栓
电　　话：13938630498
住　　址：河南省辉县市上八里镇上八里村

调 查 人：冯玉增
电　　话：13938630498
单　　位：河南省开封市农林科学研究院

调查地点：河南省辉县市上八里镇上八里村十四队上河坡西

地理数据：GPS数据（海拔：470m，经度：E113°33'49.68"，纬度：N35°32'35.88"）

## 生境信息

来源于本地，生长于山地；易受砍伐、修路影响；地形为坡地，土质为砂壤土，种植年限为30年左右，零星分布，现存5株。

## 植物学信息

### 1. 植株情况

乔木；树势强，树姿半开张，树形自然圆头形，树高9.0m，平均冠幅10.0m，主干呈灰褐色，树皮丝状裂，枝条密度较密。

### 2. 植物学特性

1年生枝条红褐色，有光泽，长度中等，节间平均长1.8cm，枝上皮孔较稀，椭圆形，中等大；叶片卵圆形，大小中等，长6.1cm、宽4.4cm，中等厚度，深绿色；叶柄长3.5cm，红色；花单生，花蕾紫红色，花瓣白色，卵圆形，5枚；萼筒和萼片紫红色，雌蕊1枚，雄蕊20～30枚，花冠直径2.5cm。

### 3. 果实性状

果实椭圆形或长圆形，果个较大，纵径4.6cm、横径4.2cm、侧径3.9cm，平均果重30.7g，最大果重53.1g；果面底色乳黄色，阳面朱红色点状红晕；缝合线不显著，两侧对称；果顶短圆，顶微凹，梗洼浅、狭、不皱；果皮中等厚度；果肉厚度1.12cm，橙黄色，近核处颜色同肉色，果实各部成熟度一致，肉质地松软，有韧度，纤维少、细，汁液少，风味酸甜，香味淡，品质中等；核小，苦仁，离核，不裂；可溶性固形物含量13.2%。

### 4. 生物学特性

生长势强，萌芽力中等，发枝力中等，新梢一年平均长60cm；开始结果年龄4～5年，第7～8年进入盛果期；采前落果少，产量高，大小年显著，单株平均产量50kg；萌芽期3月中旬，开花期4月上旬，果实采收期6月中旬，落叶期10月中下旬。

## 品种评价

耐旱、耐瘠薄、抗病性强，适应性强，果实鲜食；产量高，品质一般。

植株
花
叶片
果实

# 小红筋

*Armeniaca vulgaris* L. 'Xiaohongjin'

调查编号：CAOSYFYZ012

所属树种：杏 *Armeniaca vulgaris* L.

提 供 人：姬玉栓
电　　话：13938630498
住　　址：河南省辉县市上八里镇上八里村

调 查 人：冯玉增
电　　话：13938630498
单　　位：河南省开封市农林科学研究院

调查地点：河南省辉县市上八里镇上八里村十四队西斜小路边

地理数据：GPS数据（海拔：475m，经度：E113°34'19.92"，纬度：N35°32'38.76"）

## 生境信息

来源于本地，生于田野间，易受砍伐、修路影响，地形为坡地，土质为砂壤土，种植年限为20年左右，零星分布，现存5～10株。

## 植物学信息

### 1. 植株情况

乔木；树势弱，树姿半开张，树形自然圆头形，树高6.0m，平均冠幅5.5m；主干呈灰褐色，树皮丝状裂，枝条密度较密。

### 2. 植物学特性

1年生枝条紫红色，有光泽，长度中等，节间平均长2.1cm，皮孔小而稀，凸起，椭圆形；叶片卵圆形，大小中等，长7.7cm、宽5.3cm，中等厚度，深绿色；叶柄长3.5cm，红色；花单生，花蕾紫红色，花瓣白色，卵圆形，5枚；萼筒和萼片紫红色，雌蕊1枚，雄蕊20～30枚，花冠直径2.5cm。

### 3. 果实性状

果实圆形，果个小，纵径2.4cm、横径2.2cm、侧径2.6cm，平均果重9.5g，最大果重10.1g；果面底色黄绿，阳面部分朱红色晕；缝合线浅、广，两侧对称；果顶下凹，梗洼中宽、浅、不皱；果皮中等厚度；果肉厚度0.6cm，乳白色，近核处颜色同肉色，果实各部成熟度一致；果肉质地致密，有韧性，纤维少、细，汁液少，风味甜，香味中等，品质中等；核大，苦仁，离核，不裂；可溶性固形物含量10.2%。

### 4. 生物学特性

树体高大，生长势中庸，萌芽力中等，发枝力中等，新梢一年平均长55cm；开始结果年龄4～5年，第7～8年进入盛果期；采前落果多，产量高，大小年显著，单株平均产量50kg；萌芽期3月中旬，开花期4月上旬，果实采收期6月上旬，落叶期10月中下旬。

## 品种评价

耐旱、耐瘠薄，适应性强，果实鲜食；产量高，品质中等。

植株
花
叶片
果实
果实

# 青色烂

*Armeniaca vulgaris* L. 'Qingselan'

调查编号：CAOSYFYZ013

所属树种：杏 *Armeniaca vulgaris* L.

提 供 人：姬玉栓
电　　话：13938630498
住　　址：河南省辉县市上八里镇上八里村

调 查 人：冯玉增
电　　话：13938630498
单　　位：河南省开封市农林科学研究院

调查地点：河南省辉县市上八里镇上八里村十四队西南角

地理数据：GPS数据（海拔：443m，经度：E113°33'44.64"，纬度：N35°32'36.6"）

## 生境信息

来源于本地，生于田野间；易受砍伐、修路影响；地形为坡地，土质为砂壤土，种植年限为30年左右，零星分布，现存3～5株。

## 植物学信息

### 1. 植株情况

乔木；树势中等，树姿半开张，树形自然圆头形，树高3.8m，平均冠幅4.0m；主干呈灰褐色，树皮丝状裂，枝条密度较密。

### 2. 植物学特性

1年生枝条褐色，有光泽，长度中等，节间平均长1.5cm，粗度中等，平均粗0.4cm；叶片卵圆形，大小中等，长7.1cm、宽5.2cm，中等厚度，浅绿色；叶柄长3.3cm，粗细中等，红色；花单生，花蕾紫红色，花瓣白色，卵圆形，5枚；萼筒和萼片紫红色，雌蕊1枚，雄蕊20～30枚，花冠直径2.5cm。

### 3. 果实性状

果实卵圆形，果个较小，纵径3.2cm、横径2.6cm、侧径2.9cm，平均果重14.7g，最大果重16.0g；果面绿黄色，缝合线宽浅，两侧不对称；果顶平圆，微凹，梗洼浅、狭、不皱；果皮薄；果肉厚度0.7cm，乳黄色，近核处颜色同肉色，果实各部成熟度一致；果肉质地致密，有脆度，纤维少、细，汁液少，风味甜，香味中等，品质中等；核较大，苦仁，离核，不裂；可溶性固形物含量12.1%。

### 4. 生物学特性

无中心主干，生长势中等，萌芽力中等，发枝力中等，新梢一年平均长50cm；开始结果年龄4～5年，第7～8年进入盛果期；采前落果多，产量低，大小年显著，单株平均产量21kg；萌芽期3月中旬，开花期4月上旬，果实采收期6月上旬，落叶期10月中下旬。

## 品种评价

耐旱、耐瘠薄、抗病性强，果实鲜食；产量低，果核较大，可食部分少，品质中等。

植株
花
叶片
果实
果实

# 甜筋杏

*Armeniaca vulgaris* L. 'Tianjinxing'

调查编号：CAOSYFYZ014

所属树种：杏 *Armeniaca vulgaris* L.

提 供 人：姬玉栓
电　　话：13938630498
住　　址：河南省辉县市上八里镇上八里村

调 查 人：冯玉增
电　　话：13938630498
单　　位：河南省开封市农林科学研究院

调查地点：河南省辉县市上八里镇上八里村十四队西南角

地理数据：GPS数据（海拔：447m，经度：E113°33'14.40"，纬度：N35°32'26.52"）

## 生境信息

来源于本地，生于庭院；易受砍伐影响；地形为平地，土质为砂壤土，种植年限为25年左右，零星分布，现存3株。

## 植物学信息

### 1. 植株情况

乔木；树势弱，树姿开张，树形自然圆头形，树高5.0m，平均冠幅6.0m；主干呈灰褐色，树皮丝状裂，枝条密度较密。

### 2. 植物学特性

1年生枝条红褐色，有光泽，长度中等，节间平均长1.6cm，粗度中等，皮孔中等大小，分布稀疏；叶片卵圆形，大小中等，长7.7cm、宽6.1cm，中等厚度，深绿色；叶柄长度中等，红色；花单生，花蕾紫红色，花瓣白色，卵圆形，5枚；萼筒和萼片紫红色，雌蕊1枚，雄蕊20～31枚，花冠直径2.4cm。

### 3. 果实性状

果实圆形，中等大小，纵径3.3cm、横径3.4cm、侧径3.4cm，平均果重21.5g，最大果重24.2g；果面底色橙黄；缝合线不显著，两侧对称；果顶圆状，下凹，梗洼浅、狭、不皱；果皮薄；果肉厚度0.7cm，橙黄色，近核处颜色同肉色，果实各部成熟度一致；果肉质地致密，柔软，纤维较多、粗，汁液多，风味酸甜，香味中等；品质上等，核小，苦仁，离核，不裂；可溶性固形物含量13.1%。

### 4. 生物学特性

无中心主干，生长势弱，萌芽力中等，发枝力中等，新梢一年平均长46cm；开始结果年龄4～5年，第7～8年进入盛果期；采前落果多，产量低，大小年显著，单株平均产量17kg；萌芽期3月中旬，开花期4月上旬，果实成熟期6月中旬，落叶期10月中下旬。

## 品种评价

耐旱、抗病性强，果实鲜食；产量较低，品质优良。

植株
果实
果实
花

# 小红面杏

*Armeniaca vulgaris* L. 'Xiaohongmianxing'

调查编号：CAOSYFYZ015

所属树种：杏 *Armeniaca vulgaris* L.

提 供 人：姬玉栓
电　　话：13938630498
住　　址：河南省辉县市上八里镇上八里村

调 查 人：冯玉增
电　　话：13938630498
单　　位：河南省开封市农林科学研究院

调查地点：河南省辉县市上八里镇上八里村后河葛宅后

地理数据：GPS数据（海拔：463m，经度：E113°34'21.72"，纬度：N35°31'54.48"）

## 生境信息

来源于本地，生长于房前屋后；易受砍伐的影响；地形为平地，土质为砂壤土；种植年限为32年左右，零星分布，现存3～5株。

## 植物学信息

### 1. 植株情况

乔木；树势弱，树姿开张，树形自然圆头形，树高12.0m，平均冠幅16.0m；主干呈灰褐色，树皮丝状裂，枝条密度较密。

### 2. 植物学特性

1年生枝条红褐色，有光泽，长度中等，皮孔明显，较大，灰白色，凸起，椭圆形；叶片长卵圆形，大小中等，长7.1cm、宽5.1cm，叶基楔形，叶尖渐尖；中等厚度，深绿色；叶柄长度中等，红色；花单生，花蕾紫红色，花瓣白色，卵圆形，5枚；萼筒和萼片紫红色，雌蕊1枚，雄蕊20～30枚，花冠直径2.5cm。

### 3. 果实性状

果实扁圆形，果个较小，纵径3.0cm、横径2.8cm、侧径2.9cm，平均果重15.3g，最大果重16.2g；果面光滑，底色乳黄，有红晕或红点；缝合线不显著，两侧对称；果顶尖圆，梗洼浅、狭、不皱；果皮薄；果肉厚度0.8cm，乳黄色，近核处颜色同肉色，果实各部成熟度一致；果肉质地松软，有韧度，纤维少、细，汁液多，风味甜，香味中等，品质上等；核小，苦仁，离核，不裂；可溶性固形物含量12.9%。

### 4. 生物学特性

树体高大，生长势中庸，萌芽力中等，发枝力中等，新梢一年平均长46cm；开始结果年龄4～5年，第7～8年进入盛果期；短果枝占55%，腋花芽结果多；采前落果多，产量高，大小年不显著，单株平均产量35kg；萌芽期3月中旬，开花期4月上旬，果实成熟期6月上旬，落叶期10月中下旬。

## 品种评价

耐旱性、抗病性强，对土壤的要求不严格；果实鲜食；产量高，品质优。缺点是成熟期遇雨易裂果。

植株
花
叶片
果实

# 小满黄

*Armeniaca vulgaris* L. 'Xiaomanhuang'

调查编号：CAOSYFYZ016

所属树种：杏 *Armeniaca vulgaris* L.

提 供 人：姬玉栓
电　　话：13938630498
住　　址：河南省辉县市上八里镇上八里村

调 查 人：冯玉增
电　　话：13938630498
单　　位：河南省开封市农林科学研究院

调查地点：河南省辉县市上八里镇上八里村十四队西南角

地理数据：GPS数据（海拔：447m，经度：E113°33'41.40"，纬度：N35°32'26.52"）

## 生境信息

来源于本地，生于庭院旁；易受砍伐、修路影响；地形为平地，土质为砂壤土；种植年限为15年左右，零星分布，现存5株。

## 植物学信息

### 1. 植株情况

乔木；树势强，树姿半开张，树形圆头形，树高3.5m，冠幅2.5m；主干呈灰褐色，树皮丝状裂，枝条密度较稀。

### 2. 植物学特性

1年生枝条褐色，有光泽，长度中等，节间平均长1.7cm，粗度中等，叶片卵圆形，大小中等，长7.5cm、宽5.5cm，中等厚度，深绿色；叶柄长度中等，粗细中等，阳面带红色；花单生，花蕾紫红色，花瓣白色，卵圆形，5枚；萼筒和萼片紫红色，雌蕊1枚，雄蕊20～30枚，花冠直径2.5cm。

### 3. 果实性状

果实圆形，果实较大，纵径4.6cm、横径4.7cm、侧径4.5cm，平均果重34.8g，最大果重48.0g；果面底色橙黄，少有红晕；缝合线不显著，两侧对称；果顶圆，顶微凹，梗洼浅、狭、不皱；果皮薄；果肉厚度1.4cm，橙黄色，近核处颜色同肉色，果实各部成熟度不一致；果肉质地致密，纤维少、细，汁液多，风味甜，香味中等，品质上等；核中等大小，苦仁，离核，不裂；可溶性固形物含量13.5%。

### 4. 生物学特性

生长势强，萌芽力中等，发枝力中等，新梢一年平均长47cm；开始结果年龄4～5年，第7～8年进入盛果期；采前落果多，产量中等，大小年不显著，单株平均产量33kg；萌芽期3月中旬，开花期4月初，果实成熟5月下旬，落叶期10月中下旬。

## 品种评价

耐旱、抗病性强；果实成熟早，品质上等，可作为鲜食品种，适量发展。

植株

果实

果实

花

# 小白沙

*Armeniaca vulgaris* L. 'Xiaobaisha'

调查编号：CAOSYFYZ017

所属树种：杏 *Armeniaca vulgaris* L.

提 供 人：姬玉栓
电　　话：13938630498
住　　址：河南省辉县市上八里镇上八里村

调 查 人：冯玉增
电　　话：13938630498
单　　位：河南省开封市农林科学研究院

调查地点：河南省辉县市上八里镇上八里村瓦寨东

地理数据：GPS数据（海拔：480m，经度：E113°36'3.6"，纬度：N35°32'26.52"）

## 生境信息

来源于本地，生于田野间；易受砍伐、修路影响；地形为平地，土质为砂壤土；种植年限为40年左右，现存1株。

## 植物学信息

### 1. 植株情况

乔木；树势中等，树姿半开张，树形自然圆头形，树高9.5m，平均冠幅11.0m，主干呈灰褐色，树皮丝状裂，枝条密度中等。

### 2. 植物学特性

1年生枝条红褐色，有光泽，中等长度，长10～20cm，节间平均长1.3cm，粗度中等，皮孔中等大小，凸起，椭圆形；叶片卵圆形，较大，长9.4cm、宽8.2cm，叶基楔形或平圆，叶尖渐尖；中等厚度，深绿色；叶柄长度中等，阳面带红色；花单生，花蕾紫红色，花瓣白色，卵圆形，5枚；萼筒和萼片紫红色，雌蕊1枚，雄蕊20～30枚，花冠直径2.5cm。

### 3. 果实性状

果实椭圆形，果个小，纵径3.1cm、横径2.9cm、侧径3.2cm，平均果重9.8g，最大果重12.3g，果面干净，乳黄色；缝合线不显著，两侧对称；果顶尖圆，梗洼中宽、浅；果皮中等厚度；果肉厚度0.8cm，黄白色，近核处颜色同肉色；果实各部成熟度一致；果肉质地松软，纤维少，汁液多，风味甜，香味浓，品质上等；核中大，苦仁，离核；可溶性固形物含量13.1%。

### 4. 生物学特性

树体生长力中等，萌芽力中等，发枝力中等，新梢一年平均长51cm，生长势中等；开始结果年龄4～5年，第7～8年进入盛果期；采前落果少，产量高，大小年显著，单株平均产量68kg；萌芽期3月中旬，开花期3月末，果实采收期6月上旬，落叶期11月上旬。

## 品种评价

耐旱、抗病性强；果实软、汁液多、味甜，鲜食。果核较大，果肉薄。

植株
叶片
果实
果实

# 端午黄

*Armeniaca vulgaris* L. 'Duanwuhuang'

调查编号：CAOSYFYZ018

所属树种：杏 *Armeniaca vulgaris* L.

提 供 人：姬玉栓
电　　话：13938630498
住　　址：河南省辉县市上八里镇上八里村

调 查 人：冯玉增
电　　话：13938630498
单　　位：河南省开封市农林科学研究院

调查地点：河南省辉县市上八里镇上八里村瓦寨东

地理数据：GPS数据（海拔：480m，经度：E113°36'3.6"，纬度：N35°32'26.52"）

## 生境信息

来源于本地，生于田野间；易受砍伐、修路影响；地形为坡地，土质为砂壤土；种植年限为25年左右，零星分布，现存5～10株。

## 植物学信息

### 1. 植株情况

乔木；树势强，树姿半开张，树形自然圆头形；树高11.0m，平均冠幅8.0m；主干呈灰褐色，树皮丝状裂，枝条密度较密。

### 2. 植物学特性

1年生枝条红褐色，有光泽，中等长度，长20～40cm，节间平均长1.4cm，平均粗0.4cm；叶片卵圆形，大小中等，长7.7cm、宽5.6cm，叶基平圆，叶尖渐尖，叶缘锯齿圆钝，叶脉黄绿色，叶面平滑，有光泽；中等厚度，浅绿色；叶柄长度中等，绿色；花单生，花蕾紫红色，花瓣白色，卵圆形，5枚；萼筒和萼片紫红色，雌蕊1枚，雄蕊20～30枚，花冠直径2.3cm。

### 3. 果实性状

果实扁圆形，果个小，纵径3.3cm、横径2.7cm、侧径3.1cm，平均果重12.9g，最大果重14.1g；果面底色乳黄，部分有红晕；缝合线不显著，两侧不对称；果顶短圆，梗洼狭、浅、不皱；果皮薄；果肉厚度0.7cm，橙黄色，近核处颜色同肉色，果实各部成熟度一致；果肉质地致密，纤维少、细，汁液多，风味酸甜，香味淡，品质上等；核中等大小，苦仁，离核，不裂；可溶性固形物含量11.2%。

### 4. 生物学特性

树体高大，生长势强，萌芽力中等，发枝力强，新梢一年平均长35cm；开始结果年龄4～5年，第7～8年进入盛果期；产量高，大小年不显著，单株平均产量40kg；萌芽期3月中旬，开花期3月下旬，果实成熟期5月底6月初，落叶期10月中下旬。

## 品种评价

果实汁多、味甜，鲜食良种；成熟较早，丰产。可适量发展。

植株
花
叶片
生境
果实

# 厚皮

*Armeniaca vulgaris* L. 'Houpi'

调查编号：CAOSYFYZ019

所属树种：杏 *Armeniaca vulgaris* L.

提 供 人：姬玉栓
电　　话：13938630498
住　　址：河南省辉县市上八里镇上八里村

调 查 人：冯玉增
电　　话：13938630498
单　　位：河南省开封市农林科学研究院

调查地点：河南省辉县市上八里镇上八里村瓦寨村北

地理数据：GPS数据（海拔：491m，经度：E113°36'51"，纬度：N35°34'20.64"）

## 生境信息

来源于本地，生于田野间；易受砍伐、修路影响；地形为平地，土质为砂壤土；种植年限为24年左右，现存2株。

## 植物学信息

### 1. 植株情况

乔木；树势强，树姿半开张，树形自然圆头形；树高8.0m，平均冠幅8.5m；主干呈灰褐色，树皮丝状裂，枝条密度较密。

### 2. 植物学特性

1年生枝条红褐色，有光泽，长20～50cm，节间平均长2.0cm，平均粗0.5cm；叶片长卵圆形，大小中等，长9.0cm、宽6.0cm，叶基楔形，叶尖渐尖，叶缘锯齿圆钝；中等厚度，深绿色；叶柄长4.1cm，红色；花单生，花蕾紫红色，花瓣白色，卵圆形，5枚；萼筒和萼片紫红色，雌蕊1枚，雄蕊20～30枚，花冠直径2.5cm。

### 3. 果实性状

果实圆形，中等大小，纵径3.1cm、横径2.9cm、侧径3.1cm，平均果重26.6g，最大果重29.5g；果面底色橙黄，阳面有紫红色；缝合线不显著，两侧对称；果顶短圆，梗洼狭、浅、不皱；果皮薄；果肉厚度0.8cm，乳黄色，近核处颜色同肉色，果实各部成熟度一致；果肉质地致密，有脆度，纤维少、细，汁液多，风味酸甜，香味淡，品质上等；核中大，苦仁，离核，不裂；可溶性固形物含量11.6%。

### 4. 生物学特性

树体高大，生长势强，萌芽力中等，发枝力强，新梢一年平均长60cm；开始结果年龄4～5年，第7～8年进入盛果期；采前落果较多，产量高，大小年不显著，单株平均产量37kg；萌芽期3月中旬，开花期4月上旬，果实采收期6月上中旬，落叶期10月中下旬。

## 品种评价

产量高，鲜食优良品种；耐旱、抗病、适应性强。可适量发展。

植株

花

果实

果实

# 串串红

*Armeniaca vulgaris* L. 'Chuanchuanhong'

调查编号：CAOSYFYZ021

所属树种：杏 *Armeniaca vulgaris* L.

提 供 人：姬玉栓
电　　话：13938630498
住　　址：河南省辉县市上八里镇上八里村

调 查 人：冯玉增
电　　话：13938630498
单　　位：河南省开封市农林科学研究院

调查地点：河南省辉县市上八里镇上马头口村瓦寨东

地理数据：GPS数据（海拔：480m，经度：E113°36'48.96"，纬度：N35°32'35.16"）

## 生境信息

来源于本地，生于田野间，易受砍伐、修路影响，地形为坡地，土质为砂壤土，种植年限为20年左右，零星分布，现存1株。

## 植物学信息

### 1. 植株情况

乔木；树势强，树姿直立，树形自然圆头形，树高5.0m，平均冠幅6.0m；主干呈灰褐色，树皮丝状裂，枝条密度较密。

### 2. 植物学特性

1年生枝条红褐色，有光泽，中等长度，节间平均长1.5cm，平均粗0.5cm；叶片卵圆形，大小中等，长7.8cm、宽6.5cm，中等厚度，深绿色；叶柄较长，长4.2cm，带红色；花单生，花蕾紫红色，花瓣白色，卵圆形，5枚；萼筒和萼片紫红色，雌蕊1枚，雄蕊20～30枚，花冠直径2.5cm。

### 3. 果实性状

果实卵圆形，较小，纵径2.4cm、横径2.1cm、侧径2.4cm，平均果重12.1g，最大果重14.4g；果面底色橙黄，阳面呈紫红色；缝合线较深，两侧不对称；果顶尖圆，梗洼狭、浅；果皮薄；果肉厚度0.6cm，橙黄色，近核处颜色同肉色，果实各部成熟度一致；果肉质地松软，有韧度，纤维少、细，汁液少，风味甜酸，香味淡，品质差；核中等大小，苦仁，离核，不裂；可溶性固形物含量9.5%。

### 4. 生物学特性

树体高大，生长势强，萌芽力中等，发枝力强，新梢一年平均长60cm；开始结果年龄4～5年，第7～8年进入盛果期；采前落果多，产量较低，大小年不显著，单株平均产量18kg；萌芽期3月中旬，开花期4月上旬，果实采收期6月中旬，落叶期10月中下旬。

## 品种评价

耐旱、抗病性强，果实鲜食；产量低，品质差。

植株
花
叶片
果实

# 关公脸

*Armeniaca vulgaris* L. 'Guangonglian'

调查编号：CAOSYFYZ020

所属树种：杏 *Armeniaca vulgaris* L.

提 供 人：姬玉栓
电　　话：13938630498
住　　址：河南省辉县市上八里镇上八里村

调 查 人：冯玉增
电　　话：13938630498
单　　位：河南省开封市农林科学研究院

调查地点：河南省辉县市上八里镇上马头口村王五元农庄

地理数据：GPS数据（海拔：480m，经度：E113°36'48.96"，纬度：N35°32'35.16"）

## 生境信息

来源于本地，生于田野间，易受砍伐、修路影响，地形为坡地，土质为砂壤土，种植年限为25年左右，零星分布，现存2株。

## 植物学信息

### 1. 植株情况

乔木；树势中强，树姿开张，树形自然半圆形；树高6.0m，平均冠幅8.0m，主干呈灰褐色，树皮丝状裂，枝条密度较密。

### 2. 植物学特性

1年生枝条阳面红褐色，有光泽，长12cm，节间平均长1.6cm，粗度中等，叶片卵圆形，大小中等，长8.0cm、宽6.3cm，中等厚度，深绿色；叶基楔形或平圆，叶尖渐尖，锯齿圆钝；叶柄长度中等，长3.3cm，带红色；花单生，花蕾紫红色，花瓣白色，卵圆形，5枚；萼筒和萼片紫红色，雌蕊1枚，雄蕊20～30枚，花冠直径2.5cm。

### 3. 果实性状

果实扁圆形，底色橙黄，阳面呈朱红色；果个中等大小，纵径3.6cm、横径3.4cm、侧径3.9cm，平均果重15.8g，最大果重20.1g；缝合线不显著，两侧不对称；果顶平圆，梗洼浅、狭、不皱；果皮薄；果肉厚度1.1cm，橙黄色，近核处颜色同肉色，果实各部成熟度一致；果肉质地致密，有脆度，纤维少、细，汁液多，风味酸甜，香味浓，品质上等；核中等大小，苦仁，离核，不裂；可溶性固形物含量11.6%。

### 4. 生物学特性

树体高大，生长势较强，萌芽力中等，发枝力强，新梢一年长55cm；开始结果年龄4～5年，第7～8年进入盛果期；采前落果少，丰产性好，大小年不显著，单株平均产量55kg；萌芽期3月上中旬，开花期4月上旬，果实成熟期6月中旬，落叶期10月中下旬。

## 品种评价

丰产，果实甜酸适口，汁液多，品质上等；耐旱、适应性强。可适量发展。

植株

花

枝

果实

# 红串铃

*Armeniaca vulgaris* L. 'Hongchuanling'

调查编号：CAOSYFYZ022

所属树种：杏 *Armeniaca vulgaris* L.

提 供 人：姬玉栓
电　　话：13938630498
住　　址：河南省辉县市上八里镇上八里村

调 查 人：冯玉增
电　　话：13938630498
单　　位：河南省开封市农林科学研究院

调查地点：河南省辉县市上八里镇上马头口村瓦寨北大渠边

地理数据：GPS数据（海拔：477m，经度：E113°36'5.04"，纬度：N35°31'58.8"）

## 生境信息

来源于本地，生于田野间，易受砍伐、修路影响，地形为坡地，土质为砂壤土，种植年限为20年左右，零星分布，现存1株。

## 植物学信息

### 1. 植株情况

乔木；树势较强，树姿半开张，树形圆头形，树高7.0m，平均冠幅6.0m；主干呈灰褐色，树皮丝状裂，枝条密度较密。

### 2. 植物学特性

1年生枝条红褐色，有光泽，长20cm，节间平均长1.3cm，平均粗0.4cm；叶片卵圆形，大小中等，长6.6cm、宽5.9cm，中等厚度，深绿色；叶尖渐尖，叶基楔形，叶缘锯齿圆钝；叶柄长度中等，带红色；花单生，花蕾紫红色，花瓣白色，卵圆形，5枚；萼筒和萼片紫红色，雌蕊1枚，雄蕊20～30枚，花冠直径2.5cm。

### 3. 果实性状

果实扁圆形，中等大小，纵径3.0cm、横径2.6cm、侧径2.8cm，平均果重13.8g，最大果重16.9g；果面底色乳黄，有紫红色点；缝合线较深，两侧不对称；果顶平圆，梗洼浅、狭、皱；果皮薄；果肉厚度0.8cm，橙黄色，近核处颜色同肉色，果实各部成熟度一致；果肉质地致密，纤维少、细，汁液中多，风味酸甜，香味中等，品质中等上；核中等大小，苦仁，离核，不裂；可溶性固形物含量12.1%。

### 4. 生物学特性

树体高大，生长势强，萌芽力中等，发枝力强，新梢一年平均长87cm；开始结果年龄4～5年，第7～8年进入盛果期；丰产，大小年不显著，单株平均产量30kg；萌芽期3月中旬，开花期4月上旬，果实成熟期6月上旬，落叶期10月中下旬。

## 品种评价

耐旱、抗病性强，丰产性好；果实品质中等上。

植株
花
叶片
果实

# 黄八达

*Armeniaca vulgaris* L. 'Huangbada'

调查编号：CAOSYFYZ023

所属树种：杏 *Armeniaca vulgaris* L.

提 供 人：姬玉栓
电　　话：13938630498
住　　址：河南省辉县市上八里镇上八里村

调 查 人：冯玉增
电　　话：13938630498
单　　位：河南省开封市农林科学研究院

调查地点：河南省辉县市上八里镇上马头口村瓦寨北70米路北

地理数据：GPS数据（海拔：481m，经度：E113°36'42.1"，纬度：N35°32'1.32"）

## 生境信息

来源于本地，生于田野间；易受砍伐、修路影响；地形为坡地，土质为砂壤土；种植年限为30年以上，零星分布，现存数株。

## 植物学信息

### 1. 植株情况

乔木；树势强，树姿半开张，树形自然半圆形，树高10.0m，平均冠幅8.0m；主干呈灰褐色，树皮丝状裂，枝条密度较密。

### 2. 植物学特性

1年生枝条红褐色，有光泽，长21cm，节间平均长1.8cm，粗度中等，平均粗0.4cm；叶片卵圆形，中等大小，长7.4cm、宽6.5cm，中等厚度，深绿色；叶柄长度中等，绿色；花单生，花蕾紫红色，花瓣白色，卵圆形，5枚；萼筒和萼片紫红色。

### 3. 果实性状

果实圆形，果个大，纵径4.0cm、横径4.0cm、侧径4.2cm，平均果重51.5g，最大果重57.6g；果面光滑平整，乳黄色；缝合线浅，两侧对称；果顶短圆，梗洼中广、浅、不皱；果皮薄；果肉厚度1.2cm，乳黄色，近核处颜色同肉色，果实各部成熟度一致；果肉质地致密，有脆度，纤维少、细，汁液中多，风味甜，香味浓，品质极上；核中等大小，甜仁，离核，不裂；可溶性固形物含量12.8%。

### 4. 生物学特性

树体高大，生长势强，萌芽力中等，发枝力强，新梢一年长87cm；开始结果年龄4~5年，第7~8年进入盛果期；短果枝占37%，腋花芽结果55.1%；产量高，大小年不显著，单株平均产量45kg；萌芽期3月上旬，开花期3月中旬，果实成熟期5月中旬，落叶期10月中下旬。果实发育期短，早熟。

## 品种评价

果实品质极上，早熟，鲜食品种。丰产性好，抗性强。可适量发展。

生境

植株

花

果实

# 粉蛋蛋

*Armeniaca vulgaris* L. 'Fendandan'

调查编号：CAOSYFYZ024

所属树种：杏 *Armeniaca vulgaris* L.

提 供 人：姬玉栓
电　　话：13938630498
住　　址：河南省辉县市上八里镇上八里村

调 查 人：冯玉增
电　　话：13938630498
单　　位：河南省开封市农林科学研究院

调查地点：河南省辉县市上八里镇上马头口村王五元农庄

地理数据：GPS数据（海拔：453m，经度：E113°36'44.64"，纬度：N35°32'35.16"）

## 生境信息

来源于本地，生于路旁；易受砍伐、修路影响；地形为坡地，土质为砂壤土，种植年限为20年左右，现存1株。

## 植物学信息

### 1. 植株情况

乔木；树势强，树姿半开张，树形自然半圆形；树高5.0m，平均冠幅6.0m，主干呈灰褐色，树皮丝状裂，枝条密度一般。

### 2. 植物学特性

1年生枝条红褐色，有光泽，长度中等，节间平均长1.3cm，平均粗0.5cm；叶片卵圆形，中等大小，平均长7.2cm、宽6.0cm，中等厚度，深绿色；叶基楔形，叶尖渐尖，叶面光滑平展；叶柄中等长度，带红色；花单生，花蕾紫红色，花瓣白色，卵圆形，5枚；萼筒和萼片紫红色，花冠直径2.5cm。

### 3. 果实性状

果实圆形，果个小，纵径2.8cm、横径2.5cm、侧径2.7cm，平均果重13.3g，最大果重14.5g；果面底色乳黄，阳面彩色呈朱红色；缝合线不显著，两侧不对称；果顶尖圆，梗洼中等、浅、不皱；果皮薄；果肉厚度0.7cm，乳黄色，近核处颜色同肉色，果实各部成熟度一致；果肉质地致密，纤维少、细，汁液中等，风味酸甜，香味淡，品质上等；核中等大小，苦仁，离核，不裂；可溶性固形物含量11.6%。

### 4. 生物学特性

树体高大，生长势强，萌芽力中等，发枝力强，新梢一年平均长60cm；开始结果年龄4～5年，第7～8年进入盛果期；有采前落果，产量高，大小年不显著，单株平均产量35kg；萌芽期3月中旬，开花期4月上旬，果实采收期6月中旬，落叶期10月中下旬。

## 品种评价

耐旱、抗病性强，较丰产，果实品质上等，鲜食品种。

生境
植株
花
芽
果实

# 黄窝头

*Armeniaca vulgaris* L. 'Huangwotou'

调查编号：CAOSYFYZ025

所属树种：杏 *Armeniaca vulgaris* L.

提 供 人：姬玉栓
电　　话：13938630498
住　　址：河南省辉县市上八里镇上八里村

调 查 人：冯玉增
电　　话：13938630498
单　　位：河南省开封市农林科学研究院

调查地点：河南省辉县市上八里镇上马头口村瓦寨北

地理数据：GPS数据（海拔：470m，经度：E113°36'2.88"，纬度：N35°32'2.04"）

## 生境信息

来源于本地，生于田野间，易受砍伐、修路影响，地形为坡地，土质为砂壤土，种植年限为20年左右，零星分布，现存1株。

## 植物学信息

### 1. 植株情况

乔木；树势中等，树姿半开张，树形自然半圆形，树高10.0m，平均冠幅7.0m，主干呈灰褐色，树皮丝状裂，枝条密度一般。

### 2. 植物学特性

1年生枝条红褐色，有光泽，长度中等，节间平均长2.0cm，平均粗0.41cm；多年生枝条灰色；叶片圆形或卵圆形，大小中等，平均长6.8cm，宽5.9cm，中等厚度，淡绿色；叶柄长度中等，长3.3cm，绿色；花单生，花蕾紫红色，花瓣白色，卵圆形，5枚；萼筒和萼片紫红色。

### 3. 果实性状

果实个大，形状椭圆或卵圆形，果面不平，有沟，底色橙黄，阳面有红晕，形似"窝头"；纵径4.6cm、横径3.8cm、侧径4.0cm，平均果重45.6g，最大果重50.7g；缝合线不显著，两侧不对称；果顶尖圆形，顶部凸出，梗洼浅、中广、皱；果皮薄；果肉厚度0.9cm，橙黄色，近核处颜色同肉色，果实各部成熟度不一致；果肉质地致密，纤维少、细，汁液中多，风味酸甜，香味中浓，品质上等；核中等大小，苦仁，半离核，不裂；可溶性固形物含量12.5%。

### 4. 生物学特性

树体高大，生长势中等，萌芽力较弱，发枝力弱，新梢一年平均长35cm；开始结果年龄4～5年，第7～8年进入盛果期；采前落果少，产量低，大小年不显著，单株平均产量35kg；萌芽期3月中旬，开花期4月上旬，果实采收期6月10日左右，落叶期10月中下旬。

## 品种评价

果实个大，味酸甜，品质上等；鲜食加工兼用；果实大小不整齐，成熟度不一致；耐旱、抗病性强。可适量推广。

植株

生境

花

果实

# 圪蹴门

*Armeniaca vulgaris* L. 'Gejiumen'

调查编号：CAOSYFYZ026

所属树种：杏 *Armeniaca vulgaris* L.

提 供 人：姬玉栓
电　　话：13938630498
住　　址：河南省辉县市上八里镇上八里村

调 查 人：冯玉增
电　　话：13938630498
单　　位：河南省开封市农林科学研究院

调查地点：河南省辉县市上八里镇上马头口村瓦寨北

地理数据：GPS数据（海拔：451m，经度：E113°36'51.84"，纬度：N35°31'57.72"）

## 生境信息

来源于本地，生于田野间；易受砍伐、修路影响；地形为坡地，土质为砂壤土，种植年限为30年以上，现存1株。

## 植物学信息

### 1. 植株情况

乔木；树势中等，树姿半开张，树形自然半圆形，树高10.0m，平均冠幅7.0m，主干呈灰褐色，树皮丝状裂，枝条密度中等。

### 2. 植物学特性

1年生枝条红褐色，有光泽，长度中等，节间平均长1.5cm，粗度中等，皮孔明显，较小，中多，椭圆形；叶片卵圆形，中等大小，平均长7.5cm、宽5.4cm，厚度中等，浓绿色；叶基平圆；叶柄中等长度，绿色；花单生，花蕾紫红色，花瓣白色，卵圆形，5枚；萼筒和萼片紫红色，雌蕊1枚，雄蕊20～30枚，花冠直径2.5cm。

### 3. 果实性状

果实卵圆形，果个大，纵径4.1cm、横径3.7cm、侧径3.6cm，平均果重46.8g，最大果重52.5g；果面橙黄色，光滑，有光泽；缝合线宽浅，两侧不对称；果顶短圆，梗洼中广、深、无皱；果皮薄；果肉厚度1.1cm，橙黄色，近核处颜色同肉色，果实各部成熟度一致；果肉质地致密，纤维数量少、细，汁液中多，风味酸甜，香味中等，品质上等；核中等大小，苦仁，离核，不裂；可溶性固形物含量12.6%。

### 4. 生物学特性

树体高大，枝条多，生长势强，萌芽力弱，发枝力弱，新梢一年平均长35cm；开始结果年龄4～5年，第7～8年进入盛果期；采前落果多，产量中等，大小年不显著，单株平均产量30kg；萌芽期3月中旬，开花期4月上旬，果实成熟期6月上中旬，落叶期10月中下旬。

## 品种评价

耐旱、抗病性强；产量稳定，品质优良。可适当繁殖推广。

生境
植株
花
果实

# 迟黄

*Armeniaca vulgaris* L. ‘Chihuang’

调查编号：CAOSYFYZ027

所属树种：杏 *Armeniaca vulgaris* L.

提 供 人：姬玉栓
电　　话：13938630498
住　　址：河南省辉县市上八里镇上八里村

调 查 人：冯玉增
电　　话：13938630498
单　　位：河南省开封市农林科学研究院

调查地点：河南省辉县市上八里镇上马头口村后河葛宅门前

地理数据：GPS数据（海拔：477m，经度：E113°36'6.12"，纬度：N35°32'37.68"）

## 生境信息

来源于本地，生长于房前屋后；易受砍伐、修路影响，地形为坡地，土质为砂壤土；种植年限为20年左右，现存1株。

## 植物学信息

### 1. 植株情况

乔木；树势中等，树姿半开张，树形自然半圆形，树高7.0m，平均冠幅6.0m，主干呈灰褐色，树皮丝状裂，枝条密度一般。

### 2. 植物学特性

1年生枝条红褐色，有光泽，节间平均长1.68cm，生长直立，其上皮孔明显，椭圆形，微凸起，较小；多年生枝条灰褐色；叶片椭圆形，大小中等，平均长8.2cm、宽5.1cm，厚度中等，绿色；叶基平圆，叶尖渐尖，叶缘锯齿圆钝，叶面平展；叶柄长3.4cm，黄绿色；花单生，花蕾紫红色，花瓣白色，卵圆形，5枚；萼筒和萼片紫红色，雌蕊1枚，雄蕊20～30枚，花冠直径2.7cm。

### 3. 果实性状

果实卵圆形，较小，纵径3.1cm、横径2.8cm、侧径2.9cm，平均果重8.3g，最大果重12.5g；缝合线浅，两侧对称；果顶圆头形，梗洼浅、中广；果面黄白色，光滑，有光泽；果皮薄，不易剥离；果肉厚度1.2cm，黄白色；近核处颜色同肉色；果实各部成熟度一致；果肉质地松软，纤维数量少、细，汁液中等，风味酸甜，香味中浓，品质中等；核中等大小，苦仁，离核，不裂；可溶性固形物含量12.1%。

### 4. 生物学特性

树体高大，生长势中等，萌芽力弱，发枝力弱，新梢一年平均长55cm；开始结果年龄4～5年，第7～8年进入盛果期；采前落果多，产量中等，大小年不显著，单株平均产量20kg；萌芽期3月中旬，开花期4月上旬，果实成熟期6月中下旬，落叶期10月中下旬。

## 品种评价

耐旱、抗病性强，果实品质中等，可鲜食；产量中等水平。

生境
植株
花
果实

# 熟夏至

*Armeniaca vulgaris* L. 'Shuxiazhi'

调查编号：CAOSYFYZ028

所属树种：杏 *Armeniaca vulgaris* L.

提 供 人：姬玉栓
电　　话：13938630498
住　　址：河南省辉县市上八里镇上八里村

调 查 人：冯玉增
电　　话：13938630498
单　　位：河南省开封市农林科学研究院

调查地点：河南省辉县市上八里镇上马头口村庄园刘原家门口

地理数据：GPS数据（海拔：455m，经度：E113°36'39.24"，纬度：N35°31'51.60"）

## 生境信息

来源于本地，生于田野间；易受砍伐、修路影响；地形为坡地，土质为砂壤土，种植年限为30年左右，现存1株。

## 植物学信息

### 1. 植株情况

乔木；树势健壮，树姿半开张，树形自然半圆形；树高10.0m，平均冠幅10.0m，主干呈灰褐色，树皮丝状裂，枝条密度稀疏。

### 2. 植物学特性

1年生枝条红褐色，有光泽，长度中等，节间平均长2.0cm，多斜生，皮孔小，微凸起，椭圆形；多年生枝条灰褐色；叶片椭圆形，大小中等，平均长7.1cm、宽5.3cm，叶片厚度中等，浓绿色；叶面平展，叶基楔形或平圆，叶尖渐尖，叶缘锯齿圆钝；叶柄长度中等，绿色，叶面红色；花单生，花蕾紫红色，花瓣白色，卵圆形，5枚；萼筒和萼片紫红色，雌蕊1枚，雄蕊20～30枚，花冠直径2.8cm。

### 3. 果实性状

果实椭圆形，中等大小，纵径4.1cm、横径3.7cm、侧径4.0cm，平均果重34.2g，最大果重38.5g；果面底色橙黄，稍有红晕；缝合线浅，两侧对称；果顶尖圆，梗洼浅、中广；果皮薄；果肉厚度1.2cm，橙黄色，近核处颜色同肉色，各部成熟度一致；果肉质地松软，纤维少、细，汁液中多，风味酸甜，香味中浓，品质中等；核中等大小，苦仁，离核，不裂；可溶性固形物含量12.1%。

### 4. 生物学特性

树体高大，生长势中等，萌芽力弱，发枝力弱，新梢一年平均长55cm；开始结果年龄4～5年，第7～8年进入盛果期；短果枝占50%，采前落果多，产量中等，大小年不显著，单株平均产量20kg；萌芽期3月中旬，开花期4月上旬，果实采收期6月20日左右，落叶期10月中下旬。

## 品种评价

该品种耐旱、抗病性强，果实品质中等，产量一般。

植株
芽
枝条
花
果实

# 辉县胭脂红

*Armeniaca vulgaris* L. ‘Huixianyanzhihong’

调查编号：CAOSYFYZ029

所属树种：杏 *Armeniaca vulgaris* L.

提 供 人：姬玉栓
电　　话：13938630498
住　　址：河南省辉县市上八里镇上八里村

调 查 人：冯玉增
电　　话：13938630498
单　　位：河南省开封市农林科学研究院

调查地点：河南省辉县市上八里镇上马头口村瓦窑北大渠边

地理数据：GPS数据（海拔：478m，经度：E113°49'49.32"，纬度：N35°32'39.12"）

## 生境信息

来源于本地，生长于田野间，易受砍伐、修路影响；地形为坡地，土质为砂壤土；种植年限为20年左右，现存1株。

## 植物学信息

### 1. 植株情况

乔木；树势中等，树姿半开张，树形自然半圆形，树高7.0m，平均冠幅6.0m，主干呈灰褐色，树皮丝状裂，枝条稀疏。

### 2. 植物学特性

1年生枝条红褐色，有光泽，长度中等，节间平均长1.5cm、平均粗0.45cm；叶片卵圆形，大小中等，平均长7.5cm、宽6.5cm，中等厚，浓绿色；叶柄中等长，绿色，叶面带红色；花单生，花蕾紫红色，花瓣白色，卵圆形，5枚；萼筒和萼片紫红色，雌蕊1枚，雄蕊20～30枚，花冠直径3.0cm。

### 3. 果实性状

果实小，扁圆形，纵径3.0cm、横径2.6cm、侧径3.0cm，平均果重13.0g，最大果重18.1g；果面乳黄色，阳面有玫瑰红晕；缝合线不显著，两侧对称；果顶短圆，梗洼中广、浅、不皱；果皮薄；果肉厚度0.6cm，橙黄色，近核处颜色同肉色，各部成熟度一致；果肉质地松软，纤维数量少、粗，汁液中等，风味酸甜，香味淡，品质差；核中等大小，苦仁，离核，不裂；可溶性固形物含量9.8%。

### 4. 生物学特性

树体高大，下部枝条枯死，生长势弱，萌芽力弱，发枝力弱，新梢一年平均长67cm；开始结果年龄4～5年，第7～8年进入盛果期；采前落果多，产量中等，大小年不显著，单株平均产量15kg；萌芽期3月中旬，开花期4月上旬，果实采收期6月18日左右，落叶期10月中下旬。

## 品种评价

耐旱、抗病性强，产量中等；果实鲜食，品质差。

生境
花
果实
植株
果实

# 黄筋杏

*Armeniaca vulgaris* L. 'Huangjinxing'

调查编号：CAOSYFYZ030

所属树种：杏 *Armeniaca vulgaris* L.

提 供 人：姬玉栓
电　　话：13938630498
住　　址：河南省辉县市上八里镇上八里村

调 查 人：冯玉增
电　　话：13938630498
单　　位：开封市农林科学研究院

调查地点：河南省辉县市上八里镇上马头口村瓦窑北大渠边

地理数据：GPS数据（海拔：478m，经度：E113°36'37.08"，纬度：N35°31'54.84"）

## 生境信息

来源于本地，生长于田野间；易受砍伐、修路影响；地形为坡地，土质为砂壤土，种植年限为25年左右，现存1株。

## 植物学信息

### 1. 植株情况

乔木；树势中等，树姿半开张，树形自然圆头形，树高8.0m，平均冠幅10.0m；主干呈灰褐色，树皮丝状裂，枝条密度中等。

### 2. 植物学特性

1年生枝条红褐色，有光泽，节间平均长2.3cm，平均粗0.4cm；皮孔小而密，微凸起，椭圆形；叶片卵圆形，大小中等，平均长8.5cm、宽5.5cm，中等厚度，深绿色；叶面平展，有光泽；叶柄长度中等，红色；花单生，花蕾紫红色，花瓣白色，卵圆形，5枚；萼筒和萼片紫红色，雌蕊1枚，雄蕊20~30枚，花冠直径2.7cm。

### 3. 果实性状

果实大，椭圆形，纵径4.0cm、横径3.4cm、侧径3.7cm，平均果重26.6g，最大果重28.9g；缝合线不显著，两侧不对称；果顶圆形，梗洼浅、狭、不皱；果面黄色，有稀疏灰色柔毛；果皮薄；果肉厚度0.9cm，橙黄色，近核处颜色同肉色，果实各部成熟度一致；果肉质地松软，纤维少、细，汁液中多，风味酸甜，香味中等，品质中等；核小，苦仁，离核，不裂；可溶性固形物含量11.8%。

### 4. 生物学特性

树体高大，生长势中等，萌芽力弱，发枝力弱，新梢一年平均长30cm；开始结果年龄4~5年，第7~8年进入盛果期；采前落果多，产量中等，大小年不显著，单株平均产量40kg；萌芽期3月中旬，开花期4月上旬，果实采收期6月18日左右，落叶期10月中下旬。

## 品种评价

耐旱、抗病性强；产量高，品质中等，果实鲜食。

生境

植株

花

果实

果实

# 小红豆

*Armeniaca vulgaris* L. 'Xiaohongdou'

调查编号：CAOSYFYZ031

所属树种：杏 *Armeniaca vulgaris* L.

提 供 人：姬玉栓
电　　话：13938630498
住　　址：河南省辉县市上八里镇上八里村

调 查 人：冯玉增
电　　话：13938630498
单　　位：河南省开封市农林科学研究院

调查地点：河南省辉县市上八里镇上马头口村庄园柿园北

地理数据：GPS数据（海拔：455m，经度：E113°36'3.6"，纬度：N35°32'3.48"）

## 生境信息

来源于本地，生于田野间，易受砍伐、修路影响；地形为坡地，土质为砂壤土；种植年限为20年左右，现存1株。

## 植物学信息

### 1. 植株情况

乔木；树势强壮，树姿半开张，树形半圆形；树高8.0m，平均冠幅7.0m，主干呈灰褐色，树皮丝状裂，枝条密度稀疏。

### 2. 植物学特性

1年生枝条红褐色，有光泽，长度中等，节间平均长2.5cm，平均粗0.45cm；皮孔明显；叶片卵圆形，大小中等，长8.0cm，宽5.3cm，中等厚度，浓绿色；叶基楔形，叶尖渐尖，锯齿圆钝；叶柄长3.6cm，红色；花单生，花蕾紫红色，花瓣白色，卵圆形，5枚；萼筒和萼片紫红色，雌蕊1枚，雄蕊20～30枚，花冠直径2.7cm。

### 3. 果实性状

果实小，椭圆形，纵径2.8cm、横径2.4cm、侧径2.6cm，平均果重8.5g，最大果重11.6g；果面底色乳黄，阳面玫瑰红色；缝合线浅、宽，两侧对称；果顶短圆或尖，顶洼无，梗洼浅、广、不皱；果皮薄；果肉橙黄色，厚度0.9cm；近核处颜色同肉色，果实各部成熟度一致，果肉质地松软，纤维数量少、细，汁液少，风味酸甜，香味中等，品质差；核大，苦仁，离核，不裂；可溶性固形物含量10.8%。

### 4. 生物学特性

树体高大，生长势强，萌芽力强，发枝力强，新梢一年平均长55cm；开始结果年龄4～5年，第7～8年进入盛果期；短果枝结果为主；采前落果多，产量一般，大小年不显著，单株平均产量25kg；萌芽期3月中旬，开花期4月上旬，果实采收期6月8日左右，落叶期10月中下旬。

## 品种评价

产量一般，品质差。生长旺盛，枝条较直立，徒长枝多。对干旱、瘠薄等不良环境的抵抗力强。

植株

花

果实

果实

# 参考文献

艾鹏飞, 苏姗, 靳占忠. 2014. 仁用杏品种SRAP遗传多样性分析及指纹检索系统的开发[J]. 园艺学报, 41(6): 1191-1197.

白锦军. 2010. 杏种质资源ISSR标记的遗传多样性分析[D]. 杨凌: 西北农林科技大学.

包文泉, 乌云塔娜, 王淋, 等. 2017. 野生杏和栽培杏的遗传多样性和遗传结构分析 [J]. 植物遗传资源学报, 18(2) : 201-209.

陈学森, 李宪利, 张艳敏, 等. 2001. 杏种质资源评价及遗传育种研究进展[J]. 果树学报, 18(3): 178-181.

陈学森, 高东升, 李宪利, 等. 2002. 中国杏种质资源、遗传育种及生物技术研究进展[M]. 中国园艺学会第五届青年学术讨论会. 7.

陈学森, 李扬, 束怀瑞. 2000. 果树开花授粉生物学研究进展 [J]. 山东农业大学学报 (自然科学版), 3: 345-348.

褚孟嫄, 班俊. 1988. 梅、杏、李同工酶比较研究[J]. 果树科学, (04): 155-157.

冯晨静, 张元慧, 徐秀英, 等. 2005. 14份杏种质的ISSR分析[J]. 河北农业大学学报, 28(5): 52-55.

傅大立, 李炳仁, 傅建敏, 等. 2010. 中国杏属一新种[J]. 植物研究, 30(1): 1-3.

傅大立, 刘梦培, 傅建敏, 等. 2011. 华仁杏种级分类地位的SSR分析[J]. 中南林业科技大学学报, 31(03): 60-64.

高志红, 章镇, 盛炳成, 等. 2001. 桃梅李杏四种主要核果类果树RAPD指纹图谱初探 [J]. 果树学报, l8(2): 120-121.

郭秀婵, 宋留高, 陈志秀, 等. 1998.杏树品种过氧化物同工酶数量分类的研究[J]. 河南林业科技, 18(3): 5-7.

韩大鹏. 1999. 我国杏属植物资源及其一些种和变种的核型研究[D].沈阳：沈阳农业大学.

韩振海, 牛立新, 王倩, 等. 1995. 落叶果树种质资源学[M]. 北京: 中国农业出版社, 31-38.

何天明, 陈学森, 张大海, 等. 2007. 中国普通杏种质资源若干生物学性状的频度分布[J]. 园艺学报, 34(1): 17-22.

李锋, 张凤芬, 曹希俊, 等. 1995. 李、杏及杂种间远缘杂交和亲和性研究[J]. 吉林农业大学学报, 4: 36-39.

廖明康, 郭丽霞, 张平, 等. 1994. 新疆杏属植物过氧化物酶儿茶酚氧化酶同工酶分析[J]. 西北农业学报, 2: 81-86.

林盛华. 1999. 杏属野生种和栽培品种染色体研究//中国园艺学会. 中国园艺学会成立70周年纪念优秀论文选编[C]. 中国园艺学会: 5.

林培钧, 林德佩, 王磊. 1984. 新疆果树的野生近缘植物[J]. 新疆八一农学院学报, 4: 25-32.

孙浩元, 杨丽, 张俊环, 等. 2017. 杏种质资源研究进展[J]. 35(3): 251-258.

刘娟, 廖康, 赵世荣, 等. 2015. 新疆野杏种质资源遗传多样性及亲缘关系的ISSR分析[J]. 新疆农业大学学报, 38(02): 105-113.

刘明国, 赵桂玲, 董胜君, 等. 2006. 山杏种内POD同工酶及种子可溶性蛋白分析[J]. 沈阳农业大学学报, 4: 582-586.

刘宁, 刘威生. 2006. 杏种质资源描述规范和数据标准[M]. 北京: 中国农业出版社.

刘威生, 冯晨静, 杨建民, 等. 2005. 杏ISSR反应体系的优化和指纹图谱的构建[J]. 果树学报, 22(6): 626-629.

芦宁超. 2008. 吉林省野生西伯利亚杏种质资源遗传多样性研究[D]. 长春：吉林农业大学.

罗新书, 陈学森, 郭延奎, 等. 1992. 杏品种孢粉学研究[J]. 园艺学报, 4: 319-325, 385-386.

骆建霞, 孙建设. 2002. 园艺植物科学研究导论[M]. 北京: 农业出版社, 65-130, 311-320.

吕英民, 吕增仁, 高锁柱，等. 1994. 应用同工酶进行杏属植物演化关系和分类的研究[J]. 华北农学报, 1(04): 69-74.

吕英民. 1994. 杏品种儿茶酚氧化酶同工酶的研究//中国园艺学会.中国园艺学会首届青年学术讨论会论文集[C]. 中国园艺学会, 1.

吕增仁, 潘哲伟, 尹铁民，等. 1992. 若干杏品种的授粉生物学特性研究[J]. 园艺学报, 1: 7-10.

马丹慧. 2007. 杏种质资源亲缘关系及分类地位的ISSR和SSR分子标记研究[D]. 长春：吉林农业大学.

秦玥. 2013. 华仁杏品种资源SSR指纹图谱构建研究[D] . 北京：中国林业科学研究院.

沈向, 郭卫东, 吴燕民，等. 2000. 杏43个品种资源的RAPD分类[J]. 园艺学报, 1: 55-56.

石荫坪. 2001. 特早熟胚培杏雌雄蕊发育的研究[J]. 园艺学报, 28(2): 95-100.

唐前瑞, 魏文娜. 1996. 桃李梅杏四种核果类植物亲缘关系的研究III.过氧化物酶同工酶酶谱比较[J]. 湖南农业大学学报, 22(4): 337-340.

汪祖华，陆振翔，郭洪. 1991. 李、杏、梅亲缘关系及分类地位的同工酶研究[J]. 园艺学报, 18 (2): 97-101.

王德生. 1997. 国家李杏资源圃[J]. 北京农业科学, 2: 29.

王明庥. 2001. 林木遗传育种学[M]. 北京: 中国林业出版社, 189-199.

王玉柱. 1993. 李树杏树栽培[M]. 北京: 气象出版社, 94-101.

王玉柱, 潘季淑, 孟新法，等. 1998. 杏种质孢粉学的研究[J]. 华北农学报, 4: 131-136.

王家琼, 吴保欢, 崔大方, 等. 2016. 基于30个形态性状的中国杏属植物分类学研究[J]. 植物资源与环境学报, 25(03):103-111.

吴树敬, 陈学森. 2003. 杏品种的RAPD分析[J]. 果树学报, 20(2): 107-111.

谢佳. 2011. 杏种质资源的ISSR分子标记及数量分类研究[D]. 长春: 吉林农业大学.

杨克钦, 马智勇. 1992. 国家果树种质资源数据库的建立[J]. 中国果树, 4: 34-36.

杨红花, 陈学森, 冯宝春，等. 2007. 李梅杏种质资源的RAPD分析[J]. 果树学报, 24(3): 303-307.

杨会侠. 2000. 中国杏属植物花粉形态研究[D]. 沈阳: 沈阳农业大学.

苑兆和, 陈学森, 何天明，等. 2007. 中国南疆栽培杏群体遗传结构的荧光AFLP分析 [J]. 遗传学报, 11: 1037-1047.

张加延. 1990. 全国李与杏资源考察报告 [J]. 中国果树, 4: 29-34.

张加延. 1999. 中国李杏资源及开发利用研究[M]. 北京: 中国林业出版社.

张加延, 张钊. 2003. 中国果树志・杏卷[M]. 北京: 中国林业出版社, 1.

张加延. 2011. 我国李杏种质资源调查以及的突破性进展[J]. 园艺与种苗, 37(2): 7-10.

张新时. 1973. 伊犁野果林的生态地理特征和群落学问题[J]. 植物学报, 15(2): 239-253.

赵桂玲. 2003. 半干旱地区山杏种质资源调查及遗传特性的研究[D]. 沈阳: 沈阳农业大学.

赵宏勇, 赵锋. 2008. 我国杏资源及遗传育种研究进展[J]. 北方果树, 2: 1-3.

郑洲, 陈学森, 冯宝春, 等. 2004. 杏品种授粉生物学研究[J]. 果树学报, 4: 324-327, 395.

郑洲, 陈学森, 李玉晖, 等. 2003. 杏树营养与生殖生物学研究进展[J]. 西北农业学报, 1: 84-89.

Badenes M, Martinez-Calvo J, Llacer G. 1998. Analysis of apricot germplasm from the European ecogeographical group [J]. Euphytica, 102(1): 93-99.

Byrne D H. 1993. Isozyme phenotypes support the interspecific hybrid origin of *prunus* × *dasycarpa* Ehrh [J]. Fruit Varieties Journal. 47(3): 143-145.

David H, Byrne D H. 1989. Characterization of isozyme variability in apricots[J]. Amen Soc. Hort. Sci. 114(4): 674-678.

Egea J, Garcia J E, Egea L, et al. 1991. Self incompatibility in apricot cultivars[J]. Acta Hort, 293: 285-293.

Emilie B, Marine B. 2006. Euapricotdb: The European Prunus Database for Apricot Genetic Resources [M]. INRA

Bordeaux: Hélène Christmann.

Gogorcena Y, Parfitt D E. 1994. Evaluation of RAPD marker consistency for detection of polymorphism in apricot [J]. Scientia Hort, 59: 163-167.

Guerriero R, Bartolini S. 1995. Flower biology in apricot: main aspects and problems[J]. Acta Hort, 384: 261-272.

He T M, Chen X S. 2006. Using SSR markers to determine the population genetic structure of wild apricot (*Prunes armeniaca* L.) in the IiyValiey of west China [J]. Genetic Resources and Crop Evolution, 54 (3): 563-572.

Hormaza J. 2002.Moleeular characterization and similarity relationships among apricot (*Prunus armeniaca* L.) genotypes using simple sequence repeats[J]. Theor Appl Genet, 104: 321-328.

Hurtado M A, Bvadenes M L. 1999. Random amplified polymorphic DNA markers as a tool for apricot cultivar identification [J]. Acta Hort, 488: 281-287.

Hurtado M A, Romero C, Vilanova S, et al. 2003. A first linkage map of olive (Olea European L.) cultivars using RAPD, AFLP, RFLP and SSR markers [J]. Theor Appl Genet, 106: 1273-1282.

Kostina K F. 1962. Classification of cultivated apricot varieties[J]. Brussels: Soviet Union Sci 16th Inter Hort Congress, 1:54-56.

Kostina K F, Gorshkova G A. 1976. Problem of self-pollination in apricots[J]. Selsk Biologiya, 11(4):612-613.

Maghuly F, Fernandez E, Ruthner S, et al. 2005. Microsatellite variability in apricots (*Prunus armeniaca* L) reflects their geographic origin and breeding history[J]. Tree Genetics & Genomes, 1(4):151-165.

Mcde V, Truco M J, Egea J, et al. 2010. RFLP variability in apricot (*Prunus armeniaca* L.) [J]. Plant Breeding, 117(2): 153-158.

Perez-Gonzales S. 1992. Associations among Morphological and Phonological Characters Representing Apricot Germplasm in Central Mexico[J]. Journal of the American Society for Horticultural Science, (3): 486-490.

Vilanova S, Romero C, Abbott A G, et al. 2003. An apricot (*Prunus armeniaca* L.) F2 progeny linkage map based on SSR and AFLP markers, mapping plum pox virus resistance and self-incompatibility traits [J]. Tag. theoretical & Applied Genetics. theoretische Und Angewandte Genetik, 107(2): 239-47.

Wang Y Z. 1998. Recommendation of apricot cultivars for commercial growing in China [J]. Hort. Sci. (praha), 25(3): 121-124.

Watkins R. 1976. Cherry, plum, peach, apricot and almond. Evolution of crop plants [C]. Edited by Simmonds N. W. Longman Press, New York N. Y, 242-247.

Zohary D, Hopf M. 1993. Domestication of plants in plants in the old world [M]. Oxford : Oxford University Press, 1982.

Faust M, Surányi D, Nyujyó F. 1982. Origin and dissemination of apricot [J]. Hort. Rev, 22: 225-266.

Zhang J. 2012. Molecular fingerprinting and relative relationship of apricot cultivars in China by simple sequence repeat (SSR) markers[J]. African Journal of Biotechnology, 11(11): 2631-2641.

Zhebentyayeva T N, Sivolap Y M, Geibel M, et al. 2000. Genetic diversity of apricot determined by isozyme and RAPD analyses[J]. Acta Horticulturae, 538(538): 525-529.

# 附录一
## 各树种重点调查区域

| 树种 | 重点调查区域 | |
|---|---|---|
| | 区域 | 具体区域 |
| 石榴 | 西北区 | 新疆叶城，陕西临潼 |
| | 华东区 | 山东枣庄，江苏徐州，安徽怀远、淮北 |
| | 华中区 | 河南开封、郑州、封丘 |
| | 西南区 | 四川会理、攀枝花，云南巧家、蒙自，西藏山南、林芝、昌都 |
| 樱桃 | | 河南伏牛山，陕西秦岭，湖南湘西，湖北神农架，江西井冈山等；其次是皖南，桂西北，闽北等地 |
| 核桃 | 东部沿海区 | 辽东半岛的丹东、庄河、瓦房店、普兰店，辽西地区，河北卢龙、抚宁、昌黎、遵化、涞水、易县、阜平、平山、赞皇、邢台、武安，北京平谷、密云、昌平，天津蓟县、宝坻、武清、宁河，山东长清、泰安、章丘、苍山、费县、青州、临朐，河南济源、林州、登封、濮阳、辉县、柘城、罗山、商城，安徽亳州、涡阳、砀山、萧县，江苏徐州、连云港 |
| | 西北区 | 山西太行、吕梁、左权、昔阳、临汾、黎城、平顺、阳泉，陕西长安、户县、眉县、宝鸡、渭北，甘肃陇南、天水、宁县、镇原、武威、张掖、酒泉、武都、康县、徽县、文县，青海民和、循化、化隆、互助、贵德，宁夏固原、灵武、中卫、青铜峡 |
| | 新疆区 | 和田、叶城、库车、阿克苏、温宿、乌什、莎车、吐鲁番、伊宁、霍城、新源、新和 |
| | 华中华南区 | 湖北郧县、郧西、竹溪、兴山、秭归、恩施、建始，湖南龙山、桑植、张家界、吉首、麻阳、怀化、城步、通道，广西都安、忻城、河池、靖西、那坡、田林、隆林 |
| | 西南区 | 云南漾濞、永平、云龙、大姚、南华、楚雄、昌宁、宝山、施甸、昭通、永善、鲁甸、维西、临沧、凤庆、会泽、丽江，贵州毕节、大方、威宁、赫章、织金、六盘水、安顺、息烽、遵义、桐梓、兴仁、普安，四川巴塘、西昌、九龙、盐源、德昌、会理、米易、盐边、高县、筠连、叙永、古蔺、南坪、茂县、理县、马尔康、金川、丹巴、康定、泸定、峨边、马边、平武、安州、江油、青川、剑阁 |
| | 西藏区 | 林芝、米林、朗县、加查、仁布、吉隆、聂拉木、亚东、错那、墨脱、丁青、贡觉、八宿、左贡、芒康、察隅、波密 |
| 板栗 | 华北 | 北京怀柔，天津蓟县，河北遵化、承德，辽宁凤城，山东费县，河南平桥、桐柏、林州，江苏徐州 |
| | 长江中下游 | 湖北罗田、京山、大悟、宜昌，安徽舒城、广德，浙江缙云，江苏宜兴、吴中、南京 |
| | 西北 | 甘肃南部，陕西渭河以南，四川北部，湖北西部，河南西部 |
| | 东南 | 浙江、江西东南部，福建建瓯、长汀，广东广州，广西阳朔，湖南中部 |
| | 西南 | 云南寻甸、宜良，贵州兴义、毕节、台江，四川会理，广西西北部，湖南西部 |
| | 东北 | 辽宁，吉林省南部 |
| 山楂 | 北方区 | 河南林县、辉县、新乡，山东临朐、沂水、安丘、潍坊、泰安、莱芜、青州，河北唐山、沧州、保定，辽宁鞍山、营口等地 |
| | 云贵高原区 | 云南昆明、江川、玉溪、通海、呈贡、昭通、曲靖、大理，广西田阳、田东、平果、百色，贵州毕节、大方、威宁、赫章、安顺、息烽、遵义、桐梓 |
| 柿 | 南方 | 广东五华、潮汕，福建安溪、永泰、仙游、大田、云霄、莆田、南安、龙海、漳浦、诏安，湖南祁阳 |
| | 华东 | 浙江杭州，江苏邳县，山东菏泽、益都、青岛 |
| | 北方 | 陕西富平、三原、临潼，河南荥阳、焦作、林州，河北赞皇，甘肃陇南，湖北罗田 |
| 枣 | 黄河中下游流域冲积土分布区 | 河北沧州、赞皇和阜平，河南新郑、内黄、灵宝，山东乐陵和庆云，陕西大荔，山西太谷、临猗和稷山，北京丰台和昌平，辽宁北票、建昌等 |
| | 黄土高原丘陵分布区 | 山西临县、柳林、石楼和永和，陕西佳县和延川 |
| | 西北干旱地带河谷丘陵分布区 | 甘肃敦煌、景泰，宁夏中卫、灵武，新疆喀什 |

| 树种 | 重点调查区域 | |
|---|---|---|
| | 区域 | 具体区域 |
| 李 | 东北区 | 黑龙江，吉林，辽宁，内蒙古东部 |
| | 华北区 | 河北，山东，山西，河南，北京，天津 |
| | 西北区 | 陕西，甘肃，青海，宁夏，新疆，内蒙古西部 |
| | 华东区 | 江苏，安徽，浙江，福建，台湾，上海 |
| | 华中区 | 湖北，湖南，江西 |
| | 华南区 | 广东，广西 |
| | 西南及西藏区 | 四川，贵州，云南，西藏 |
| 杏 | 华北温带区 | 北京，天津，河北，山东，山西，陕西，河南，江苏北部，安徽北部，辽宁南部，甘肃东南部 |
| | 西北干旱带区 | 新疆天山、伊犁河谷，甘肃秦岭西麓、子午岭、兴隆山区，宁夏贺兰山区，内蒙古大青山、乌拉山区 |
| | 东北寒带区 | 大兴安岭、小兴安岭和内蒙古与辽宁、吉林、华北各省交界的地区，黑龙江富锦、绥棱、齐齐哈尔 |
| | 热带亚热带区 | 江苏中部、南部，安徽南部，浙江，江西，湖北，湖南，广西 |
| | 西南高原区 | 西藏芒康、左贡、八宿、波密、加查、林芝，四川泸定、丹巴、汶川、茂县、西昌、米易、广元，贵州贵阳、惠水、盘州、开阳、黔西、毕节、赫章、金沙、桐梓、赤水，云南呈贡、昭通、曲靖、楚雄、建水、永善、祥云、蒙自 |
| 猕猴桃 | 重点资源省份 | 云南昭通、文山、红河、大理、怒江，广西龙胜、资源、全州、兴安、临桂、灌阳、三江、融水，江西武夷山、井冈山、幕阜山、庐山、石花尖、黄岗山、万龙山、麻姑山、武功山、三百山、军峰山、九岭山、官山、大茅山，湖北宜昌，陕西周至，甘肃武都，吉林延边 |
| 梨 | 辽西京郊地区 | 辽宁鞍山、海城、绥中、盘山，京郊大兴、怀柔、平谷、大厂 |
| | 云贵川地区 | 云南迪庆、丽江、红河、富源、昭通、思茅、大理、巍山、腾冲，贵州六盘水、河池、金沙、毕节、赫章、威宁、凯里，四川乐山、会理、盐源、昭觉、德昌、木里、阿坝、金川、小金、江油、汉源、攀枝花、达川、简阳 |
| | 新疆、西藏地区 | 库尔勒、喀什、和田、叶城、阿克苏、托克逊、林芝、日喀则、山南 |
| | 陕甘宁地区 | 延安、榆林、庆阳、张掖、酒泉、临夏、甘南、陇西、武威、固原、吴忠、西宁、民和、果洛 |
| | 广西地区 | 凭祥、百色、浦北、灌阳、灵川、博白、苍梧、来宾 |
| 桃 | 西北高旱区 | 新疆，陕西，甘肃，宁夏等地 |
| | 华北平原区 | 位于淮河、秦岭以北，包括北京、天津、河北大部、辽宁南部、山东、山西、河南大部、江苏和安徽北部 |
| | 长江流域区 | 江苏南部、浙江、上海、安徽南部、江西和湖南北部、湖北大部及成都平原、汉中盆地 |
| | 云贵高原区 | 云南、贵州和四川西南部 |
| | 青藏高原区 | 西藏、青海大部、四川西部 |
| | 东北高寒区 | 黑龙江海伦、绥棱、齐齐哈尔、哈尔滨，吉林通化和延边延吉、和龙、珲春一带 |
| | 华南亚热带区 | 福建、江西、湖南南部、广东、广西北部 |
| 苹果 | 东北区 | 辽宁铁岭、本溪，吉林公主岭、延边、通化，黑龙江东南部，内蒙古库伦、通辽、奈曼旗、宁城 |
| | 西北区 | 新疆伊犁、阿克苏、喀什，陕西铜川、白水、洛川，甘肃天水，青海循化、化隆、尖扎、贵德、民和、乐都，黄龙山区、秦岭山区 |
| | 渤海湾区 | 辽宁大连、普兰店、瓦房店、盖州、营口、葫芦岛、锦州，山东胶东半岛、临沂、潍坊、德州，河北张家口、承德、唐山，北京海淀、密云、昌平 |
| | 中部区 | 河南、江苏、安徽等省的黄河故道地区，秦岭北麓渭河两岸的河南西部、湖北西北部、山西南部 |
| | 西南高地区 | 四川阿坝、甘孜、凤县、茂县、小金、理县、康定、巴塘，云南昭通、宣威、红河、文山，贵州威宁、毕节，西藏昌都、加查、朗县、米林、林芝、墨脱等地 |
| 葡萄 | 冷凉区 | 甘肃河西走廊中西部，晋北，内蒙古土默川平原，东北中北部及通化地区 |
| | 凉温区 | 河北桑洋河谷盆地，内蒙古西辽河平原，山西晋中、太古，甘肃河西走廊、武威地区，辽宁沈阳、鞍山地区 |
| | 中温区 | 内蒙古乌海地区，甘肃敦煌地区，辽南、辽西及河北昌黎地区，山东青岛、烟台地区，山西清徐地区 |
| | 暖温区 | 新疆哈密盆地，关中盆地及晋南运城地区，河北中部和南部 |
| | 炎热区 | 新疆吐鲁番盆地、和田地区、伊犁地区、喀什地区，黄河故道地区 |
| | 湿热区 | 湖南怀化地区，福建福安地区 |

# 附录二

## 各省（自治区、直辖市）主要调查树种

| 区划 | 省（自治区、直辖市） | 主要落叶果树树种 |
| --- | --- | --- |
| 华北 | 北京 | 苹果、梨、葡萄、杏、枣、桃、柿、李 |
| | 天津 | 板栗、李、杏、核桃 |
| | 河北 | 苹果、梨、枣、桃、核桃、山楂、葡萄、李、柿、板栗、樱桃 |
| | 山西 | 苹果、梨、枣、杏、葡萄、山楂、核桃、李、柿 |
| | 内蒙古 | 苹果、枣、李、葡萄 |
| 东北 | 辽宁 | 苹果、山楂、葡萄、枣、李、桃 |
| | 吉林 | 苹果、板栗、李、猕猴桃、桃 |
| | 黑龙江 | 苹果、板栗、李、桃 |
| 华东 | 上海 | 桃、李、樱桃 |
| | 江苏 | 桃、李、樱桃、梨、杏、枣、石榴、柿、板栗 |
| | 浙江 | 柿、梨、桃、枣、李、板栗 |
| | 安徽 | 梨、桃、石榴、樱桃、李、柿、板栗 |
| | 福建 | 葡萄、樱桃、李、柿子、桃、板栗 |
| | 江西 | 柿、梨、桃、李、猕猴桃、杏、板栗、樱桃 |
| | 山东 | 苹果、杏、梨、葡萄、枣、石榴、山楂、李、桃、板栗 |
| 华中 | 河南 | 枣、柿、梨、杏、葡萄、桃、板栗、核桃、山楂、樱桃、李 |
| | 湖北 | 樱桃、柿、李、猕猴桃、杏树、桃、板栗 |
| | 湖南 | 柿、樱桃、李、猕猴桃、桃、板栗 |
| 华南 | 广东 | 柿、李、杏、猕猴桃 |
| | 广西 | 樱桃、李、杏、猕猴桃 |
| 西南 | 重庆 | 梨、苹果、猕猴桃、石榴、板栗 |
| | 四川 | 梨、苹果、猕猴桃、石榴、桃、板栗、樱桃 |
| | 贵州 | 李、杏、猕猴桃、桃、板栗 |
| | 云南 | 石榴、李、杏、猕猴桃、桃、板栗 |
| | 西藏 | 苹果、桃、李、杏、猕猴桃、石榴 |
| 西北 | 陕西 | 苹果、杏、枣、梨、柿、石榴、桃、葡萄、樱桃、李、板栗 |
| | 甘肃 | 苹果、梨、桃、葡萄、枣、杏、柿、李、板栗 |
| | 青海 | 苹果、梨、核桃、桃、杏、枣 |
| | 宁夏 | 苹果、梨、枣、杏、葡萄、李、板栗 |
| | 新疆 | 葡萄、核桃、梨、桃、杏、石榴、李 |

Armeniaca

# 附录三
## 工作路线

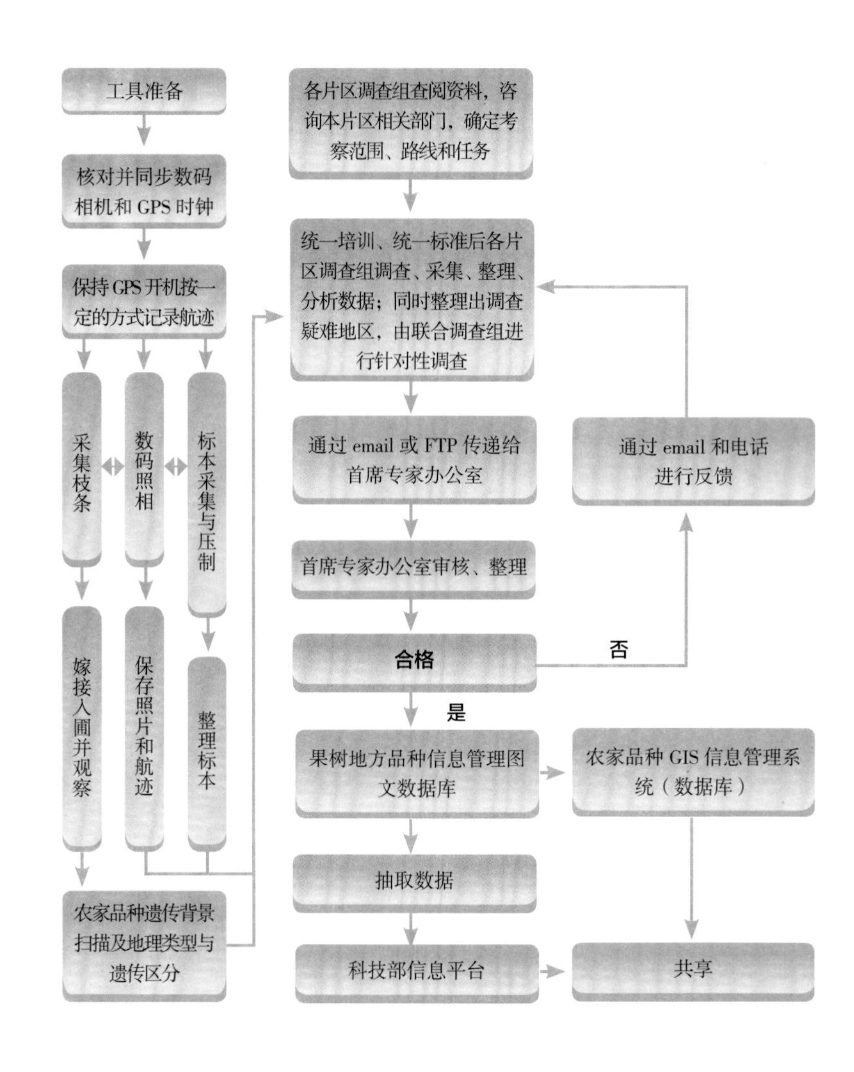


Armeniaca

# 附录四
## 工作流程

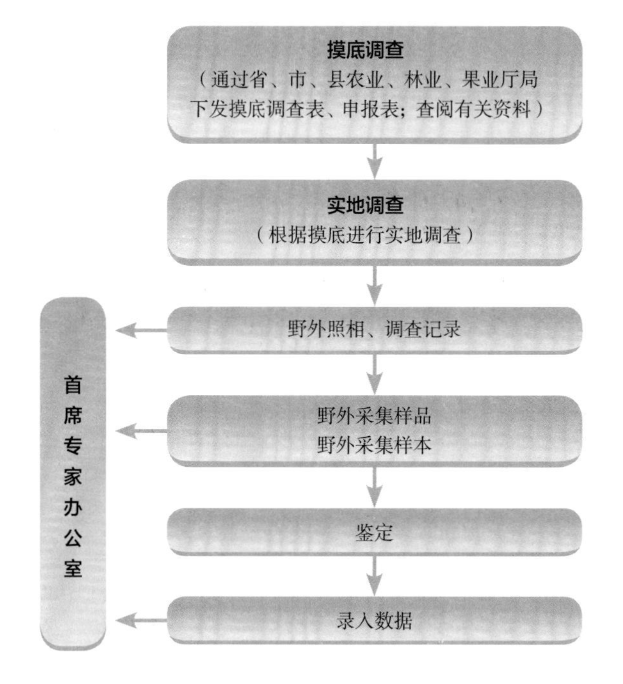

Armeniaca

# 杏品种中文名索引

Armeniaca

# 杏品种调查编号索引